# HTML5+CSS3 网页设计
## （全案例微课版）

刘春茂　编著

清华大学出版社

北　京

# 内 容 简 介

本书是HTML5+CSS3网页设计入门教材。

本书侧重于案例，并以微课方式来讲解网页设计的相关内容。全书分为23章，主要内容包括认识HTML5，设计网页的文本与段落，设计网页列表，网页中的图像和超链接，表格与〈div〉标记，网页中的表单，网页中的多媒体，认识CSS样式表，设计图片、链接和菜单的样式，设计表格和表单的样式，使用CSS3设计动画效果，JavaScript和jQuery，绘制图形，文件与拖放，地理位置技术，离线Web应用程序，处理线程和服务器事件，数据存储和通信技术，设计流行的响应式网页。最后通过4个热点综合项目，进一步巩固读者的项目开发知识和技能。

本书内容丰富，条理清晰，实用性强，适合高校非计算机专业及社会培训机构师生，以及自学网页设计爱好者。

**图书在版编目(CIP)数据**

HTML5+CSS3网页设计：全案例微课版 / 刘春茂编著. —北京：清华大学出版社，2021.7
(2024.7重印)
　　ISBN 978-7-302-57903-8

　　Ⅰ. ①H… Ⅱ. ①刘… Ⅲ. ①超文本标记语言—程序设计　②网页制作工具　Ⅳ. ①TP312
②TP393.092.2

中国版本图书馆 CIP 数据核字（2021）第 060949 号

责任编辑：张彦青
封面设计：李　坤
责任校对：周剑云
责任印制：杨　艳

出版发行：清华大学出版社
　　　　网　　　　址：https://www.tup.com.cn, https://www.wqxuetang.com
　　　　地　　　　址：北京清华大学学研大厦 A 座　　　　邮　　编：100084
　　　　社 总 机：010-83470000　　　　邮　　购：010-62786544
　　　　投稿与读者服务：010-62776969，c-service@tup.tsinghua.edu.cn
　　　　质 量 反 馈：010-62772015，zhiliang@tup.tsinghua.edu.cn
印 装 者：三河市君旺印务有限公司
经　　销：全国新华书店
开　　本：185mm×260mm　　印　　张：21.75　　字　　数：532 千字
版　　次：2021 年 7 月第 1 版　　印　　次：2024 年 7 月第 3 次印刷
定　　价：78.00 元

产品编号：087782-01

# 前　言

　　"网站开发全案例微课版"系列图书是专门为网站开发和数据库初学者量身定做的一套学习用书。整套书涵盖网站开发、数据库设计等方面。

## 本书具有以下特点

### 前沿科技
　　无论是数据库设计还是网站开发，作者精选较为前沿或者用户群最多的领域，以帮助大家认识和了解最新动态。

### 权威的作者团队
　　组织国家重点实验室和资深应用专家联手编著本套图书，融合了作者丰富的教学经验与优秀的管理理念。

### 学习型案例设计
　　以技术的实际应用为主线，全程采用图解和多媒体同步结合的教学方式，生动、直观、全面地剖析使用过程中的各种应用技能，从而降低读者的学习难度，提升学习效率。

### 扫码看视频
　　通过微信扫码看视频，可以随时在移动端学习技能对应的视频操作。

## 编写目的

　　随着用户页面体验要求的提高，页面前端技术日趋重要，HTML5 技术不断成熟，使其在前端技术中突显优势。随着各大厂商浏览器的广泛支持，它会更加盛行，特别是响应式网页设计技术，可以自动适应电脑和移动端设备，越来越受到广大网页设计师的喜爱。对最新 HTML5+CSS3 网页设计的学习已成为网页设计师的必修功课。目前学习和关注的人越来越多，对初学者来说，实用性强和易于操作是最大的需求。本书针对想学习网页设计的初学者，快速让初学者入门后提高实战水平。通过本书的案例实训，大学生可以很快上手流行的网页样式和布局方法，提高职业化能力，从而帮助解决公司与学生的双向需求。

## 本书特色

　　通过精选的热点案例，让初学者快速掌握网页设计技术；通过微信扫码看视频，随时在移动端学习技能对应的视频操作；通过实战技能训练营检验读者的学习情况，并提供扫码看答案，能够快速、有效地提升读者的网页设计、项目开发实战技能。

**零基础、入门级的讲解**

无论您是否从事计算机相关行业，无论您是否接触过网页样式和布局，都能从本书中找到最佳起点。

**实用、专业的案例和项目**

本书在编排上紧密结合深入学习网页设计的过程，从 HTML5 基本概念开始，逐步带领读者学习网页设计的各种应用技巧，侧重实战技能，使用简单易懂的实际案例进行分析和操作指导，让读者学起来简明轻松，操作起来有章可循。

**随时随地学习**

本书提供了微课视频，通过手机扫码即可观看，随时随地解决学习中的困惑。

**超大容量王牌资源**

赠送大量王牌资源，包括实例源代码、教学幻灯片、本书精品教学视频、88 个实用网页模板、12 部网页开发必备参考手册、HTML5 标记速查手册、精选的 JavaScript 实例、CSS3 属性速查表、JavaScript 函数速查手册、CSS+DIV 布局赏析案例、精彩网站配色方案、网页样式与布局案例、Web 前端工程师常见面试题等。

## 读者对象

本书是一本完整介绍网页设计技术的教程，内容丰富，条理清晰，实用性强，适合以下读者学习使用：

- 零基础的网页设计自学者；
- 希望快速、全面掌握 HTML5+CSS3 网页设计的人员；
- 高等院校或培训机构的老师和学生；
- 参加毕业设计的学生。

## 创作团队

本书由刘春茂主编，参加编写的人员还有刘辉、李艳恩和张华。在编写过程中，我们虽竭尽所能将最好的讲解呈现给读者，但难免有疏漏和不妥之处，敬请读者不吝指正。

本书案例源代码

王牌资源

# 目 录

## Contents

# 第1章 认识HTML5

(圖) 本章导读

目前，网络已经成为人们娱乐、工作中不可缺少的一部分，网页设计也成为学习计算机知识的重要内容之一。制作网页可采用可视化编辑软件，但是无论采用哪一种网页编辑软件，最后都要将网页转化为 HTML 脚本文件。那么什么是 HTML？如何编辑 HTML 文件？作为新手如何使用开发工具？这些问题正是本章重点学习的内容。

(圖) 知识导图

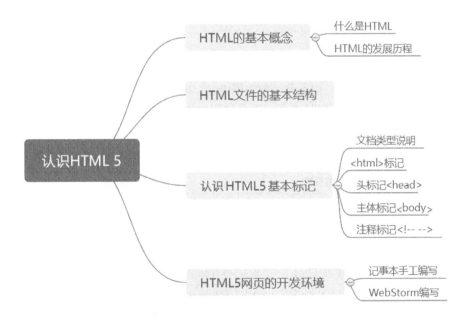

# 1.1 HTML 的基本概念

因特网上的信息都是以网页形式展示的，网页是网络信息的载体。网页文件是用标记语言书写的，这种语言称为超文本标记语言（HyperText Markup Language，HTML）。

## 1.1.1 什么是 HTML

HTML 不是一种编程语言，而是一种描述性的标记语言，用于描述超文本的内容和结构。HTML 最基本的语法是 <标记符></标记符>。标记符通常都是成对使用，即有一个开头标记，一般都有一个结束标记。结束标记只是在开头标记的前面加一个正斜杠"/"。当浏览器收到 HTML 文件后，就会解释里面的标记符，然后把标记符相对应的功能表示出来。

例如，在 HTML 中用 <p></p> 标记符来定义一个段落。当浏览器遇到 <p></p> 标记符时，会把该标记中的内容自动形成一个段落。当遇到 <br /> 标记符时，会自动换行，并且该标记符后的内容会另起一个新行开始。这里的 <br /> 标记符是单标记，没有结束标记，标记后的"/"符号可以省略。为了使代码规范，一般建议加上（注：有的图书或资料中，这种标记也称为标签）。

## 1.1.2 HTML 的发展历程

HTML 是一种描述语言，而不是一种编程语言，主要用于描述超文本内容的显示方式。标记语言从诞生至今，经历了 20 多年，发展过程中也有很多曲折，经历的版本及发布日期如表 1-1 所示。

表 1-1　超文本标记语言的发展过程

| 版　本 | 发布日期 | 说　明 |
|---|---|---|
| HTML 1.0 | 1993 年 6 月 | 作为互联网工程工作小组（IETF）工作草案发布（并非标准） |
| HTML 2.0 | 1995 年 11 月 | 作为 RFC 1866 发布，在 RFC 2854 于 2000 年 6 月发布之后被宣布已经过时 |
| HTML 3.2 | 1996 年 1 月 14 日 | W3C 推荐标准 |
| HTML 4.0 | 1997 年 12 月 18 日 | W3C 推荐标准 |
| HTML 4.01 | 1999 年 12 月 24 日 | 微小改进，W3C 推荐标准 |
| ISO HTML | 2000 年 5 月 15 日 | 基于严格的 HTML 4.01 语法，是国际标准化组织和国际电工委员会的标准 |
| XHTML 1.0 | 2000 年 1 月 26 日 | W3C 推荐标准（修订后于 2002 年 8 月 1 日重新发布） |
| XHTML 1.1 | 2001 年 5 月 31 日 | 较 XHTML 1.0 有微小改进 |
| XHTML 2.0 草案 | 没有发布 | 2009 年，W3C 停止了 XHTML 2.0 工作组的工作 |
| HTML 5 | 2014 年 10 月 | HTML5 标准规范最终制定完成 |

## 1.2　HTML 文件的基本结构

完整的 HTML 文件包括标题、段落、列表、表格、绘制的图形以及各种嵌入对象，这些对象统称为 HTML 元素。一个 HTML5 文件的基本结构如下：

```
<!DOCTYPE html>                        <body>
<html>                                 网页内容
<head>                                 </body>
<title>网页标题</title>                </html>
</head>
```

从上面的代码可以看出，一个基本的 HTML5 网页由以下几部分构成。

- <!DOCTYPE html> 声明：必须位于 HTML5 文档的第一行，也就是位于 <html> 标记之前。该标记告知浏览器文档所使用的 HTML 规范。<!DOCTYPE html> 声明不属于 HTML 标记，它是一条指令，告诉浏览器编写页面所用的标记的版本。由于 HTML5 版本还没有得到浏览器的完全认可，后面介绍时还采用以前的通用标准。
- <html></html> 标记：说明本页面是用 HTML 语言编写的，浏览器软件能够准确无误地解释和显示。
- <head></head> 标记：HTML 的头部标记，头部信息不显示在网页中，此标记内可以包含一些其他标记，用于说明文件标题和整个文件的一些公用属性。可以通过 <style> 标记定义 CSS 样式表，通过 <script> 标记定义 JavaScript 脚本文件。
- <title></title> 标记：title（标题）是 head（头部）的重要组成部分，它包含的内容显示在浏览器的窗口标题栏。如果没有 title，浏览器标题栏将显示本页的文件名。
- <body></body> 标记：body（主体）包含 HTML 页面的实际内容，显示在浏览器窗口的客户区。例如，页面中的文字、图像、动画、超链接以及其他 HTML 相关内容都定义在 <body> 标记里面。

## 1.3　认识 HTML5 基本标记

HTML 文档的基本结构主要包括文档类型说明、HTML 文档开始标记、元信息、主体标记和页面注释标记。

### 1.3.1　文档类型说明

基于 HTML5 设计准则中的"化繁为简"原则，Web 页面的文档类型说明（DOCTYPE）被极大地简化了。

HTML 文档头部的类型说明代码如下：

```
<!DOCTYPE html PUBLIC "-//W3C//DTD XHTML 1.0 Transitional//EN"
"http://www.w3.org/TR/xhtml1/DTD/xhtml1-transitional.dtd">
```

可以看到，这段代码既麻烦又难记，HTML5 对文档类型进行了简化，简单到 15 个字符就可以了，代码如下：

```
<!DOCTYPE html>
```

> **注意**：文档类型说明必须在网页文件的第一行。即使是注释，也不能在 <!DOCTYPE html> 的上面，否则将视为错误的注释方式。

## 1.3.2　<html> 标记

<html> 标记代表文档的开始。HTML5 语言的语法较为松散，该标记可以省略。为了符合 Web 标准和体现文档的完整性，读者应养成良好的编写习惯，建议不要省略该标记。

<html> 标记以 <html> 开头，以 </html> 结尾，文档的所有内容书写在开头和结尾标记之间。语法格式如下：

```
<html>
...
</html>
```

## 1.3.3　头标记 <head>

头标记 <head> 用于说明文档头部的相关信息，一般包括标题信息、元信息、定义 CSS 样式和脚本代码等。HTML 的头部信息以 <head> 开始，以 </head> 结束，语法格式如下：

```
<head>
...
</head>
```

> **说明**：<head> 元素的作用范围是整篇文档，定义在 HTML 语言头部的内容往往不会在网页上直接显示。在头标记 <head> 与 </head> 之间还可以插入标题标记 <title> 和元信息标记 <meta> 等。

#### 1. 标题标记 <title>

HTML 页面的标题一般用来说明页面用途，它显示在浏览器的标题栏。在 HTML 文档中，标题信息设置在 <head> 与 </head> 之间。标题标记以 <title> 开始，以 </title> 结束，语法格式如下：

```
<title>
...
</title>
```

在标记中间的"…"就是标题的内容，它可以帮助用户更好地识别页面。预览网页时，页面标题在浏览器的左上方标题栏显示，如图 1-1 所示。此外，在 Windows 任务栏显示的也是这个标题。页面的标题只有一个，位于 HTML 文档的头部。

#### 2. 元信息标记 <meta>

<meta> 元素提供有关页面的元信息（meta-information），比如针对搜索引擎和更新频度的描述及关键词。<meta> 标记位于文档的头部，不包含任何内容。<meta> 标记的属性定义了与文档相关联的名称 / 值对，<meta> 标记提供的属性及取值见表 1-2。

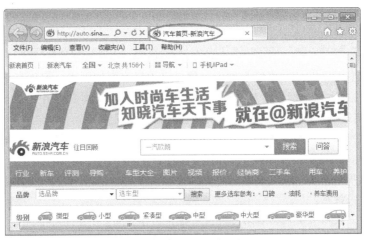

图 1-1  标题栏在浏览器中的显示

**表 1-2  <meta> 标记提供的属性及取值**

| 属　性 | 值 | 描　述 |
|---|---|---|
| charset | character encoding | 定义文档的字符编码 |
| content | some_text | 定义与 http-equiv 或 name 属性相关的元信息 |
| http-equiv | content-type<br>expires<br>refresh<br>set-cookie | 把 content 属性关联到 HTTP 头部 |
| name | author<br>description<br>keywords<br>generator<br>revised<br>others | 把 content 属性关联到一个名称 |

1）字符集（charset）属性

在 HTML5 中，有一个新的 charset 属性，它使字符集的定义更加容易。例如，下面的代码告诉浏览器，网页使用 ISO-8859-1 字符集显示：

```
<meta charset="ISO-8859-1">
```

2）搜索引擎的关键词

早期，meta keywords 关键词对搜索引擎的排名算法起到一定的作用，也是很多人进行网页优化的基础。关键词在浏览时是看不到的，其使用格式如下：

```
<meta name="keywords" content="关键词,keywords" />
```

> **说明**：不同的关键词之间应使用半角逗号隔开，不要使用"空格"或"|"间隔。
>
> 　　　关键词的英文是 keywords，不是 keyword。
>
> 　　　关键词标记中的内容应该是一个个短语，而不是一段话。

例如，定义针对搜索引擎的关键词，代码如下：

```
<meta name="keywords" content="HTML, CSS, XML, XHTML, JavaScript" />
```

关键词标记 <keywords> 曾经是搜索引擎排名中很重要的因素，但现在已经被很多搜索引擎完全忽略。加上这个标记，对网页的综合表现没有坏处，如果使用不恰当，反而有欺诈的嫌疑。在使用关键词标记 <keywords> 时，要注意以下几点。

● 关键词标记的内容要与网页核心内容相关，应当确信你所使用的关键词出现在网页文本中。
● 应当使用用户易于通过搜索引擎检索的关键词，过于生僻的词汇不太适合作为 <meta> 标记的关键词。
● 不要重复使用关键词，否则可能会被搜索引擎惩罚。
● 一个网页的关键词标记里可包含 3~5 个最重要的关键词，不要超过 5 个。
● 每个网页的关键词应该不一样。

> **注意**：以前，由于设计者或 SEO 优化者对 meta keywords 关键词的滥用，导致目前它在搜索引擎排名中的作用很小。

3）页面描述

meta description（描述元标记）是一种 HTML 元标记，用来简略描述网页的主要内容。页面描述在网页中并不显示出来，它通常作为搜索结果描述文字显示出来。页面描述的使用格式如下：

```
<meta name="description" content="网页的介绍" />
```

例如，定义页面的描述，代码如下：

```
<meta name="description" content="免费的Web技术教程。" />
```

4）页面定时跳转

使用 <meta> 标记可以使网页在经过一定时间后自动刷新，这可通过将 http-equiv 属性值设置为 refresh 来实现。content 属性值可以设置为更新时间。

在浏览网页时经常会看到一些欢迎信息的页面，经过一段时间后，这些页面会自动跳转到其他页面，这就是网页的跳转。页面定时刷新、跳转的语法格式如下：

```
<meta http-equiv="refresh" content="秒;[url=网址]" />
```

> **说明**：上面的 [url= 网址 ] 部分是可选项，如果有这个部分，页面定时刷新并跳转；如果省略该部分，页面只定时刷新，不进行跳转。

例如，实现每 5 秒刷新一次页面，将下述代码放入 <head> 标记中即可：

```
<meta http-equiv="refresh" content="5" />
```

## 1.3.4　网页的主体标记 <body>

网页所要显示的内容都放在网页的主体标记内，它是 HTML 文件的重点所在。在后面章节中介绍的 HTML 标记都将放在这个标记内。它不仅仅是一个形式上的标记，还可以用它来控制网页的背景颜色或背景图像，这将在后面进行介绍。主体标记以 <body> 开始，以 </body> 标记结束，语法格式如下：

```
<body>
...
</body>
```

> **注意：** 在构建 HTML 结构时，标记不允许交错出现，否则会造成错误。

在下列代码中，<body> 开始标记出现在 <head> 标记内，这是错误的。

```
<!DOCTYPE html>                    <body>
<html>                             </head>
<head>                             </body>
<title>标记测试</title>            </html>
```

## 1.3.5　页面注释标记 <!-- -->

注释是在 HTML 代码中插入的描述性文本，用来解释该代码或提示其他信息。注释只出现在代码中，浏览器对注释代码不进行解释，所以在浏览器中不会显示。在 HTML 源代码中适当地插入注释语句是一种非常好的习惯，对于设计者日后的代码修改、维护工作很有好处。另外，如果将代码交给其他设计者，其他人也能很快读懂前者所撰写的内容。

语法：

```
<!--注释的内容-->
```

注释语句元素由前后两个部分组成，前一部分是一个左尖括号、一个感叹号和两个连字符，后一部分由两个连字符和一个右尖括号组成。例如：

```
<!DOCTYPE html>                    <body>
<html>                             <!--这里是网页标题-->
<head>                             <h1>HTML 5网页设计</h1>
<title>标记测试</title>            </body>
</head>                            </html>
```

页面注释不但可以对 HTML 文档的一行或多行代码进行解释说明，而且可以注释掉这些代码。如果希望某些 HTML 代码在浏览器中不显示，可以将这部分内容放在 <!-- 和 --> 之间。例如，修改上述代码如下：

```
<html>                             <!--
<head>                             <h1>HTML5网页</h1>
<title>标记测试</title>            -->
</head>                            </body>
<body>                             </html>
```

修改后的代码将 <h1> 标记作为注释内容处理，在浏览器中将不会显示这部分内容。

> **注意**：在 HTML 代码中，如果注释语法使用错误，则浏览器会将注释视为文本内容，注释内容会显示在页面中。

## 1.4 HTML5 网页的开发环境

有两种方式可以产生 HTML 文件：一种是自己写 HTML 文件，手写 HTML 代码并不困难，也不需要特别的技巧；另一种是使用 HTML 编辑器 WebStorm，它可以辅助用户工作。

### 1.4.1 使用记事本手工编写 HTML 代码

前面介绍过，HTML5 是一种标记语言，标记语言的代码是以文本形式存在的。因此，记事本就是很好的 HTML 开发环境。

HTML 文件以 *.html 或 *.htm 文件存在，将 HTML 源代码输入到记事本并保存，就可以在浏览器中打开文档以查看效果。

使用记事本编写 HTML 代码的具体操作步骤如下。

**01** 单击"开始"按钮，在弹出的"开始"菜单中选择"所有程序"→"附件"→"记事本"命令，打开一个记事本窗口。在记事本中输入 HTML 代码，如图 1-2 所示。

图 1-2 编辑 HTML 代码

**02** 编辑完 HTML 代码后，选择"文件"→"保存"命令或按 Ctrl+S 快捷键，弹出"另存为"对话框。选择"保存类型"为"所有文件"，然后以 *.html 或 *.htm 为名保存文件，如图 1-3 所示。

**03** 单击"保存"按钮，保存文件。在浏览器中打开网页文档，运行效果如图 1-4 所示。

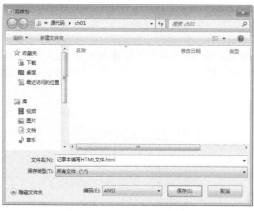

图 1-3 "另存为"对话框

图 1-4 网页的浏览效果

## 1.4.2　使用 WebStorm 编写 HTML 代码

WebStorm 是一款前端页面开发工具。该工具的主要优势是有智能提示，智能补齐代码，代码格式化显示，联想查询和代码调试等。对初学者而言，WebStorm 不仅功能强大，而且非常容易上手，被广大前端开发者誉为 Web 前端开发神器。

下面以 WebStorm 英文版为例进行讲解。首先打开浏览器，输入网址 https://www.jetbrains.com/webstorm/download/#section=windows，进入 WebStorm 官网下载页，如图 1-5 所示。单击 Download 按钮，开始下载 WebStorm 安装程序。

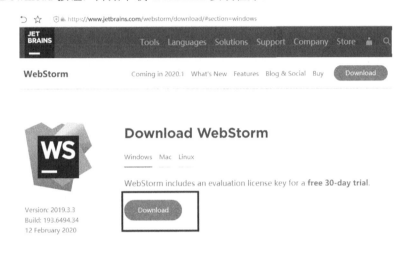

图 1-5　WebStorm 官网下载页面

### 1. 安装 WebStorm 2019

下载完成后，即可进行安装，具体操作步骤如下。

**01** 双击下载的安装文件，进入安装 WebStorm 的欢迎界面，如图 1-6 所示。

图 1-6　欢迎界面

**02** 单击 Next 按钮，进入选择安装路径界面。单击 Browse 按钮，选择新的安装路径。这里采用默认的安装路径，如图 1-7 所示。

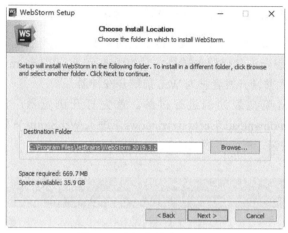

图 1-7　选择安装路径界面

03 单击 Next 按钮，进入选择安装选项界面。选中所有的复选框，如图 1-8 所示。

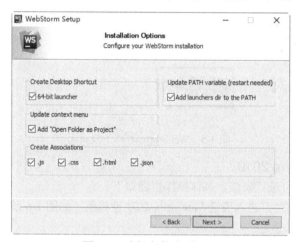

图 1-8　选择安装选项界面

04 单击 Next 按钮，进入选择"开始"菜单文件夹界面，默认为 JetBrains，如图 1-9 所示。

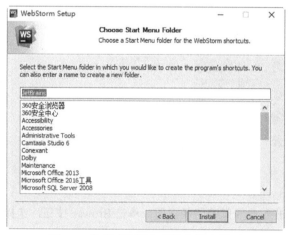

图 1-9　选择"开始"菜单文件夹界面

05 单击 Install 按钮，开始安装软件并显示安装进度，如图 1-10 所示。

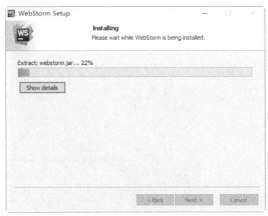

图 1-10　开始安装 WebStorm

**06** 安装完成后，单击 Finish 按钮，如图 1-11 所示。

图 1-11　安装 WebStorm 完成

### 2. 创建和运行 HTML 文件

**01** 单击"开始"按钮，选择"所有程序"→ JetBrains WebStorm 2019 命令，弹出 WebStorm 欢迎界面，如图 1-12 所示。

图 1-12　WebStorm 欢迎界面

**02** 单击 Create New Project 按钮，打开 New Project 对话框。在 Location 文本框中输入工程存放的路径，也可以单击 按钮选择路径，如图 1-13 所示。

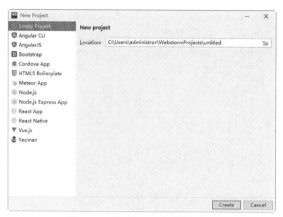

图 1-13　设置工程存放的路径

03 单击 Create 按钮，进入 WebStorm 主界面。选择 File → New → HTML File 命令，如图 1-14 所示。

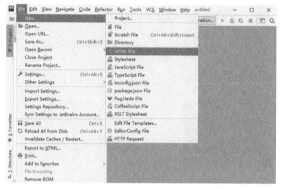

图 1-14　创建一个 HTML 文件

04 打开 New HTML File 对话框。输入文件名称为"index.html"，选择文件类型为"HTML 5 file"，如图 1-15 所示。

05 按 Enter 键即可查看新建的 HTML5 文件，接着就可以编辑 HTML5 代码。这里我们在 <body> 标记中输入文字"使用工具好方便啊！"，如图 1-16 所示。

图 1-15　输入文件的名称　　　　　　　图 1-16　输入文字

06 编辑完代码后，选择 File → Save As 命令，打开 Copy 对话框。可以保存文件或者另存为一个文件，还可以选择保存路径，设置完成后单击 OK 按钮，如图 1-17 所示。

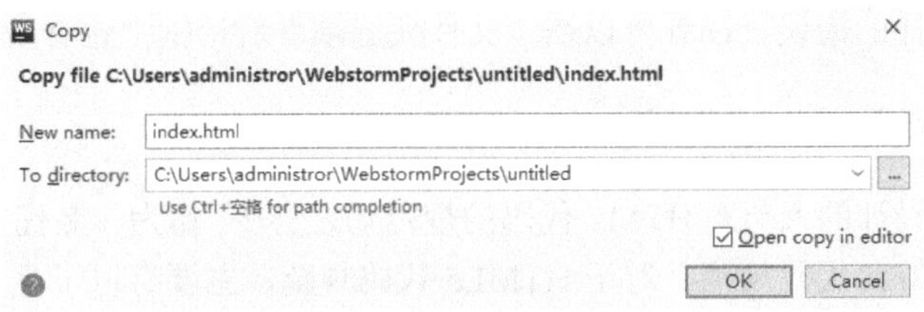

图 1-17 输入文件名

**07** 选择 Run → Run → index.html 命令，即可在浏览器中运行代码，如图 1-18 所示。

图 1-18 运行 HTML5 文件的代码

**实例 1.1：渲染一个清明节的图文页面效果 ( 案例文件: ch01\1.1.html)**

**01** 新建一个 HTML5 文件，在其中输入下述代码：

```
<!DOCTYPE html>
<html>
<head>
<title>简单的HTML5网页</title>
</head>
<body>
    <h1>清明</h1>
    <P>
    清明时节雨纷纷, <br>
    路上行人欲断魂. <br>
    借问酒家何处有, <br>
    牧童遥指杏花村. <br>
    </P>
<img src="qingming.jpg">
</body>
</html>
```

**02** 保存网页，运行效果如图 1-19 所示。

图 1-19 实例 1.1 中有关清明节的图文页面效果

# 1.5 新手常见疑难问题

**疑问 1：为何使用记事本创建的 HTML 文件无法在浏览器中预览，还是以记事本打开？**

很多初学者在保存文件时，没有以 *.html 或 *.htm 保存文件，所保存的文件仍然是文本文件，因此无法在浏览器中查看。如果读者通过鼠标右击创建记事本文件，在为文件重命名时，一定要以 *.html 或 *.htm 作为文件名。要特别注意的是，当 Windows 系统的文件扩展名隐藏时，更容易出现这样的错误。读者可以在"文件夹选项"对话框中查看是否显示扩展名。

**▌疑问 2：HTML5 代码有什么规范？**

很多学习网页设计的人员对 HTML 代码的规范知之甚少。作为一名优秀的网页设计人员，很有必要学习比较好的代码规范。对于 HTML5 代码规范，主要有以下几点。

**1. 使用小写标记名**

在 HTML5 中，元素名称可以大写也可以小写，推荐使用小写元素名。主要原因如下。

● 混合使用大小写元素名的代码是非常不规范的。

● 小写字母容易编写。

● 小写字母让代码看起来整齐、清爽。

● 网页开发人员往往使用小写，这样便于统一规范。

**2. 要记得关闭标记**

在 HTML5 中，大部分标记都是成对出现的，所以要记得关闭标记。

**▌疑问 3：和早期版本相比，HTML5 语法有哪些变化？**

为了兼容各个不统一的页面代码，HTML5 在语法方面做了以下变化。

1）标记不再区分大小写

标记不再区分大小写是 HTML5 语法变化的重要体现，例如以下代码：

```
<P>大小写标记</p>
```

虽然"<P> 大小写标记 </p>"中开始标记和结束标记不匹配，但是完全符合 HTML5 的规范。

2）允许属性值不使用引号

在 HTML5 中，属性值不放在引号中也是正确的。例如以下代码：

```
<input checked="a" type="checkbox"/>
```

上述代码片段与下面的代码片段的效果是一样的：

```
<input checked=a type=checkbox/>
```

> **提示：** 尽管 HTML5 允许属性值不使用引号，但是仍然建议读者加上引号。如果某个属性的属性值中包含空格等容易引起混淆的属性值，此时可能会引起浏览器的误解。例如以下代码：
>
> ```
> <img src=mm ch01/01.jpg />
> ```
>
> 此时浏览器就会误以为 src 属性的值就是 mm，这样就无法解析路径中的 01.jpg 图片。如果想正确解析图片的位置，只有添加引号。

# 1.6　实战技能训练营

▍实战 1：制作符合 W3C 标准的古诗网页

制作一个符合 W3C 标准的古诗网页，最终效果如图 1-20 所示。

图 1-20　古诗网页的预览效果

▍实战 2：制作有背景图的网页

通过 <body> 标记渲染一个带背景图的网页，运行效果如图 1-21 所示。

图 1-21　带背景图的网页预览效果

# 第2章　设计网页的文本与段落

📅 **本章导读**

　　网页文本是网页的主要内容。设计优秀的网页文本，不仅可以让网页看起来更有层次感，也可以给用户带来美好的视觉体验。网页文本的内容包括标题文字、普通文字、段落文字、水平线等。网页中用来表达同一个意思的多个文字组合，可以称为段落，段落是文章的基本单位，同样也是网页的基本单位。本章就来介绍如何设计网页文本内容。

📖 **知识导图**

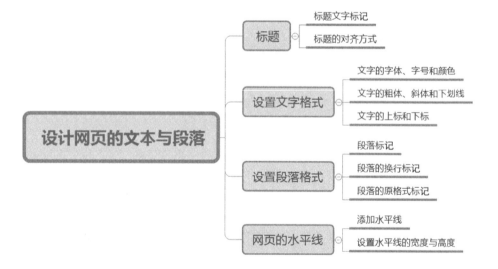

## 2.1　标题

在 HTML 文档中，文本的结构除了以行和段出现之外，还可以作为标题存在。一篇文档最基本的结构就是由若干不同级别的标题和正文组成的。

### 2.1.1　标题文字标记

HTML 文档中包含各种级别的标题，各种级别的标题由 <h1> 到 <h6> 元素来定义，<h1>至 <h6> 标题标记中的字母 h 是英文 headline（标题行）的简称。其中，<h1> 代表一级标题。一级标题级别最高，文字也最大，其他标题元素依次递减；<h6> 级别最低。

```
<h1>这里是一级标题</h1>              <h4>这里是四级标题</h4>
<h2>这里是二级标题</h2>              <h5>这里是五级标题</h5>
<h3>这里是三级标题</h3>              <h6>这里是六级标题</h6>
```

> **注意**：作为标题，它们的重要性是有区别的。<h1> 标题的重要性最高，<h6> 的最低。

**实例 2.1：巧用标题标记编写一个短新闻**
（案例文件：ch02\2.1.html）

本实例巧用 <h1> 标记、<h4> 标记、<h5> 标记，实现一个短新闻页面效果。新闻的标题放到 <h1> 标记中，发布者放到 <h5> 标记中，新闻正文内容放到 <h4> 标记中。具体代码如下：

```
<!DOCTYPE html>
<html>
<head>
<!--指定页面编码格式-->
<meta charset="UTF-8">
<!--指定页头信息-->
<title>巧编短新闻</title>
</head>
```

```
<body>
<!--表示新闻的标题-->
<h1>"雪龙"号"雪龙2"号远征南极</h1>
<!--表示相关发布者信息-->
<h5>发布者：老码识途课堂<h5>
<!--表示新闻内容-->
<h4>经过3万海里航行，2020年4月22日，
"雪龙"号与"雪龙2"号极地考察破冰船载着中国第
36次南极科考队队员安全抵达上海吴淞检疫锚地，
办理进港入关手续。自2019年10月先后从上海起程
执行第36次南极科考任务，两船载着科考队员风雪
兼程，创下南极中山站冰上和空中物资卸运历史纪
录，在咆哮西风带布下我国第一个环境监测浮标，经
历了意外撞上冰山的险情并成功破冰。</h4>
    </body>
    </html>
```

运行效果如图 2-1 所示。

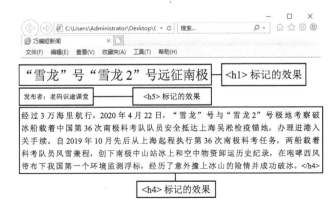

图 2-1　实例 2.1 中的短新闻页面效果

## 2.1.2 标题的对齐方式

默认情况下，网页中的标题是左对齐的。通过设置 align 属性，可以改变标题的对齐方式。语法格式如下：

```
<h1 align="对齐方式">文本内容</h1>
```

这里的对齐方式包括 left（文字左对齐）、center（文字居中对齐）、right（文字右对齐）。需要注意的是，对齐方式一定要添加双引号。

**实例 2.2：混合排版一首古诗 ( 案例文件：ch02\2.2.html)**

本实例通过 `<body background="gushi.jpg">` 来定义网页背景图片，通过 align="center" 来实现标题的居中效果，通过 align="right" 来实现标题的靠右效果。具体代码如下：

```
<!DOCTYPE html>
<html>
<head>
    <!--指定页面编码格式-->
    <meta charset="UTF-8">
    <!--指定页头信息-->
    <title>古诗混排</title>
</head>
<!--显示古诗背景图-->
<body background="gushi.jpg">
<!--显示古诗名称-->
<h2 align="center">望雪</h2>
<!--显示作者信息-->
<h5 align="right">唐代：李世民</h5>
<!--显示古诗内容-->
<h4 align="center">冻云宵遍岭，素雪晓
凝华。</h4>
```

```
    <h4 align="center">入牖千重碎，迎风一
半斜。</h4>
    <h4 align="center">不妆空散粉，无树独
飘花。</h4>
    <h4 align="center">萦空惭夕照，破彩谢
晨霞。</h4>
    </body>
    </html>
```

运行效果如图 2-2 所示。

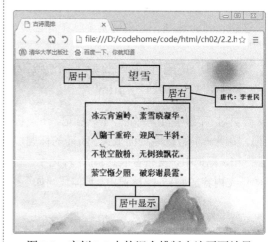

图 2-2　实例 2.2 中的混合排版古诗页面效果

# 2.2　设置文字格式

直接在 `<body>` 标记和 `</body>` 标记之间输入文字，这些文字就可以显示在页面中。多种多样的文字修饰效果可以呈现出一个美观大方的网页，会让人有美轮美奂、流连忘返的感觉。本节将介绍如何设置网页文字的修饰效果。

## 2.2.1 文字的字体、字号和颜色

font-family 属性用于指定文字的字体类型，如宋体、黑体、隶书、Times New Roman 等，使用不同的字体，可以展示文字不同的风格。具体的语法如下：

```
style="font-family:黑体"
```

font-size 属性用于设置文字的大小，其语法格式如下：

```
Style="font-size : 数值| inherit | xx-small | x-small | small | medium | large
| x-large | xx-large | larger | smaller | length"
```

通过数值来定义字体大小，例如用"font-size:10 px"定义字体大小为 10 像素。此外，还可以通过 medium 之类的参数来定义字体的大小，其参数含义如表 2-1 所示。

表 2-1　设置字体大小的参数

| 参　数 | 说　明 |
| --- | --- |
| xx-small | 绝对字体尺寸。根据对象字体进行调整。最小 |
| x-small | 绝对字体尺寸。根据对象字体进行调整。较小 |
| small | 绝对字体尺寸。根据对象字体进行调整。小 |
| medium | 默认值。绝对字体尺寸。根据对象字体进行调整。正常 |
| large | 绝对字体尺寸。根据对象字体进行调整。大 |
| x-large | 绝对字体尺寸。根据对象字体进行调整。较大 |
| xx-large | 绝对字体尺寸。根据对象字体进行调整。最大 |
| larger | 相对字体尺寸。相对于父对象中字体尺寸进行相对增大。使用成比例的 em 单位计算 |
| smaller | 相对字体尺寸。相对于父对象中字体尺寸进行相对减小。使用成比例的 em 单位计算 |
| length | 百分数浮点数字或单位标识符组成的长度值，不可为负值；其百分比取值基于父对象中字体的尺寸 |

color 属性用于设置字体的颜色，其属性值通常使用下面方式设定，如表 2-2 所示。

表 2-2　字体颜色设定

| 属 性 值 | 说　明 |
| --- | --- |
| color_name | 规定颜色值为颜色名称的颜色。例如 red |
| hex_number | 规定颜色值为十六进制值的颜色。例如 #ff0000 |
| rgb_number | 规定颜色值为 RGB 代码的颜色。例如 rgb(255,0,0) |
| inherit | 规定从父元素继承颜色 |
| hsl_number | 规定颜色值为 HSL 代码的颜色（例如 hsl（0,75%,50%）），此为新增加的颜色表现方式 |
| hsla_number | 规定颜色值为 HSLA 代码的颜色（例如 hsla（120,50%,50%,1）），此为新增加的颜色表现方式 |
| rgba_number | 规定颜色值为 RGBA 代码的颜色（例如 rgba（125,10,45,0.5）），此为新增加的颜色表现方式 |

## 实例 2.3：活用文字描述商品信息 ( 案例文件：ch02\2.3.html)

本实例通过 style="font-family: 黑体 ;font-size:20pt " 来设置字体和字号，然后通过 style="color:red" 来设置字体颜色，具体代码如下：

```
<!DOCTYPE html>
<html>
<head>
<!--指定页头信息-->
<title>活用文字描述商品信息</title>
</head>
<body >
<!--显示商品图片，并居中显示-->
<h1 align=center><img src="goods.jpg"></h1>
<!--显示图书的名称，文字的字体为黑体，大小为20点-->
<p style="font-family:黑体; font-size:20pt;align=center">商品名称:
```

HTML5+CSS3+JavaScript网页设计案例课堂（第2版）</p>
　　<!--显示图书的作者，文字的字体为宋体，大小为15像素-->
　　<p style="font-family:宋体;font-size:15pt" >作者：刘春茂</p>
　　<!--显示出版社信息，文字的字体为华文彩云-->
　　<p style="font-family: 华文彩云" >出版社：清华大学出版社</p>
　　<!--显示商品的出版时间，文字的颜色为红色-->
　　<p style="color:red">出版时间：2018年1月</p>
　　</body>
　　</html>

运行效果如图 2-3 所示。

图 2-3　实例 2.3 的运行效果（文字描述商品信息）

## 2.2.2　文字的粗体、斜体和下划线

　　重要文本通常以粗体、斜体或加下划线强调方式显示。HTML 中的 <b> 标记、<i> 标记、<em> 标记、<strong> 标记及 <u> 标记分别实现了这些显示方式。

　　<i> 标记实现了文本的倾斜显示，放在 <i>...</i> 之间的文本将以斜体显示。

　　<u> 标记可以为文本添加下划线，放在 <u >...</u> 之间的文本以下划线方式显示。

| 实例 2.4：文字的粗体、斜体和下划线效果 ( 案例文件：ch02\2.4.html)

　　下面的案例将综合应用 <b> 标记、<em> 标记、<strong> 标记、<i> 标记和 <u> 标记。

```
<!DOCTYPE html>
<html>
<head>
<title>文字的粗体、斜体和下划线</title>
</head>
<body>
<!--显示粗体文字效果-->
<p><b>吴兴自东晋为善地，号为山水清远。其民足于鱼稻蒲莲之利，寡求而不争。宾客非特有事于其地者不至焉。</b></p>
<!--显示强调文字效果-->
```

```
<p><em>故凡守郡者，率以风流啸咏、投壶饮酒为事。</em></p>
<!--显示加粗强调文字效果-->
<p><strong>自莘老之至，而岁适大水，上田皆不登，湖人大饥，将相率亡去。</strong></p>
<!--显示斜体字效果-->
<p><i>莘老大振廪劝分，躬自抚循劳来，出于至诚。富有余者，皆争出谷以佐官，所活至不可胜计。</i></p>
<!--显示下划线效果-->
<p><u>当是时，朝廷方更化立法，使者旁午，以为莘老当日夜治文书，赴期会，不能复雍容自得如故事。</u></p>
</body>
</html>
```

　　运行效果如图 2-4 所示，实现了文字的粗体、斜体和下划线效果。

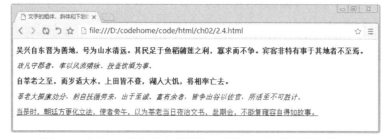

图 2-4　实例 2.4 中的文字的粗体、斜体和下划线的预览效果

### 2.2.3　文字的上标和下标

文字的上标和下标分别通过 \<sup> 标记和 \<sub> 标记来实现。需要特别注意的是，\<sup> 标记和 \<sub> 标记都是双标记，放在开始标记和结束标记之间的文本会分别以上标或下标形式出现。

**实例 2.5：文字的上标和下标效果 ( 案例文件：ch02\2.5.html)**

本案例将通过 \<sup> 标记和 \<sub> 标记来实现上标和下标效果。

```
<!DOCTYPE html>
<html>
<head>
<title>上标与下标效果</title>
</head>
<body>
<!-显示上标效果-->
<p>勾股定理表达式:
a<sup>2</sup>+b<sup>2</
sup>=c<sup>2</sup></p>
```

```
<!-显示下标效果-->
<p>铁在氧气中燃烧: 3Fe+20<sub>2</
sub>=Fe<sub>3</sub>0<sub>4</sub>
</body>
</html>
```

运行效果如图 2-5 所示，分别实现了文本上标和下标显示。

图 2-5　实例 2.5 中的上标和下标预览效果

## 2.3　设置段落格式

在网页中如果要把文字合理地显示出来，离不开段落标记。对网页中文字段落进行排版，不能像文本编辑软件 Word 那样，可以定义许多样式来安排文字的位置。在网页中要让某一段文字放在特定的地方是通过 HTML 标记来完成的。

### 2.3.1　段落标记

在 HTML5 网页文件中，段落效果是通过 \<p> 标记来实现的。具体语法格式如下：

```
<p>段落文字</p>
```

段落标记是双标记，即 \<p> 和 \</p>。在 \<p> 开始标记和 \</p> 结束标记之间的内容形成一个段落。如果省略结束标记，从 \<p> 标记开始，直到遇见下一个段落标记之前的文本，都在一个段落内。段落标记用来定义网页的一段文本，文本在一个段落中会自动换行。

**实例 2.6：创意显示老码识途课堂 ( 案例文件：ch02\2.6.html)**

```
<!DOCTYPE html>
<html>
<head>
<title>创意显示老码识途课堂</title>
</head>
<body>
   <p>* * * * * * * * * * * * * *
* * * * * * * * * * * * * *老码识途课堂
*************************</p>
```

```
<p>    老码识途
课堂专注编程开发和图书出版18年，致力打造零基
础在线IT技术学习</p>
<p>平台。通过全程技能跟踪，实现一对一高
效技能培训。目前，老码识途课堂主要为零</p>
<p>基础读者提供优质的课程。课程内容新
颖，模拟现实开发中的项目流程，快速积累</p>
<p>行业开发经验，为读者提供一站式服务，
培养学生的编程思想。</p>
   <p>* * * * * * * * * * * * * * *
* * * * * * * *微 信 公 众 号：老 码 识 途 课 堂
*************************</p>
   </html>
```

运行效果如图 2-6 所示。

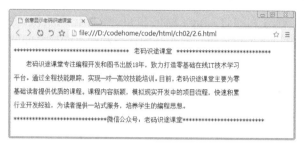

图 2-6　实例 2.6 的运行效果（段落标记的使用）

### 2.3.2　段落的换行标记

在 HTML5 文件中，换行标记为 <br>。该标记是一个单标记，它没有结束标记，作用是将文字在一个段内强制换行。一个 <br> 标记代表一个换行，连续的多个 <br> 标记可以实现多次换行。

**实例 2.7：巧用换行实现古诗效果 ( 案例文件：ch02\2.7.html)**

本案例通过使用 <br> 换行标记，实现古诗的页面布局效果。通过使用 4 个 <br> 换行标记达到了换行的目的，这跟使用多个 <p> 段落标记一样，均实现了换行的效果。

```
<!DOCTYPE html>
<html>
<head>
<title>文本段换行</title>
</head>
<body>
<p align="center">嘲顽石幻相<br/>
女娲炼石已荒唐，又向荒唐演大荒。<br/>
```

```
失去幽灵真境界，幻来亲就臭皮囊。<br/>
好知运败金无彩，堪叹时乖玉不光。<br/>
白骨如山忘姓氏，无非公子与红妆。
</body>
</html>
```

运行效果如图 2-7 所示，实现了换行效果。

图 2-7　实例 2.7 的运行效果（使用换行标记）

### 2.3.3　段落的原格式标记

在网页排版中，对于类似空格和换行符等特殊的排版效果，通过原格式标记进行排版比较容易。原格式标记 <pre> 的语法格式如下：

```
<pre>
网页内容
</pre>
```

**实例 2.8：巧用原格式标记实现空格和换行的效果 ( 案例文件：ch02\2.8.html)**

这里使用 <pre> 标记实现空格和换行效果，其中包含 <h1> 标记也会实现换行效果。

```
<!DOCTYPE html>
<html>
<head>
<title>原格式标记</title>
</head>
<body>
```

```
<pre>恭喜!        您成功晋级了!

        请在指定时间进行复赛,争夺每年一度的
<h1>冠军</h1>荣誉。</pre>
    </body>
    </html>
```

运行效果如图 2-8 所示,实现了空格和换行的效果。

图 2-8　实例 2.8 的运行效果(使用原格式标记)

# 2.4　网页的水平线

使用 <hr> 标记可以在 HTML 页面中创建一条水平线,并设置水平线的高度、宽度、颜色、对齐方式等样式。

## 2.4.1　添加水平线

在 HTML 中,<hr> 标记没有对应的结束标记。

**实例 2.9:巧用水平线实现表格效果**
(案例文件:ch02\2.9.html)

本实例使用 <hr> 标记创建水平线,从而实现商品报价表的表格效果。

```
<!DOCTYPE html>
<html>
<head>
<title>添加水平线</title>
</head>
<body>
<h1 align="center">5月份商品报价表</h1>
<!--绘制水平线,实现表格效果-->
<hr>
<p align="center">冰箱: 3668元</p>
<hr>
<p align="center">洗衣机: 4668元</p>
<hr>
```

```
<p align="center">空调: 9888元</p>
<hr>
<p align="center">电视机: 5888元</p>
</body>
</html>
```

运行效果如图 2-9 所示。

图 2-9　实例 2.9 的运行效果(添加水平线)

## 2.4.2　设置水平线的宽度与高度

使用size与width属性可以设置水平线的宽度与高度。其中,width属性规定水平线的宽度,以像素或百分比计;size 属性规定水平线的高度,以像素计。

**实例 2.10:设置不同宽度和高度的水平线**
(案例文件:ch02\2.10.html)

本实例通过修改水平线的 size 与 width 属性,从而实现不同效果的水平线。其中,

一条水平线的高度为 50 像素,另一条水平线的宽度为 150 像素,并且靠右对齐。

```
<!DOCTYPE html>
<html>
```

```
<head>
<title>设置水平线的宽度和高度</title>
</head>
<body>
<p>普通的水平线</p>
<hr>
<p>高度为50像素的水平线</p>
<hr size="50" >
<p>宽度为150像素并且靠右的水平线</p>
<hr width="150"  align="right">
</body>
</html>
```

运行效果如图 2-10 所示。

图 2-10　实例 2.10 的运行效果（设置水平线的宽度与高度）

## 2.5　新手常见疑难问题

▌疑问 1：换行标记和段落标记的区别？

　　换行标记是单标记，不能写结束标记。段落标记是双标记，可以省略结束标记也可以不省略。默认情况下，段落之间的距离和段落内部的行间距是不同的，段落间距比较大，行间距比较小。HTML 无法调整段落间距和行间距，如果希望调整它们，就必须使用 CSS 样式表。

▌疑问 2：如何设置水平线的颜色？

　　在 <hr> 标记中，通过 color 属性可以设置水平线的颜色。下面给网页添加一条红色水平线，代码如下：

```
<hr color="red" >
```

## 2.6　实战技能训练营

▌实战 1：编写一个包含各种对齐方式的页面

　　请使用 left（文字左对齐）、center（文字居中对齐）、right（文字右对齐）三种对齐方式来制作页面，运行效果如图 2-11 所示。

图 2-11　标题文字的各种对齐方式

## 实战 2：巧用标记做一个笑话页面

请使用 <h1> 标记、<h4> 标记、<h5> 标记实现一个笑话信息的发布，运行效果如图 2-12 所示。

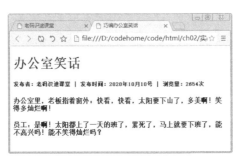

图 2-12　一则笑话的页面效果

## 实战 3：设计教育类页面效果

请综合运用网页文本的设计方法，制作教育网的文本页面，运行效果如图 2-13 所示。

图 2-13　设计教育类页面效果

# 第3章　设计网页列表

## 本章导读

　　网页列表与段落是网页中主要和常用的元素。网页列表可以有序地编排一些信息资源，使其结构化和条理化，并以列表的样式显示出来，以便浏览者更加快捷地获得相应信息。

## 知识导图

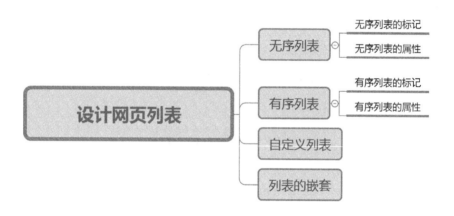

# 3.1 无序列表

HTML 网页中的无序列表如同文字编辑软件 Word 中的项目符号。本节就来介绍如何在网页中设计文字无序列表。

## 3.1.1 无序列表的标记

在无序列表中，各个列表项之间没有顺序级别之分。无序列表使用一对标记 <ul></ul>，其中每一个列表项使用标记 <li></li>，其结构如下：

```
<ul>
    <li>无序列表项</li>
    <li>无序列表项</li>
```

```
    <li>无序列表项</li>
    <li>无序列表项</li>
</ul>
```

在无序列表结构中，使用 <ul></ul> 标记表示一个无序列表的开始和结束，<li> 则表示一个列表项的开始。在一个无序列表中可以包含多个列表项，并且 <li> 可以省略结束标签。下面的实例使用无序列表实现文本的排列显示。

实例 3.1：使用无序列表显示商品分类信息 ( 案例文件：ch03\3.1.html)

```
<!DOCTYPE html>
<html>
<head>
<title>无序列表</title>
</head>
<body>
<p style="color: red; font-size:
20px;">商品分类信息</p>
<ul>
    <li>家用电器</li>
    <li>办公电脑</li>
    <li>家具厨具</li>
    <li>男装女装</li>
```

```
</ul>
</body>
</html>
```

运行效果如图 3-1 所示。

图 3-1  实例 3.1 的运行效果（无序列表显示商品分类信息）

## 3.1.2 无序列表的属性

默认情况下，无序列表的项目符号都是 "•"。如果想修改项目符号，可以通过 type 属性来设置。type 的属性值可以设置为 disc、circle 或 square，分别显示不同的效果。

实例 3.2：建立不同类型的商品列表 ( 案例文件：ch03\3.2.html)

下面的案例使用多个 <ul> 标记，通过设置 type 属性，建立不同类型的商品列表。

```
<!DOCTYPE html>
<html>
<head>
<title>不同类型的无序列表</title>
</head>
<body>
<h4>disc 项目符号的商品列表：</h4>
<ul type="disc">
```

```
            <li>冰箱</li>
            <li>空调</li>
            <li>洗衣机</li>
            <li>电视机</li>
    </ul>
<h4>circle 项目符号的商品列表：</h4>
<ul type="circle">
            <li>冰箱</li>
            <li>空调</li>
            <li>洗衣机</li>
            <li>电视机</li>
    </ul>
<h4>square 项目符号的商品列表：</h4>
<ul type="square">
            <li>冰箱</li>
            <li>空调</li>
            <li>洗衣机</li>
            <li>电视机</li>
    </ul>
</body>
```

```
</html>
```

运行效果如图 3-2 所示。

图 3-2　实例 3.2 的运行效果（不同类型的商品列表）

## 3.2　有序列表

有序列表类似于 Word 中的自动编号功能，有序列表的使用方法和无序列表基本相同。

### 3.2.1　有序列表的标记

有序列表使用编号来编排项目，它使用标记 <ol></ol>，每一个列表项则使用标记 <li></li>。每个项目都有前后顺序之分，多数用数字表示，其结构如下：

```
<ol>
    <li>第1项</li>
    <li>第2项</li>
    <li>第3项</li>
</ol>
```

**实例 3.3:** 创建有序的课程列表 ( 案例文件: ch03\3.3.html)

下面的实例使用有序列表实现文本的排列显示。

```
<!DOCTYPE html>
<html>
<head>
<title>创建不同类型的课程列表</title>
</head>
<body>
<h2>本月课程销售排行榜</h2>
```

```
<ol>
    <li>Python爬虫智能训练营</li>
    <li>网站前端开发训练营</li>
    <li>PHP网站开发训练营</li>
    <li>网络安全对抗训练营</li>
</ol>
</body>
</html>
```

运行效果如图 3-3 所示。

图 3-3　实例 3.3 的运行效果（有序列表）

### 3.2.2 有序列表的属性

默认情况下，有序列表的序号是数字形式。如果想修改成字母等形式，可以通过修改 type 属性来完成。type 属性可以取值为 1、a、A、i 和 I，分别表示数字（1，2，3...）、小写字母（a，b，c...）、大写字母（A，B，C...）、小写罗马数字（ⅰ，ⅱ，ⅲ...）和大写罗马数字（Ⅰ，Ⅱ，Ⅲ...）。

**实例 3.4：创建不同类型的课程列表 ( 案例 文件：ch03\3.4.html)**

下面的实例使用有序列表实现两种不同类型的有序列表。

```
<!DOCTYPE html>
<html>
<head>
<title>创建不同类型的课程列表</title>
</head>
<body>
<h2>本月课程销售排行榜</h2>
<ol>
    <li>Python爬虫智能训练营</li>
    <li>网站前端开发训练营</li>
    <li>PHP网站开发训练营</li>
    <li>网络安全对抗训练营</li>
</ol>
<h2>本月学生区域分布排行榜</h2>
<ol type="A">
    <li>广州</li>
    <li>上海</li>
```

```
    <li>北京</li>
    <li>郑州</li>
</ol>
</body>
</html>
```

运行效果如图 3-4 所示。

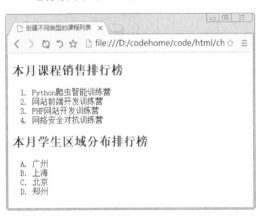

图 3-4　实例 3.4 的运行效果（不同类型的 有序列表）

## 3.3　自定义列表

在 HTML5 中还可以自定义列表，自定义列表的标记是 <dl>。自定义列表 的语法格式如下：

```
<dl>
    <dt>项目名称1</dt>
    <dd>项目解释1</dd>
    <dd>项目解释2</dd>
    <dd>项目解释3</dd>
    <dt>项目名称2</dt>
    <dd>项目解释1</dd>
    <dd>项目解释2</dd>
    <dd>项目解释3</dd>
</dl>
```

**实例 3.5：创建自定义列表 ( 案例文件： ch03\3.5.html)**

下面的实例使用 <dl> 标记、<dt> 标记和 <dd> 标记，设计出自定义的列表样式。

```
<!DOCTYPE html>
<html>
<head>
<title>自定义列表</title>
</head>
<body>
<h2>各个训练营介绍</h2>
<dl>
    <dt>Python爬虫智能训练营</dt>
        <dd>人工智能时代来临，互联网数据越
来越开放，越来越丰富，基于大数据的事也越来越
多。数据分析服务、互联网金融、数据建模、医疗病
例分析、自然语言处理、信息聚类，这些都是大数据
的应用场景，而大数据的来源都是利用网络爬虫来实
现。</dd>
    <dt>网站前端开发训练营</dt>
        <dd>网站前端开发的职业规划包括网页
制作、网页制作工程师、前端制作工程师、网站重构
```

工程师、前端开发工程师、资深前端工程师、前端架构师。</dd>
                                                                                                                                                                                                                                 
        <dt>PHP网站开发训练营</dt>
          <dd>PHP网站开发训练营是一个专门为PHP初学者提供入门学习帮助的平台，这里是初学者的修行圣地，提供各种入门宝典。</dd>
        <dt>网络安全对抗训练营</dt>
          <dd>网络安全对抗训练营在剖析用户进行黑客防御中迫切需要或想要用到的技术，力求对其进行"傻瓜"式的讲解，使学生对网络防御技术有一个系统的了解，能够更好地防范黑客的攻击。</dd>
        </dl>
    </body>
    </html>

运行效果如图 3-5 所示。

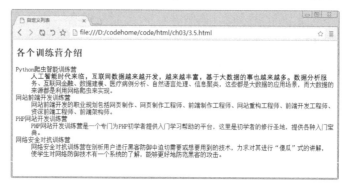

图 3-5　实例 3.5 的运行效果（自定义网页列表）

## 3.4　列表的嵌套

嵌套列表是网页中常用的方法，通过重复使用 &lt;ol&gt; 标记和 &lt;ul&gt; 标记，可以实现无序列表和有序列表的嵌套。

**实例 3.6：创建嵌套列表 ( 案例文件：ch03\3.6.html)**

下面的实例使用 &lt;ol&gt; 标记和 &lt;ul&gt; 标记，设计出嵌套两种类型的列表样式。

```html
<!doctype html>
<html>
<head>
<title>无序列表和有序列表嵌套</title>
</head>
<body>
<ul>
        <li ><a href="#">课程销售排行榜</a>
                <ol >
                        <li><a href="#">Python爬虫智能训练营</a></li>
                        <li><a href="#">网站前端开发训练营</a></li>
                        <li><a href="#">PHP网站开发训练营</a></li>
                        <li><a href="#">网络安全对抗训练营</a></li>
                </ol>
        </li>
        <li ><a href="#">学生区域分布</a>
                <ul>
                        <li><a href="#">北京</a></li>
                        <li><a href="#">上海</a></li>
                        <li><a href="#">广州</a></li>
                        <li><a href="#">郑州</a></li>
                </ul>
        </li>
    </ul>
    </body>
    </html>
```

运行效果如图 3-6 所示。

图 3-6　实例 3.6 的运行效果（自定义网页列表）

## 3.5 新手常见疑难问题

### 疑问 1: 无序列表 <ul> 元素的作用?

无序列表元素主要用于条理化和结构化文本信息。在实际开发中，无序列表在制作导航菜单时使用广泛。

### 疑问 2: 文字和图片导航速度谁更快?

使用文字做导航栏。文字导航不仅速度快，而且更稳定。例如，有些用户上网时会关闭图片。在处理文本时，不要在普通义本上添加下划线或者颜色。除非特别需要，否则不要为普通文字添加下划线。用户需要识别哪些能点击，不应当将本不能点击的文字加上下划线，误导读者去点击。

## 3.6 实战技能训练营

### 实战 1: 编写一个包含嵌套无序列表的页面

使用 <ul> 和 <li> 标记设计一个包含嵌套的无序列表，运行结果如图 3-7 所示。

### 实战 2: 编写一个自定义列表的页面

编写一个自定义列表的页面，运行结果如图 3-8 所示。单击页面的箭头图标，可以折叠或展开项目内容。

图 3-7　实战 1 要设计的无序列表

图 3-8　实战 2 要实现的自定义列表

# 第4章 网页中的图像和超链接

📖 **本章导读**

　　图像也是网页中主要和常用的元素。图像在网页中具有画龙点睛的作用，它能装饰网页，呈现出丰富多彩的效果。超链接是一个网站的灵魂，它可以将一个网页和另一个网页串联起来。只有将网站中的各个页面链接在一起之后，这个网站才能称之为真正的网站。本章将重点讲述图像和超链接的使用方法和技巧。

📖 **知识导图**

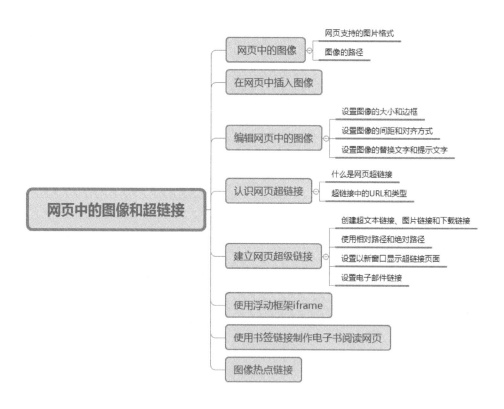

## 4.1　网页中的图像

俗话说"一图胜千言"，图片是网页中不可缺少的元素，巧妙地在网页中使用图片可以为网页增色不少。网页支持多种图片格式，并且可以对插入的图片设置宽度和高度。

### 4.1.1　网页支持的图片格式

网页中可以使用 GIF、JPEG、BMP、TIFF、PNG 等格式的图像文件，其中使用最广泛的是 GIF、PNG 和 JPEG 三种格式。

#### 1. GIF 格式

GIF 格式是由 Compuserve 公司提出的与设备无关的图像存储标准，也是 Web 上使用最早、应用最广泛的图像格式。通过减少组成图像的每个像素的储存位数，用 LZH 压缩存储技术来减少图像文件的大小，使得 GIF 格式最多只有 256 色。

GIF 具有图像文件小，下载速度快，低颜色数下 GIF 比 JPEG 载入更快等特点。可用许多具有同样大小的图像文件组成动画，在 GIF 图像中可指定透明区域，使图像具有非同一般的显示效果。

#### 2. PNG 格式

PNG 是一种采用无损压缩算法获得的位图格式。可用于替代 GIF 和 TIFF 图像，一般用在 Java 程序、网页和 S60 程序中。

PNG 格式有 8 位、24 位、32 位三种类型，其中 8 位 PNG 支持索引透明和 Alpha 透明，24 位 PNG 不支持透明，32 位 PNG 在 24 位基础上增加了 8 位透明通道，因此可以扩展到 256 色透明度。

#### 3. JPEG 格式

JPEG 格式是目前 Internet 上最受欢迎的图像格式，它可支持多达 16MB 的颜色，能展现十分丰富生动的图像细节，还能压缩。但其压缩方式是以损失图像质量为代价的，压缩比越高，图像质量损失越大，图像文件也就越小。

流行的 Windows 支持的位图 BMP 格式的图像，一般情况下，同一图像的 BMP 格式的大小是 JPEG 格式的 5～10 倍。而 GIF 格式最多只能是 256 色，因此载入 256 色以上图像的 JPEG 格式成了 Internet 上最受欢迎的图像格式。

当网页中需要载入较大的 GIF 或 JPEG 图像文件时，载入速度会很慢。为改善网页的视觉效果，可在载入时设置为隔行扫描。隔行扫描在显示图像时开始看起来非常模糊，接着细节逐渐添加上去，直到图像完全显示出来。

GIF 是支持透明、动画的图片格式，但色彩只有 256 色。JPEG 是一种不支持透明和动画的图片格式，但是色彩模式比较丰富，保留大约 1670 万种颜色。

> **注意**：网页中现在也有很多 PNG 格式的图片。PNG 图片具有不失真、兼有 GIF 和 JPG 的色彩模式、网络传输速度快、支持透明图像等特点，近年来在网络中也很流行。

### 4.1.2　图像的路径

HTML 文档支持文字、图片、声音、视频等媒体格式，但是这些格式中除了文本是直接写在 HTML 中的，其他都是嵌入的，HTML 文档只记录了这些文件的路径。这些媒体信息能否正确显示，路径至关重要。

路径的作用是定位一个文件的位置。文件的路径可以有两种表述方法，以当前文档为参照物表示文件的位置，即相对路径。以根目录为参照物表示文件的位置，即绝对路径。

为了方便讲述绝对路径和相对路径，先看如图 4-1 所示的目录结构。

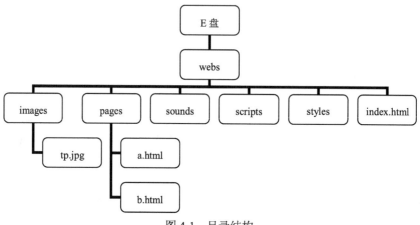

图 4-1　目录结构

#### 1. 绝对路径

例如，在 E 盘的 webs 目录的 images 目录下有一个 tp.jpg 图像，那么它的路径就是 E:\webs\images\tp.jpg，像这种完整地描述文件位置的路径就是绝对路径。如果将图片文件 tp.jpg 插入到网页 index.html 中，绝对路径表示方式如下：

```
<img src="E:\webs\images\tp.jpg"/>
```

如果使用绝对路径 E:\webs\images\tp.jpg 进行图片链接，那么在本地电脑中将一切正常，因为在 E:\webs\images 下的确存在 tp.jpg 图片。如果将文档上传到网站服务器上，那就不正常了，因为服务器给你划分的存放空间可能在 E 盘的其他目录，也可能在 D 盘的其他目录。为了保证图片正常显示，必须从 webs 文件夹开始，放到服务器或其他电脑的 E 盘根目录下。

通过上述讲解，读者会发现，如果链接的资源是本站点内的，使用绝对路径对位置要求非常严格。因此，链接本站内的资源不建议采用绝对路径。如果链接其他站点的资源，必须使用绝对路径。

#### 2. 相对路径

如何使用相对路径设置上述图片呢？所谓相对路径，顾名思义就是以当前位置为参考点，自己相对于目标的位置。例如，在 index.html 中链接 tp.jpg 就可以使用相对路径。index.html 和 tp.jpg 图片的路径根据上述目录结构图可以这样来定位：从 index.html 位置出发，它和 images 属于同级，路径是通的，因此可以定位到 images，images 的下面就是 tp.jpg。那么使用相对路径表示图片如下：

```
<img src="images/tp.jpg"/>
```

使用相对路径，不论将这些文件放到哪里，只要 tp.jpg 和 index.html 文件的相对关系没有变，就不会出错。

在相对路径中，".."表示上一级目录，"../.."表示上级的上级目录，以此类推。例如，将 tp.jpg 图片插入到 a.html 文件中，使用相对路径表示如下：

```
<img src="../images/tp.jpg"/>
```

> **注意**：细心的读者会发现，路径分隔符使用了"\"和"/"两种，其中"\"表示本地分隔符，"/"表示网络分隔符。因为网站制作好后肯定要放在网络上运行，因此要求使用正斜线"/"作为路径分隔符。

## 4.2　在网页中插入图像

图像可以美化网页，插入图像使用单标记 <img>。<img> 标记的属性及描述如表 4-1 所示。

表 4-1　<img> 标记的属性及描述

| 属　性 | 值 | 描　述 |
| --- | --- | --- |
| alt | text | 定义有关图形的简短的描述 |
| src | URL | 要显示的图像的 URL |
| height | pixels，% | 定义图像的高度 |
| ismap | URL | 把图像定义为服务器端的图像映射 |
| usemap | URL | 定义作为客户端图像映射的一幅图像。请参阅 <map> 和 <area> 标记，了解其工作原理 |
| vspace | pixels | 定义图像顶部和底部的空白。不支持。请使用 CSS 控制 |
| width | pixels，% | 设置图像的宽度 |

src 属性用于指定图片源文件的路径，它是 <img> 标记必不可少的属性。语法格式如下：

```
<img src="图片路径">
```

图片的路径可以是绝对路径，也可以是相对路径。下面的实例是在网页中插入图片。

**实例 4.1：通过图像标记，设计一个象棋游戏的来源介绍**（案例文件：ch04\4.1.html）

```
<!DOCTYPE html>
<html >
<head>
<title>插入图片</title>
</head>
<body>
<h2 align="center">象棋的来源</h2>
<p>    象棋是起源于中
```
国，象棋的"象"是一个人，相传象是舜的弟弟，他喜欢打打杀杀，他发明了一种用来模拟战争的游戏，

正因为是他发明的，很自然把这种游戏叫作象棋。到了秦朝末年西汉开国，韩信把象棋进行一番大改，有了楚河汉界，有了王不见王，名字还叫作象棋。经过后世的不断修正，一直到宋朝，把红棋的"卒"改为"兵"；黑棋的"仕"改为"士"，"相"改为"象"，象棋的样子基本完善。棋盘里的河界，又名"楚河汉界"。</p>

```
    <!--插入象棋的游戏图片，并且设置水平间距
为200像素-->
    <img src="pic/xiangqi.gif"
hspace="200">
    </body>
    </html>
```

运行效果如图 4-2 所示。

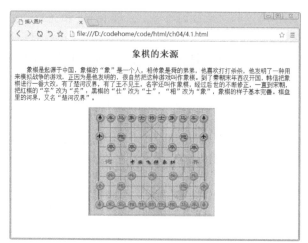

图 4-2　实例 4.1 的运行效果（在网页中插入图像）

除了可以在本地插入图片以外，还可以插入网络资源上的图片。例如，插入百度图库中的图片，代码如下：

```
<img src="http://www.baidu.com/img/图片名称.gif" />
```

## 4.3　编辑网页中的图像

在插入图片时，用户还可以设置图像的大小、边框、间距、对齐方式和替换文本等。

### 4.3.1　设置图像的大小和边框

在 HTML 文档中，可以设置插入图片的显示大小。一般插入的图片按原始尺寸显示，但也可以任意设置显示尺寸。设置图像尺寸分别用属性 width（宽度）和 height（高度）。

设置图片大小的语法格式如下：

```
<img src="图像的地址" width="宽度值" height="高度值">
```

这里的高度值和宽度值的单位为像素。如果只设置了宽度或者高度，则另一个参数会按照相同的比例进行调整；如果同时设置了宽度和高度，且缩放比例不同，图像可能会变形。

默认情况下，插入的图像没有边框，可以通过 border 属性为图像添加边框。语法格式如下：

```
<img src="图像的地址" border="边框大小值">
```

这里的边框大小值的单位为像素。

**实例 4.2：** 设置商品图片的大小和边框 ( 案例文件：ch04\4.2.html)

```
<!DOCTYPE html>
<html>
<head>
<title>设置图像的大小和边框</title>
</head>
<body>
<img src="pic/pingban.jpg">
    <img src="pic/pingban.jpg"
width="100">
    <img src="pic/pingban.jpg"
width="150" height="200">
```

```
<img src="pic/pingban.jpg"          </html
border="5">
    </body>                          运行效果如图 4-3 所示。
```

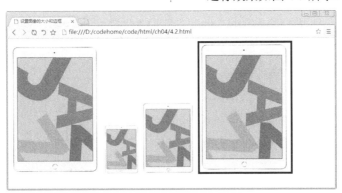

图 4-3　实例 4.2 的运行效果（设置图像的大小及边框）

图片的尺寸单位可以选择百分比或数值。百分比为相对尺寸，数值是绝对尺寸。

> **注意**：网页中插入的图像都是位图，放大尺寸，图像会出现马赛克，变得模糊。

> **技巧**：在 Windows 中查看图片的尺寸，只需要找到图像文件，把鼠标指针移动到图像上，停留几秒后，就会出现一个提示框，说明图像文件的尺寸。尺寸后显示的数字代表图像的宽度和高度，如 256×256。

## 4.3.2　设置图像的间距和对齐方式

在设计网页的图文混排时，如果不使用换行标记，则添加的图片会紧跟在文字后面。如果想调整图片与文字的距离，可以通过设置 hspace 属性和 vspace 属性来完成，其语法格式如下：

```
<img src="图像的地址" hspace="水平间距值" vspace="垂直间距值">
```

图像和文字之间的排列通过 align 参数来调整。对齐方式分为两种：绝对对齐方式和相对文字对齐方式。绝对对齐方式包括左对齐、右对齐和居中对齐，相对文字对齐方式则指图像与一行文字的相对位置，其语法格式如下：

```
<img src="图像的地址" align="相对文字的对齐方式">
```

其中，align 属性的取值和含义如表 4-2 所示。

表 4-2　align 属性的取值

| 图片对齐方式 | 说　明 |
| --- | --- |
| left | 把图像对齐到左边。这是默认对齐方式 |
| right | 把图像对齐到右边 |
| middle | 把图像与中央对齐 |
| top | 把图像与顶部对齐 |
| bottom | 把图像与底部对齐。这是默认对齐方式 |

**实例 4.3：设置商品图片水平对齐和间距效果（案例文件：ch04\4.3.html）**

```
<!doctype html>
<html>
<head>
<title>设置图像的水平间距</title>
</head>
<body>
<h3>请选择您喜欢的商品：</h3>
<hr size="3" />
<!--在插入的两行图片中，分别设置图片的对
齐方式为middle -->
第一组商品图片<img src="pic/1.jpg"
border="2" align="middle"/>
                <img src="pic/2.jpg"
border="2" align="middle"/>
                        <img
src="pic/3.jpg" border="2" align=
"middle"/>
                        <img
src="pic/4.jpg" border="2" align=
"middle"/>
    <br /><br />
    第二组商品图片<img src="pic/5.jpg"
border="1" align="middle"/>
```

```
                <img
src="pic/6.jpg" border="1" align=
"middle"/>
                <img
src="pic/7.jpg" border="1"align=
"middle"/>
                <img
src="pic/8.jpg" border="1"align=
"middle"/>
    </body>
    </html>
```

运行效果如图 4-4 所示。

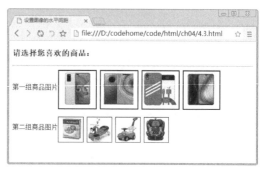

图 4-4　实例 4.3 的运行效果（设置图片水平对齐和间距效果）

### 4.3.3　设置图像的替换文字和提示文字

图像提示文字的作用有两个。其一，当用户浏览网页时，如果图像下载完成，将鼠标指针放在该图像上，鼠标指针旁边会出现提示文字，这就是为图像添加的说明性文字。其二，如果图像没有成功下载，在图像的位置上就会显示替换文字。

为图像添加提示文字可以方便搜索引擎检索，除此之外，图像提示文字的作用还有以下两个。

其一，当用户浏览网页时，如果图像下载完成，将鼠标指针放在该图像上，鼠标指针旁边会显示 <title> 属性设置的提示文字，其语法格式如下：

```
<img src="图像的地址" title="图像的提示文字">
```

其二，如果图像没有成功下载，在图像的位置上会显示 alt 属性设置的替换文字，其语法格式如下：

```
<img src="图像的地址" alt="图像的替换文字">
```

**实例 4.4：设置商品图片的替换文字和提示文字效果（案例文件：ch04\4.4.html）**

```
<!DOCTYPE html>
<html >
<head>
```

```
<title>替换文字和提示文字</title>
</head>
<body>
<h2 align="center">象棋的来源</h2>
<p>    象棋是起源于中
国，象棋的"象"是一个人，相传象是舜的弟弟，他
喜欢打打杀杀，他发明了一种用来模拟战争的游戏，
```

正因为是他发明的，很自然把这种游戏叫作象棋。到了秦朝末年西汉开国，韩信把象棋进行一番大改，有了楚河汉界，有了王不见王，名字还叫作象棋。经过后世的不断修正，一直到宋朝，把红棋的"卒"改为"兵"；黑棋的"仕"改为"士"，"相"改为"象"，象棋的样子基本完善。棋盘里的河界，又名"楚河汉界"。</p>
　　　　<!--插入象棋游戏的图片，并且设置替换文字和提示文字-->

```
        <img src="pic/xiangqis.gif" alt="
象棋游戏"  title="象棋游戏是中华民族的文化
瑰宝">
    </body>
</html>
```

　　运行效果如图 4-5 所示。用户将鼠标放在图片上，即可看到提示文字。

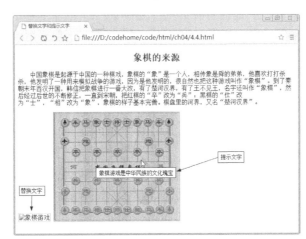

图 4-5　实例 4.4 的运行效果（替换文字和提示文字）

> **注意**：随着互联网技术的发展，网速已经不是制约因素，因此一般都能成功下载图像。现在，alt 还有另外一个作用，在百度、Google 等大搜索引擎中，搜索图片没有文字方便，如果给图片添加适当提示，可以方便搜索引擎的检索。

## 4.4　认识网页超链接

　　所谓超链接，是指从一个网页指向一个目标的链接关系。这个目标可以是另一个网页，也可以是相同网页上的不同位置，还可以是一张图片、一个电子邮件地址、一个文件，甚至是一个应用程序。

### 4.4.1　什么是网页超链接

　　超链接是一种对象，它以特殊编码的文本或图形形式来实现链接。如果单击该链接，则相当于指示浏览器移至同一网页内的某个位置，或打开一个新的网页，或打开某一个新的WWW 网站中的文件。

　　网页中的链接按照链接路径的不同，可以分为三种类型，分别是内部链接、锚点链接和外部链接。按照使用对象的不同，网页中的链接又可以分为文本超链接、图像超链接、E-mail链接、锚点链接、多媒体文件链接、空链接等。

　　在网页中，一般文字上的超链接都是蓝色，文字下面有一条下划线。当移动鼠标指针到该超链接上时，鼠标指针就会变成一只小手的形状。这时候用鼠标左键单击，就可以直接跳到与这个超链接相连接的网页或 WWW 网站上去。如果用户已经浏览过某个超链接，这个超链接的文本颜色就会发生改变（默认为紫色）。只有图像的超链接访问后颜色不会发生变化。

### 4.4.2　超链接的 URL

URL 为 Uniform Resource Locator 的缩写，通常翻译为"统一资源定位器"，也就是人们通常说的"网址"，它用于指定 Internet 上的资源位置。

网络中的计算机之间是通过 IP 地址区分的，如果希望访问网络中某台计算机中的资源，首先要定位到这台计算机。IP 地址是由 32 位二进制数（即 32 个 0 和 1 代码串）组成的，数字之间没有意义，不容易记忆。为了方便记忆，现在计算机一般采用域名的方式来寻址，即在网络上使用一组有意义字符组成的地址代替 IP 地址来访问网络资源。

URL 由 4 个部分组成，即"协议""主机名""文件夹名""文件名"，如图 4-6 所示。

图 4-6　URL 的组成

互联网中有各种各样的应用，如 Web 服务、FTP 服务等。每种服务应用都有对应的协议，通过浏览器浏览网页的协议是 HTTP 协议，即"超文本传输协议"，因此网页的地址都以"http://"开头。

www.baidu.com 为主机名，又称域名地址，表示文件存在于哪台服务器上。主机名可以通过 IP 地址或者域名来表示。

确定主机后，还需要说明文件存在于这台服务器的哪个文件夹中。这里文件夹可以分为多个层级。

确定文件夹后，就要定位到文件，即要显示哪个文件。网页文件通常有 .HTML、.HTM 和 .SHTML 扩展名。

### 4.4.3　超链接的 URL 类型

网页上的超链接一般分为三种，分别如下。

- *绝对 URL 超链接：URL 就是统一资源定位符，简单地讲就是网络上的一个站点、网页的完整路径。*
- *相对 URL 超链接：如将自己网页上的某一段文字或某标题链接到同一网站的其他网页。*
- *书签超链接：同一网页之内的超链接，这种超链接又叫作书签。*

## 4.5　建立网页超链接

单击一些文字、图片或其他网页元素时，浏览器就会根据其指示载入一个新的页面或跳转到页面的其他位置。超级链接除了可链接文本外，也可链接各种媒体，如声音、图像、动画，通过它们可享受丰富多彩的多媒体世界。

建立超级链接所使用的 HTML 标记为 \<a>\</a>。超级链接有两个重要的要素，设置为超级链接的网页元素和超级链接指向的目标地址。基本的超级链接的结构如下：

```
<a href=URL>网页元素</a>
```

## 4.5.1 创建超文本链接

文本是网页制作中使用最频繁也是最主要的元素。为了跳转到与文本相关内容的页面，往往需要为文本添加链接。

### 1. 什么是文本链接

浏览网页时，会看到一些带下划线的文字，将鼠标指针移到文字上时，鼠标指针将变成小手形，单击会打开一个网页，这样的链接就是文本链接。

### 2. 创建链接的方法

使用 <a> 标记可以实现网页超链接，在 <a> 标记处需要定义锚来指定链接目标。锚（anchor）有两种用法，介绍如下。

一是通过使用 href 属性，创建指向另外一个文档的链接（或超链接）。使用 href 属性的代码格式如下：

```
<a href="链接地址">创建链接的文本</a>
```

二是通过使用 name 或 id 属性，创建一个文档内部的书签（也就是说，可以创建指向文档片段的链接）。使用 name 属性的代码格式如下：

```
<a name="value">创建链接的文本</a>
```

name 属性用于指定锚的名称。name 属性可以创建（大型）文档内的书签。

使用 id 属性的代码格式如下：

```
<a id="value">创建链接的文本</a>
```

### 3. 创建网站内的文本链接

创建网页内的文本链接主要使用 href 属性来实现。比如，在网页中做一些知名网站的友情链接。

**实例 4.5：通过链接实现商城导航效果 ( 案例文件：ch04\4.5.html)**

```
<!DOCTYPE html>
<html>
<head>
<title>超链接</title>
</head>
<body>
<a href="#">首页</a>  
 
<a href="links.html" target="_
blank">手机数码</a>   
<a href="links.html"target="_
blank">家用电器</a>   
<a href="links.html"target="_
blank">母婴玩具</a>
<a href="http://www.baidu.
com"target="_blank">百度搜索</a><br/>
```

```
<img src="pic/shop.jpg" alt="广告
图">
</body>
</html>
```

运行效果如图 4-7 所示。

图 4-7　实例 4.5 的运行效果（添加超链接）

**注意**：如果链接为外部链接，则链接地址前的"http://"不可省略，否则单击链接会出现错误提示。

### 4.5.2 创建图片链接

在网页中浏览内容时，若将鼠标指针移到图片上，鼠标指针将变成小手形，单击会打开一个网页，这样的链接就是图片链接。

使用 <a> 标记为图片添加链接的代码格式如下：

```
<a href="链接目标"><img src="图片地址"/></a>
```

**实例 4.6：创建图片链接效果（案例文件：ch04\4.6.html）**

```
<!DOCTYPE html>
<html>
<head>
<title>图片链接</title>
</head>
<body>
音乐无限
<a href="mp3.html"><img src="pic/
m1.jpg"/></a>
<br>
<br>
<br>
运动健身
<a href="tiyu.html"><img src="pic/
m2.jpg"/></a>
</body>
</html
```

运行效果如图 4-8 所示。鼠标指针放在图片上呈现小手指状，单击后可跳转到指定网页。

图 4-8　实例 4.6 的图片链接网页效果

> **提示**：文件中的图片要和当前网页文件在同一目录下，链接的网页若没有加"http://"，默认为当前网页所在目录。

### 4.5.3 创建下载链接

超链接 <a> 标记的 href 属性定义了指向链接的目标，目标可以是各种类型的文件，如图片文件、声音文件、视频文件、Word 文件等。如果是浏览器能够识别的类型，会直接在浏览器中显示；如果是浏览器不能识别的类型，则会弹出文件下载对话框。

**实例 4.7：创建音频文件和 Word 文档文件的下载链接（案例文件：ch04\4.7.html）**

```
<!DOCTYPE html>
<html>
<head>
<title>链接各种类型文件</title>
</head>
<body>
<p><a href="1.mp3">链接音频文件</a>
```

```
</p>
    <p><a href="2.doc">链接Word文档</
a></p>
    </body>
    </html>
```

运行效果如图 4-9 所示。单击不同的链接，对于音频文件，浏览器将直接播放音频；而对于 Word 文档，浏览器则会提示用户下载该文档。

图 4-9　实例 4.7 的运行效果（音频文件和 Word 文档的下载链接）

### 4.5.4　使用相对路径和绝对路径

绝对 URL 一般用于访问非同一台服务器上的资源，相对 URL 是指访问同一台服务器上相同文件夹或不同文件夹中的资源。如果访问相同文件夹中的文件，只需要写文件名；如果访问不同文件夹中的资源，URL 以服务器的根目录为起点，指明文档的相对关系，由文件夹名和文件名两个部分构成。

实例 4.8：使用绝对 URL 和相对 URL 实现超链接 (案例文件: ch04\4.8.html)

```
<!DOCTYPE html>
<html>
<head>
<title>绝对URL和相对URL</title>
</head>
<body>
    单击<a href="http://www.webDesign.
com/index.html">绝对URL</a>链接到
webDesign网站首页<br />
        单击<a href="02.html">相同文件夹的
URL</a>链接到相同文件夹中的第2个页面<br />
        单击<a href="../pages/03.html">不
同文件夹的URL</a>链接到不同文件夹中的第3个
页面
    </body>
    </html>
```

在上述代码中，第 1 个链接使用的是绝对 URL；第 2 个使用的是服务器相对 URL，也就是链接到文档所在服务器的根目录下的 02.html；第 3 个使用的是文档相对 URL，即原文档所在文件夹的父文件夹下面的 pages 文件夹中的 03.html 文件。

运行效果如图 4-10 所示。

图 4-10　实例 4.8 的运行效果（使用绝对 URL 和相对 URL）

### 4.5.5　设置以新窗口显示超链接页面

默认情况下，当单击超链接时，目标页面会在当前窗口中显示，替换当前页面的内容。如果要在单击某个链接以后，打开一个新的浏览器窗口并在这个新窗口中显示目标页面，就需要使用 <a> 标记的 target 属性。

target 属性的代码格式如下：

```
<a target="value">
```

其中，value 有四个参数可用，这 4 个保留的目标名称用作特殊的文档重定向操作。

● _blank：浏览器总在一个新打开、未命名的窗口中载入目标文档。

● _self：这个目标的值对所有没有指定目标的 <a> 标记是默认目标，它使得目标文档载入并显示在相同的框架或者窗口中作为源文档。这个目标是多余且不必要的，除非和文档标题 <base> 标记中的 target 属性一起使用。

● _parent：这个目标使得文档载入父窗口或者包含在超链接引用的框架的框架集中。如果这个引用是在窗口或者顶级框架中，那么它与目标 _self 等效。

● _top：这个目标使得文档载入包含这个超链接的窗口，用 _top 目标将会清除所有被包含的框架并将文档载入整个浏览器窗口。

**实例 4.9：设置以新窗口显示超链接页面**
**（案例文件：ch04\4.9.html）**

```
<!DOCTYPE html>
<html>
<head>
<title>设置以新窗口显示超链接</title>
</head>
```

```
<body>
<a href="http://www.baidu.com"
target="_blank">百度</a>
</body>
</html>
```

运行效果如图 4-11 所示。单击超链接，将在新窗口中打开链接页面，如图 4-12 所示。

图 4-11　实例 4.9 的运行效果（制作网页超链接）

图 4-12　在新窗口中打开链接网页

如果将 _blank 换成 _self，即代码修改为 "<a href="http://www.baidu.com" target="_self">百度 </a>"，单击链接后，则直接在当前窗口中打开新链接页面。

> **提示：** target 的 4 个值都以下划线开始。任何其他用一个下划线作为开头的窗口或者目标都会被浏览器忽略。因此，不要将下划线作为文档中定义的任何框架 name 或 id 的第一个字符。

### 4.5.6　设置电子邮件链接

在某些网页中，当访问者单击某个链接以后，会自动打开电子邮件客户端软件，如 Outlook 或 Foxmail 等，向某个特定的 E-mail 地址发送邮件，这个链接就是电子邮件链接。电子邮件链接的格式如下：

```
<a href="mailto:电子邮件地址" >网页元素</a>
```

实例 4.10: 设置电子邮件链接 ( 案例文件: ch04\4.10.html)

```
<!DOCTYPE html>
<html>
<head>
<title>电子邮件链接</title>
</head>
<body>
<img src="pic/logo.gif" width="119"
height="49">    [免费注册][登录]
<a href="mailto:bczj123@foxmail.
com">站长信箱</a>
```

```
</body>
</html>
```

运行效果如图 4-13 所示，实现了电子邮件链接。

图 4-13　实例 4.10 的运行效果（链接到电子邮件）

当读者单击"站长信箱"链接时，会自动弹出 Outlook 窗口，要求编写电子邮件，如图 4-14 所示。

图 4-14　Outlook 新邮件窗口

## 4.6　使用浮动框架 iframe

HTML5 已经不支持 frameset 框架，但是它仍然支持 iframe 浮动框架。浮动框架可以自由控制窗口大小，还可以配合表格随意地在网页中的任何位置插入窗口。实际上就是在窗口中再创建一个窗口。

使用 iframe 创建浮动框架的格式如下：

```
<iframe src="链接对象" >
```

其中，src 表示浮动框架中显示对象的路径，可以是绝对路径，也可以是相对路径。例如，下面的代码是在浮动框架中显示百度网站。

实例 4.11: 创建一个浮动框架效果 ( 案例文件: ch04\4.11.html)

```
<!DOCTYPE html>
<html>
<head>
<title>浮动框架中显示百度网站</title>
</head>
```

```
<body>
<iframe src="http://www.baidu.
com"></iframe>
</body>
</html>
```

运行效果如图 4-15 所示。浮动框架在页面中又创建了一个窗口，默认情况下，浮动框架的尺寸为 220 像素 ×120 像素。

图 4-15　实例 4.11 的运行效果（浮动框架效果）

如果需要调整浮动框架尺寸，请使用 CSS 样式。修改上述浮动框架尺寸，请在 <head> 标记部分增加如下 CSS 代码：

```
<style>                                     height:800px;   //框架的高度
iframe{                                   }
    width:600px;     //框架的宽度          </style>
```

> **注意**：在 HTML5 中，iframe 仅支持 src 属性，再无其他属性。

## 4.7　使用书签链接制作电子书阅读网页

超链接除了可以链接特定的文件和网站之外，还可以链接到网页内的特定内容。这可以使用 <a> 标记的 name 或 id 属性，创建一个文档内部的书签。也就是说，可以创建指向文档片段的链接。

例如，使用以下命令可以将网页中的文本"你好"定义为一个内部书签，书签名称为 name1。

```
<a name="name1" >你好</a>
```

在网页中的其他位置可以插入超链接引用该书签，引用命令如下：

```
<a href="#name1" >引用内部书签</a>
```

通常，网页内容比较多的网站会采用这种方法，比如一个电子书网页。

**实例 4.12：为文学作品添加书签效果 ( 案例文件：ch04\4.12.html)**

下面使用书签链接制作一个电子书网页，为每一个文学作品添加书签效果。

```
<!DOCTYPE html>
<html>
<head>
```

```
<title>电子书</title>
</head>
<body >
<h1>文学鉴赏</h1>
<ul>
    <li><a href="#第一篇" >再别康桥</a>
    <li><a href="#第二篇" >雨　巷</a>
    <li><a href="#第三篇" >荷塘月色</a>
</ul>
<h3><a  name="第一篇">再别康桥</a>
```

```
</h3>
    ——徐志摩
    <ul>
        <li>轻轻地我走了，正如我轻轻地来；
        <li>我轻轻地招手，作别西天的云彩。
        <br>
        <li>那河畔的金柳，是夕阳中的新娘；
        <li>波光里的艳影，在我的心头荡漾。
        <br>
        <li>软泥上的青荇，油油地在水底招摇；
        <li>在康河的柔波里，我甘心做一条水草！
        <br>
        <li>那榆荫下的一潭，不是清泉，是天
上虹；
        <li>揉碎在浮藻间，沉淀着彩虹似的梦。
        <br>
        <li>寻梦？撑一支长篙，向青草更青处
漫溯；
        <li>满载一船星辉，在星辉斑斓里放歌。
        <br>
        <li>但我不能放歌，悄悄是别离的笙箫；
        <li>夏虫也为我沉默，沉默是今晚的康桥！
        <br>
        <li>悄悄地我走了，正如我悄悄地来；
        <li>我挥一挥衣袖，不带走一片云彩。
    </ul>
    <h3><a name="第二篇">雨巷</a></h3>
    ——戴望舒<br>
    撑着油纸伞，独自彷徨在悠长、悠长又寂寥的
雨巷，我希望逢着一个丁香一样的结着愁怨的姑娘。
<br>
    她是有丁香一样的颜色，丁香一样的芬芳，丁
香一样的忧愁，在雨中哀怨，哀怨又彷徨；她彷徨在
这寂寥的雨巷，撑着油纸伞像我一样，像我一样地默
默行着，冷漠、凄清，又惆怅。<br>
    她静默地走近，走近，又投出太息一般的眼
```

光，她飘过像梦一般地，像梦一般地凄婉迷茫。像梦中飘过一枝丁香的，我身旁飘过这女郎；她静默地远了、远了，到了颓圮的篱墙，走尽这雨巷。在雨的哀曲里，消了她的颜色，散了她的芬芳，消散了，甚至她的太息般的眼光，丁香般的惆怅。撑着油纸伞，独自彷徨在悠长，悠长又寂寥的雨巷，我希望飘过一个丁香一样的结着愁怨的姑娘。

```
    <h3><a  name="第三篇"  >荷塘月色</a></h3>
```

曲曲折折的荷塘上面，弥望的是田田的叶子。叶子出水很高，像亭亭的舞女的裙。层层的叶子中间，零星地点缀着些白花，有袅娜地开着的，有羞涩地打着朵儿的；正如一粒粒的明珠，又如碧天里的星星，又如刚出浴的美人。微风过处，送来缕缕清香，仿佛远处高楼上渺茫的歌声似的。这时候叶子与花也有一丝的颤动，像闪电般，霎时传过荷塘的那边去了。叶子本是肩并肩密密地挨着，这便宛然有了一道凝碧的波痕。叶子底下是脉脉的流水，遮住了，不能见一些颜色；而叶子却更见风致了。<br>

月光如流水一般，静静地泻在这一片叶子和花上。薄薄的青雾浮起在荷塘里。叶子和花仿佛在牛乳中洗过一样；又像笼着轻纱的梦。虽然是满月，天上却有一层淡淡的云，所以不能朗照；但我以为这恰是到了好处——酣眠固不可少，小睡也别有风味的。月光是隔了树照过来的，高处丛生的灌木，落下参差的斑驳的黑影，峭楞楞如鬼一般；弯弯的杨柳的稀疏的倩影，却又像是画在荷叶上。塘中的月色并不均匀；但光与影有着和谐的旋律，如梵婀铃上奏着的名曲。

```
    </body>
    </html>
```

运行效果如图 4-16 所示。

图 4-16　实例 4.12 的运行效果（电子书网页）

单击"雨巷"超链接，页面会自动跳转到"雨巷"对应的内容，如图 4-17 所示。

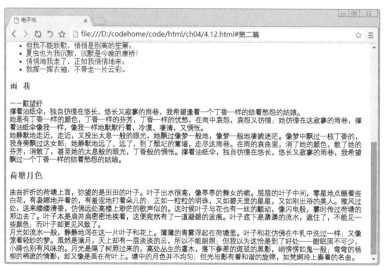

图 4-17　书签跳转效果

# 4.8　图像热点链接

在浏览网页时，读者会发现，当单击一张图片的不同区域，会显示不同的链接内容，这就是图片的热点区域。所谓图片的热点区域就是将一个图片划分成若干个链接区域。访问者单击不同的区域会链接到不同的目标页面。

在 HTML5 中，可以为图片创建三种类型的热点区域：矩形、圆形和多边形。创建热点区域使用标记 <map> 和 <area>。

设置图像热点链接大致可以分为两个步骤。

### 1. 设置映射图像

要想建立图片热点区域，必须先插入图片。为图片增加 usemap 属性，说明该图像是热区映射图像，属性值必须以"#"开头，加上名字，如 #pic。具体语法格式如下：

```
<img src="图片地址" usemap="#热点图像名称">
```

### 2. 定义热点区域图像和热点区域链接

接着可以定义热点区域图像和热点区域链接，语法格式如下：

```
<map id="#热点图像名称">
    <area shape="热点形状1" coords="热点坐标1" href="链接地址1">
    <area shape="热点形状2" coords="热点坐标2" href="链接地址2">
</map>
```

<map> 标记只有一个属性 id，其作用是为区域命名，其设置值必须与 <img> 标记的 usemap 属性值相同。

<area> 标记主要定义热点区域的形状及超链接，它有以下三个必须的属性。

- shape 属性：控件划分区域的形状，其取值有三个，分别是 rect（矩形）、circle（圆形）和 poly（多边形）。
- coords 属性：控制区域的划分坐标。如果 shape 属性取值为 rect，那么 coords 的设置值分别为矩形的左上角（x、y）坐标点和右下角（x、y）坐标点，单位为像素。如

果 shape 属性取值为 circle，那么 coords 的设置值分别为圆形圆心（x、y）坐标点和半径值，单位为像素。如果 shape 属性取值为 poly，那么 coords 的设置值分别为矩形各个点的（x、y）坐标，单位为像素。

● href 属性：为区域设置超链接的目标。设置值为"#"时，表示为空链接。

**实例 4.13: 添加图像热点链接 ( 案例文件: ch04\4.13.html)**

```
<!DOCTYPE html>
<html>
<head>
<title>创建热点区域</title>
</head>
<body>
<img src="pic/daohang.jpg"
usemap="#Map">
<map name="Map">
        <area shape="rect"
coords="30,106,220,363" href="pic/
r1.jpg"/>
```

```
        <area shape="rect"
coords="234,106,416,359" href="pic/
r2.jpg"/>
        <area shape="rect"
coords="439,103,618,365" href="pic/
r3.jpg"/>
        <area shape="rect"
coords="643,107,817,366" href="pic/
r4.jpg"/>
        <area shape="rect"
coords="837,105,1018,363" href="pic/
r5.jpg"/>
        </map>
        </body>
        </html>
```

运行效果如图 4-18 所示。

图 4-18　实例 4.13 的运行效果（创建热点区域）

单击不同的热点区域，将跳转到不同的页面。这里单击"超美女装"区域，跳转页面效果如图 4-19 所示。

图 4-19　热点区域的链接页面

在创建图像热点区域时，比较复杂的操作是定义坐标，初学者往往难以控制。目前比较好的解决方法是使用可视化软件手动绘制热点区域。这里使用 Dreamweaver 软件绘制需要的区域，如图 4-20 所示。

图 4-20　使用 Dreamweaver 软件绘制热点区域

## 4.9　新手常见疑难问题

**疑问 1：在浏览器中，图片无法正常显示，为什么？**

图片在网页中属于嵌入对象，并不是图片直接保存在网页中，网页只是保存了指向图片的路径。浏览器在解释 HTML 文件时，会按指定的路径去寻找图片，如果在指定的位置不存在图片，就无法正常显示。为了保证图片正常显示，制作网页时需要注意以下几处。

- 图片格式一定是网页支持的。
- 图片的路径一定要正常，并且图片文件扩展名不能省略。
- HTML 文件位置发生改变时，图片一定要跟随着改变，即图片位置和 HTML 文件位置始终保持相对一致。

**疑问 2：在网页中，有时使用图像的绝对路径，有时使用相对路径，为什么？**

如果在同一个文件中需要反复使用一个相同的图像文件，最好在 <img> 标记中使用相对路径名，不要使用绝对路径或 URL。因为，使用相对路径，浏览器只需将图像文件下载一次，再次使用这个图像时，只要重新显示一遍即可。如果使用绝对路径，每次显示图像时，都要下载一次图像，这将大大降低图像的显示速度。

**疑问 3：在网页中，如何将图片设置为网页背景？**

在插入图片时，用户可以根据需要将某些图片设置为网页的背景。GIF 和 JPG 文件均可用作 HTML 背景。如果图像小于页面，图像会进行平铺。

下面的代码设置图片为整个网页的背景：

```
<body background="background.jpg">
```

**疑问 4：链接增多后的网站，如何设置目录结构以方便维护？**

当一个网站的网页数量增加到一定程度以后，网站的管理与维护将变得非常烦琐。因此，掌握一些网站管理与维护的技术是非常实用的，可以节省很多时间。建立合适的网站文件存储结构，可以方便网站的管理与维护。通常使用的三种网站文件组织结构方案及文件管理遵循的原则如下。

- 按照文件的类型进行分类管理。将不同类型的文件放在不同的文件夹中，这种存储方法适合于中小型网站，这种方法是通过文件的类型对文件进行管理。
- 按照主题对文件进行分类。网站的页面按照不同的主题进行分类储存。同一主题的所有文件存放在一个文件夹中，然后再进一步细分文件的类型。这种方案适用于页面和文件数量众多、信息量大的静态网站。
- 对文件类型进行进一步细分存储管理。这种方案是第一种存储方案的深化，将页面进一步细分后再进行分类存储管理。这种方案适用于文件类型复杂、包含各种文件的多媒体动态网站。

## 4.10 实战技能训练营

**实战1：编写一个包含各种图文混排效果的页面**

在网页的文字当中，如果插入图片，这时可以对图像进行排序。常用的排序方式有居中、底部对齐、顶部对齐三种。这里要求制作一个包含这三种对齐方式的图文效果页面，运行结果如图4-21所示。

**实战2：编写一个图文并茂的房屋装饰装修网页**

创建一个由文本和图片构成的房屋装饰效果网页，运行结果如图4-22所示。

图4-21　实战1要实现的图片的各种对齐方式

图4-22　实战2要实现的图文并茂的
房屋装饰装修网页

# 第5章 表格与\<div\>标记

**本章导读**

HTML 中的表格不但可以清晰地显示数据，而且可以用于页面布局。HTML 中的表格类似于 Word 软件中的表格，尤其是使用网页制作工具，操作很相似。制作 HTML 表格可以使用相关标记（如表格对象 table、行对象 tr、单元格对象 td）来完成。\<div\> 标记可以统一管理其他标记，常常用于内容的分组显示。本章将详细讲述表格和\<div\>标记的使用方法和技巧。

**知识导图**

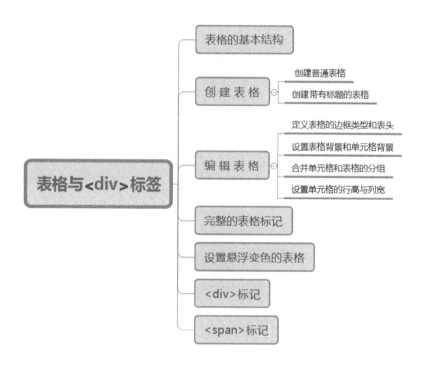

## 5.1 表格的基本结构

使用表格显示数据，更直观和清晰。在 HTML 文档中，表格主要用于显示数据，虽然可以使用表格进行网页布局，但是不建议，它有很多弊端。表格一般由行、列和单元格组成，如图 5-1 所示。

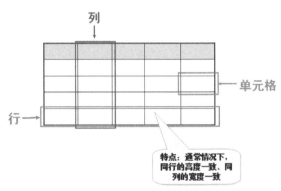

特点：通常情况下，同行的高度一致、同列的宽度一致

图 5-1　表格的组成

在 HTML 5 中，用于创建表格的标记如下：

- <table>：用于标识一个表格对象的开始，</table> 标记标识一个表格对象的结束。一个表格中，只允许出现一对 <table> 标记。HTML5 中不再支持它的任何属性。
- <tr>：用于标识表格一行的开始，</tr> 标记用于标识表格一行的结束。表格内有多少对 <tr></tr> 标记，就表示表格中有多少行。HTML5 中不再支持它的任何属性。
- <td>：用于标识表格某行中的一个单元格的开始，</td> 标记用于标识表格某行中一个单元格的结束。<td></td> 标记应书写在 <tr></tr> 标记内，一对 <tr></tr> 标记内有多少对 <td></td> 标记，就表示该行有多少个单元格。HTML5 中，<td> 仅有 colspan 和 rowspan 两个属性。

最基本的表格，必须包含一对 <table></table> 标记、一对或几对 <tr></tr> 标记以及一对或几对 <td></td> 标记。一对 <table></table> 标记定义一个表格，一对 <tr></tr> 标记定义一行，一对 <td></td> 标记定义一个单元格。

**实例 5.1：通过表格标记，编写公司销售表 ( 案例文件：ch05\5.1.html)**

```
<!DOCTYPE html>
<html>
<head>
<title>公司销售表</title>
</head>
<body>
<h1 align="center">公司销售表</h1>
<!--<table>为表格标签-->
<table align="center">
    <!--<tr>为行标签-->
```

```
<tr>
    <!--<th>为表头标签-->
    <th>姓名</th>
    <th>月份</th>
    <th>销售额</th>
</tr>
<tr>
    <!--<td>为单元格-->
    <td>刘玉</td>
    <td>1月份</td>
    <td>32万</td>
</tr>
<tr>
    <!--<td>为单元格-->
    <td>张平</td>
```

```
            <td>1月份</td>
            <td>36万</td>
        </tr>
        <tr>
            <!--<td>为单元格-->
            <td>胡明</td>
            <td>1月份</td>
            <td>18万</td>
        </tr>
    </table>
    </body>
    </html>
```

运行效果如图 5-2 所示。

图 5-2　实例 5.1 的运行效果（公司销售表）

## 5.2　创 建 表 格

表格可以分为普通表格以及带有标题的表格，在 HTML 5 中，可以创建这两种表格。

### 5.2.1　创建普通表格

创建 1 列、1 行 3 列和 2 行 3 列的三个表格。

**实例 5.2：创建产品价格表 ( 案例文件:**
**ch05\5.2.html)**

```
<!DOCTYPE html>
<html>
<head>
<title>创建普通表格</title>
</head>
<body>
<h4>一列：</h4>
<table border="1">
<tr>
   <td>100</td>
</tr>
</table>
<h4>一行三列：</h4>
<table border="1">
<tr>
   <td>100</td>
   <td>200</td>
   <td>300</td>
</tr>
</table>
<h4>两行三列：</h4>
<table border="1">
<tr>
   <td>100</td>
```

```
   <td>200</td>
   <td>300</td>
</tr>
<tr>
   <td>400</td>
   <td>500</td>
   <td>600</td>
</tr>
</table>
</body>
</html>
```

运行效果如图 5-3 所示。

图 5-3　实例 5.2 的运行效果（创建产品价格表）

## 5.2.2　创建带有标题的表格

有时，为了方便表述表格，还需要在表格的上面加上表格标题。

**实例 5.3：创建一个产品销售统计表**
**（案例文件：ch05\5.3.html）**

```
<!DOCTYPE html>
<html>
<head>
<title>创建带有标题的表格</title>
</head>
<body>
<table border="2">
<caption>产品销售统计表</caption>
<tr>
    <td>1月份</td>
    <td>2月份</td>
    <td>3月份</td>
</tr>
<tr>
```

```
    <td>100万</td>
    <td>120万</td>
    <td>160万</td>
</tr>
</table>
</body>
</html>
```

运行效果如图 5-4 所示。

图 5-4　实例 5.3 的运行效果（产品销售统计表）

# 5.3　编辑表格

创建好表格之后，还可以编辑表格，包括设置表格的边框类型、设置表格的表头、合并单元格等。

## 5.3.1　定义表格的边框类型

使用表格的 border 属性可以定义表格的边框类型，如常见的加粗边框的表格。

**实例 5.4：创建不同边框类型的表格**
**（案例文件：ch05\5.4.html）**

```
<!DOCTYPE html>
<html>
<body>
<h4>普通边框</h4>
<table border="1">
<tr>
    <td>商品名称</td>
    <td>商品产地</td>
    <td>商品价格</td>
</tr>
<tr>
    <td>冰箱</td>
    <td>天津</td>
    <td>4600元</td>
```

```
</tr>
</table>
<h4>加粗边框</h4>
<table border="8">
<tr>
    <td>商品名称</td>
    <td>商品产地</td>
    <td>商品价格</td>
</tr>
<tr>
    <td>冰箱</td>
    <td>天津</td>
    <td>4600元</td>
</tr>
</table>
</body>
</html>
```

运行效果如图 5-5 所示。

图 5-5　实例 5.4 的运行效果（创建不同边框类型的表格）

### 5.3.2　定义表格的表头

表格中也存在表头，常见的表头分为垂直的和水平的两种。下面分别创建带有垂直和水平表头的表格。

实例 5.5：定义表格的表头（案例文件：ch05\5.5.html）

```
<!DOCTYPE html>
<html>
<body>
<h4>水平的表头</h4>
<table border="1">
<tr>
  <th>姓名</th>
  <th>性别</th>
  <th>年级</th>
</tr>
<tr>
  <td>张三</td>
  <td>男</td>
  <td>一年级</td>
</tr>
</table>
<h4>垂直的表头</h4>
<table border="1">
<tr>
  <th>姓名</th>
  <td>小丽</td>
</tr>
<tr>
  <th>性别</th>
```

```
  <td>女</td>
</tr>
<tr>
  <th>年级</th>
  <td>二年级</td>
</tr>
</table>
</body>
</html>
```

运行效果如图 5-6 所示。

图 5-6　实例 5.5 的运行效果（分别创建带有垂直和水平表头的表格）

### 5.3.3　设置表格背景

当创建好表格后，为了美观，还可以设置表格的背景。如为表格定义背景颜色，为表格定义背景图片等。

### 1. 定义表格背景颜色

为表格添加背景颜色是美化表格的一种方法。

实例 5.6: 为表格添加背景颜色 (案例文件: ch05\5.6.html)

```
<!DOCTYPE html>
<html>
<body>
<h4 align="center">商品信息表</h4>
<table border="1"
bgcolor="#CCFF99">
<tr>
   <td>商品名称</td>
   <td>商品产地</td>
   <td>商品价格</td>
   <td>商品库存</td>
</tr>
<tr>
   <td>洗衣机</td>
   <td>北京</td>
   <td>2600元</td>
```

```
   <td>4860</td>
</tr>
</table>
</body>
</html>
```

运行效果如图 5-7 所示。

图 5-7　实例 5.6 的运行效果 (为表格添加背景颜色)

### 2. 定义表格背景图片

除了可以为表格添加背景颜色外，还可以将图片设置为表格的背景。例如，为表格添加背景图片。

实例 5.7: 定义表格背景图片 (案例文件: ch05\5.7.html)

```
<!DOCTYPE html>
<html>
<body>
<h4 align="center">为表格添加背景图片
</h4>
   <table border="1" background="pic/
m1.jpg">
   <tr>
   <td>商品名称</td>
   <td>商品产地</td>
   <td>商品等级</td>
   <td>商品价格</td>
   <td>商品库存</td>
   </tr>
   <tr>
   <td>电视机</td>
   <td>北京</td>
```

```
   <td>一等品</td>
   <td>6800元</td>
   <td>9980</td>
</tr>
</table>
</body>
</html>
```

运行效果如图 5-8 所示。

图 5-8　实例 5.7 的运行效果 (为表格添加背景图片)

## 5.3.4　设置单元格的背景

除了可以为表格设置背景外，还可以为单元格设置背景，包括添加背景颜色和背景图片两种情况。

实例 5.8：为单元格添加背景颜色和图片（案例文件：ch05\5.8.html）

```
<!DOCTYPE html>
<html>
<body>
<h4 align="center">为单元格添加背景颜
色和图片</h4>
<table border="1">
<tr>
  <td bgcolor="red">商品名称</td>
  <td bgcolor="red">商品产地</td>
  <td bgcolor="red">商品等级</td>
  <td bgcolor="red">商品价格</td>
  <td bgcolor="red">商品库存</td>
</tr>
<tr>
  <td background="pic/m1.jpg">电视机
</td>
    <td background="pic/m1.jpg">北京
</td>
    <td background="pic/m1.jpg">一等品
```

```
</td>
    <td background="pic/m1.jpg">6800
元</td>
    <td background="pic/
m1.jpg">9980</td>
  </tr>
</table>
</body>
</html>
```

运行效果如图 5-9 所示。

图 5-9　实例 5.8 的运行效果（为单元格添加背景颜色和图片）

## 5.3.5　合并单元格

在实际应用中，并非所有表格都是规范的几行几列，有时需要将某些单元格进行合并，以符合某种内容上的需要。在 HTML 中，合并单元格的方向有两种：一种是上下合并，一种是左右合并。这两种合并方式只需要使用 td 标记的两个属性即可。

### 1. 用 colspan 属性合并左右单元格

左右单元格的合并需要使用 td 标记的 colspan 属性来完成，格式如下：

```
<td colspan="数值">单元格内容</td>
```

其中，colspan 属性的取值为数值型整数，代表几个单元格进行左右合并。

### 2. 用 rowspan 属性合并上下单元格

上下单元格的合并需要为 <td> 标记增加 rowspan 属性，格式如下：

```
<td rowspan="数值">单元格内容</td>
```

其中，rowspan 属性的取值为数值型整数，代表几个单元格进行上下合并。

实例 5.9：设计婚礼流程安排表（案例文件：ch05\5.9.html）

```
<!DOCTYPE html>
<html>
<head>
<title>婚礼流程安排表</title>
</head>
```

```
<body>
<h1 align="center">婚礼流程安排表</
h1>
    <!--<table>为表格标签-->
    <table align="center" border="1px"
cellpadding="12%" >
        <!--婚礼流程安排表日期-->
        <tr bgcolor="#A5AFEDD">
            <th></th>
            <th>时间</th>
```

```
        <th>日程</th>
        <th>地点</th>
    </tr>
    <!--婚礼流程安排表内容-->
    <tr align="center">
        <!--使用rowspan属性进行列合并
-->
        <td bgcolor="#FCD1CC"
rowspan="2">上午</td>
        <td bgcolor="#FCD1CC">7:00--
8:30</td>
        <td>新郎新娘化妆定妆</td>
        <td>婚纱影楼</td>
    </tr>
    <!--婚礼流程安排表内容-->
    <tr align="center">
        <td bgcolor="#FCD1CC">8:30--
10:30</td>
        <td>新郎根据指导接亲</td>
        <td>酒店1楼</td>
    </tr>
    <!--婚礼流程安排表内容-->
    <tr align="center">
        <!--使用rowspan属性进行列合并
-->
        <td bgcolor="#FCD1CC"
rowspan="2">下午</td>
        <td bgcolor="#FCD1CC">12:30--
14:00</td>
```

```
        <td>婚礼和就餐</td>
        <td>酒店2楼</td>
    </tr>
    <!--婚礼流程安排表内容-->
    <tr align="center">
        <td bgcolor="#FCD1CC">14:00--
16:00</td>
        <td>清点物品后离开酒店</td>
        <td>酒店2楼</td>
    </tr>
</table>
</body>
</html>
```

运行效果如图 5-10 所示。

图 5-10 实例 5.9 的运行效果（婚礼流程安排表）

**注意**：合并单元格以后，相应的单元格标记就应该减少，否则单元格就会多出一个，并且后面的单元格依次发生位移现象。

通过对上下单元格进行合并，读者会发现，合并单元格就是"丢掉"某些单元格。对于左右合并，就是以左侧为准，将右侧要合并的单元格"丢掉"；对于上下合并，就是以上方为准，将下方要合并的单元格"丢掉"。如果一个单元格既要向右合并，又要向下合并，该如实现呢？

**实例 5.10：单元格向右和向下合并 ( 案例文件：ch05\5.10.html)**

```
<!DOCTYPE html>
<html>
<head>
<title>单元格上下左右合并</title>
</head>
<body>
<table border="1">
    <tr>
        < t d   c o l s p a n = " 2 "
rowspan="2">A1B1<br/>A2B2</td>
        <td>C1</td>
    </tr>
    <tr>
```

```
        <td>C2</td>
    </tr>
    <tr>
        <td>A3</td>
        <td>B3</td>
        <td>C3</td>
    </tr>
    <tr>
        <td>A4</td>
        <td>B4</td>
        <td>C4</td>
    </tr>
</table>
</body>
</html>
```

运行效果如图 5-11 所示。

图 5-11　实例 5.10 的运行效果（两个方向合并单元格）

从上面的结果可以看到，A1 单元格向右合并 B1 单元格，向下合并 A2 单元格，并且 A2 单元格向右合并 B2 单元格。

### 5.3.6　表格的分组

如果需要分组以控制表格的列样式，可以通过 <colgroup> 标记来完成。该标记的语法格式如下：

```
<colgroup>
    <col style="background-color: 颜色值">
    <col style="background-color: 颜色值">
    <col style="background-color: 颜色值">
</colgroup>
```

<colgroup> 标记可以对表格的列进行样式控制，其中 <col> 标记对具体的列进行控制。

实例 5.11：设计企业客户联系表 ( 案例文件：ch05\5.11.html)

```
<!DOCTYPE html>
<html>
<head>
<title>企业客户联系表</title>
</head>
<body>
<h1 align="center">企业客户联系表</h1>
<!--<table>为表格标记-->
<table align="center" border="1px"
cellpadding="12%" >
<!--<table>为表格标记-->
<table align="center" border="1px"
cellpadding="12%" >
    <!--使用<colgroup>标记进行表格分组
控制-->
    <colgroup>
            <col style="background-
color: #FFD9EC">
            <col style="background-
color: #B8B8DC">
            <col style="background-
color: #BBFFBB">
            <col style="background-
color: #B9B9FF">
    </colgroup>
    <tr>
        <th>区域</th>
        <th>加盟商</th>
        <th>加盟时间</th>
        <th>联系电话</th>
    </tr>

    <tr align="center">
        <td>华北区域</td>
        <td>王蒙</td>
        <td>2019年9月</td>
        <td>123XXXXXXXX</td>
    </tr>

    <tr align="center">
        <td>华中区域</td>
        <td>王小名</td>
        <td>2019年1月</td>
        <td>100XXXXXXXX</td>
    </tr>
```

```
<tr align="center">
    <td>西北区域</td>
    <td>张小明</td>
    <td>2012年9月</td>
    <td>111XXXXXXXX</td>
</tr>

</table>
</body>
</html>
```

运行效果如图 5-12 所示。

图 5-12　实例 5.11 的运行效果（婚礼流程安排表）

### 5.3.7　设置单元格的行高与列宽

使用 cellpadding 来创建单元格内容与其边框之间的空白，从而调整表格的行高与列宽。

实例 5.12：设置单元格的行高与列宽 ( 案例文件：ch05\5.12.html)

```
<!DOCTYPE html>
<html>
<body>
<h2>单元格调整前的效果</h2>
<table border="1">
<tr>
  <td>1000</td>
  <td>2000</td>
</tr>
<tr>
  <td>2000</td>
  <td>3000</td>
</tr>
</table>
<h2>单元格调整后的效果</h2>
<table border="1" cellpadding="10">
<tr>
  <td>1000</td>
  <td>2000</td>
</tr>
```

```
<tr>
  <td>2000</td>
  <td>3000</td>
</tr>
</table>
</body>
</html>
```

运行效果如图 5-13 所示。

图 5-13　实例 5.12 的运行效果（使用 cellpadding 来调整表格的行高与列宽）

## 5.4　完整的表格标记

前面讲述了表格中常用也是最基本的三个标记 &lt;table&gt;、&lt;tr&gt; 和 &lt;td&gt;，使用它们可以构建出最简单的表格。为了让表格结构更清晰，以及配合后面学习 CSS 样式，方便地制作各种样式的表格，表格中还会出现表头、主体、脚注等。

按照表格结构，可以把表格的行分组，称为行组。不同的行组具有不同的意义。行组分为三类：表头、主体和脚注。三者相应的 HTML 标记依次为 &lt;thead&gt;、&lt;tbody&gt; 和 &lt;tfoot&gt;。

此外，在表格中还有两个标记：标记 &lt;caption&gt; 表示表格的标题；在一行中，除了 &lt;td&gt; 标记表示一个单元格以外，还可以使用 &lt;th&gt; 标记表示该单元格是这一行的"行头"。

实例 5.13：使用完整的表格标记设计学生成绩单 ( 案例文件：ch05\5.13.html)

```
<!DOCTYPE html>
<html>
<head>
<title>完整表格标记</title>
<style>
tfoot{
background-color:#FF3;
}
</style>
</head>
<body>
<table border="1">
  <caption>学生成绩单</caption>
  <thead>
    <tr>
      <th>姓名</th><th>性别</th><th>成绩</th>
    </tr>
  </thead>
  <tfoot>
    <tr>
      <td>平均分</td><td colspan="2">540</td>
    </tr>
  </tfoot>
  <tbody>
    <tr>
      <td>张三</td><td>男
```

```
</td><td>560</td>
    </tr>
    <tr>
      <td>李四</td><td>男
</td><td>520</td>
    </tr>
  </tbody>
</table>
</body>
</html>
```

从上面的代码可以发现，使用 <caption> 标记定义了表格标题，<thead>、<tbody> 和 <tfoot> 标记对表格进行了分组。在 <thead> 部分使用 <th> 标记代替 <td> 标记定义单元格，<th> 标记定义的单元格内容默认加粗显示。网页的预览效果如图 5-14 所示。

图 5-14　实例 5.13 的预览效果（完整的表格结构）

注意：<caption> 标记必须紧随 <table> 标记之后。

## 5.5　设置悬浮变色的表格

本练习将结合前面学习的知识，创建一个悬浮变色的销售统计表。这里会用到 CSS 样式表来修饰表格的外观效果。

实例 5.14：设置悬浮变色的表格 ( 案例文件：ch05\5.14.html)

下面分步骤来学习悬浮变色的表格效果是如何一步步实现的。

**01** 创建网页文件，实现基本的表格内容，代码如下：

```
<!DOCTYPE html>
<html>
<head>
```

```
<title>销售统计表</title>
</head>
<body>
<table border="0" cellpadding="1"
cellspacing="1">
<caption>销售统计表</caption>
    <tr>
      <th>产品名称</th>
      <th>产品产地</th>
      <th>销售金额</th>
    </tr>
    <tr class="hui">
      <td>洗衣机</td>
      <td>北京</td>
```

```
      <td>456万</td>
   </tr>
   <tr>
      <td>电视机</td>
      <td>上海</td>
      <td>306万</td>
   </tr>
   <tr class="hui">
      <td>空调</td>
      <td>北京</td>
      <td>688万</td>
   </tr>
   <tr>
      <td>热水器</td>
      <td>大连</td>
      <td>108万</td>
   </tr>
   <tr class="hui">
      <td>冰箱</td>
      <td>北京</td>
      <td>206万</td>
   </tr>
   <tr>
      <td>扫地机器人</td>
      <td>广州</td>
      <td>68万</td>
   </tr>
   <tr class="hui">
      <td>电磁炉</td>
      <td>北京</td>
      <td>109万</td>
   </tr>
   <tr>
      <td>吸尘器</td>
      <td>天津</td>
      <td>48万</td>
   </tr>
</table>
</body>
</html>
```

运行效果如图 5-15 所示。可以看到，表格不带边框，字体等都是默认显示。

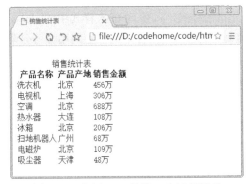

图 5-15　实例 5.14 的第 1 步运行效果

（创建基本表格）

02 ▶ 在 `<head>...</head>` 中添加 CSS 代码，修饰 table 表格和单元格。

```
<style type="text/css">
<!--
table {
width: 600px;
margin-top: 0px;
margin-right: auto;
margin-bottom: 0px;
margin-left: auto;
text-align: center;
background-color: #000000;
font-size: 9pt;
}
td {
padding: 5px;
background-color: #FFFFFF;
}
-->
</style>
```

运行效果如图 5-16 所示。可以看到，表格带有边框，行内字体居中显示，但列标题背景色为黑色，其中的字体不能够显示。

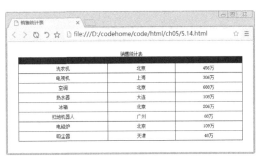

图 5-16　实例 5.14 的第 2 步运行效果

（设置 table 样式）

03 ▶添加 CSS 代码，修饰标题。

```
caption{
font-size: 36px;
font-family: "黑体", "宋体";
padding-bottom: 15px;
}
tr{
font-size: 13px;
background-color: #cad9ea;
color: #000000;
}
th{
padding: 5px;
}
.hui td {
background-color: #f5fafe;
}
```

上面代码中，使用了类选择器 hui 来定义每个 td 行所显示的背景色，此时需要为表格的每个奇数行都引入该类选择器。例如 `<tr class="hui">`，从而设置奇数行的背景色。

运行效果如图 5-17 所示。可以看到，表格中列标题行背景色显示为浅蓝色，并且表格的奇数行背景色为浅灰色，而偶数行背景色为默认的白色。

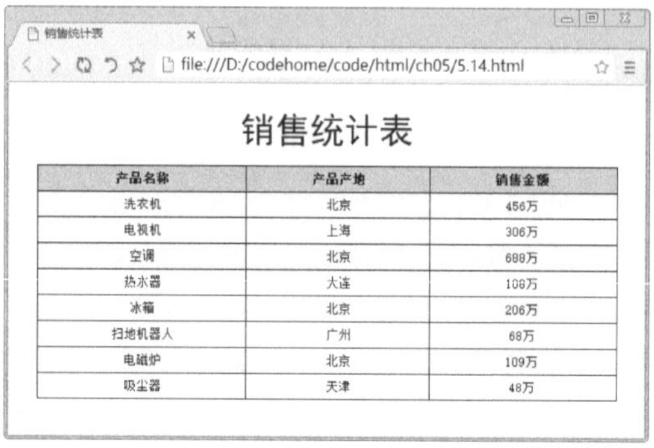

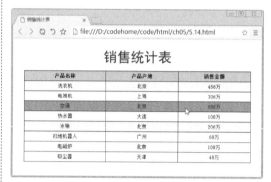

图 5-17　实例 5.14 的第 3 步运行效果（设置奇数行背景色）

04 添加 CSS 代码，实现鼠标悬浮变色。

```css
tr:hover td {
background-color: #FF9900;
}
```

运行效果如图 5-18 所示。可以看到，当鼠标放到不同行上面时，其背景会显示不同的颜色。

图 5-18　实例 5.14 的第 4 步运行效果（鼠标悬浮改变颜色）

## 5.6　`<div>` 标记

`<div>` 标记是一个区块容器标记，在 `<div></div>`标记对中可以放置其他的 HTML 元素，例如段落 `<p>`、标题 `<h1>`、表格 `<table>`、图片 `<img>` 和表单等。然后使用 CSS3 相关属性对 div 容器标记中的元素进行修饰，这样就不会影响其他 HTML 元素。

在使用 `<div>` 标记之前，需要了解一下 `<div>` 标记的属性。语法格式如下：

```html
<div id="value" align="value" class="value" style="value">
    这是div标记包含的内容。
</div>
```

其中，id 为 `<div>` 标记的名称，常与 CSS 样式相结合，实现对网页中元素样式的控制；align 用于控制 `<div>` 标记中元素的对齐方式，主要包括 left（左对齐）、right（右对齐）和 center（居中对齐）；class 用于控制 `<div>` 标记中元素的样式，其值为 CSS 样式中的 class 选择符；style 用于控制`<div>`标记中元素的样式，其值为CSS属性值，各个属性之间用分号分隔。

**实例 5.15：使用 `<div>` 标记发布高科技产品（案例文件：ch05\5.15.html）**

```html
<!DOCTYPE html>
<html>
<head>
<title>发布高科技产品</title>
</head>
<!--插入背景图片-->
```

```html
<body style="background-image:url(pic/chanpin.jpg) ">
    <br/><br/><br/><br/>
    <!--使用<div>标记进行分组-->
    <div>
    <h1>   产品发布</h1>
    <hr/>
        <h5>产品名称：安科丽智能化扫地机器人</h5>
        <h5>发布日期：2020年12月12日</h5>
    </div>
```

```
<br/>
<!--使用<div>标记进行分组-->
<div>
    <h1>产品介绍</h1>
    <hr/>
        <h5>  安科丽智能化扫地
机器人的机身为自动化技术的可移动装置，与有集尘
盒的真空吸尘装置，配合机身设定控制路径，在室内
反复行走，如沿边清扫、集中清扫、随机清扫、直线
清扫等路径打扫，并辅以边刷、中央主刷旋转、抹布
等方式，加强打扫效果，以完成拟人化居家清洁效
果。</h5>
    </div>
</body>
</html>
```

运行效果如图 5-19 所示。

图 5-19　实例 5.15 的运行效果（产品发布页面）

# 5.7 　<span> 标记

对初学者而言，对 <div> 和 <span> 两个标记常常混淆，因为大部分的
<div> 标记都可以使用 <span> 标记代替，并且其运行效果完全一样。

<span> 标记是行内标记，<span> 标记的前后内容不会换行，而 <span> 标记包含的元素
会自动换行。<div> 标记可以包含 <span> 标记元素，但 <span> 标记一般不包含 <div> 标记。

**实例 16：分析 <div> 标记和 <span> 标记的区别 ( 案例文件：ch05\5.16.html)**

```
<!DOCTYPE html>
<html>
<head>
<title>div与span的区别</title>
</head>
<body>
    <p>使用<div>标签会自动换行：</p>
        <div><b>金谷年年，乱生春色谁为主。
</b></div>
        <div><b>馀花落处。满地和烟雨。</b>
</div>
        <div><b>又是离歌，一阕长亭暮。</b>
</div>
        <p>使用<span>标签不会自动换行：</p>
        <span style="color:red"><b>怀君属
秋夜，</b></span>
        <span style="color:blue"><b>散步咏
凉天。</b></span>
        <span style="color:red"><b>空山松
子落，幽人应未眠。</b></span>
```

```
</body>
</html>
```

运行效果如图 5-20 所示。可以看到
<div> 所包含的元素进行自动换行，而对于
<span> 标记，3 个 HTML 元素在同一行显示，
不会自动换行。

图 5-20　实例 5.16 的运行效果（<div> 标记
和 <span> 标记的区别）

在网页设计中，对于较大的块可以使用 <div> 完成，而对于具有独特样式的 HTML 元素，
可以使用 <span> 标记完成。

## 5.8 新手常见疑难问题

**疑问 1：如何选择 <div> 标记和 <span> 标记？**

<div> 标记是块级标记，所以 <div> 标记的前后会添加换行。<span> 标记是行内标记，所以 <span> 标记的前后不会添加换行。如果需要多个标记的情况，一般使用 <div> 标记进行分类分组；如果是单一标记的场景，则可使用 <span> 标记进行标记内分类分组。

**疑问 2：表格除了显示数据，还可以进行布局，为何不使用表格进行布局？**

在互联网刚刚开始普及时，网页非常简单，形式也非常单调，当时美国的 David Siegel 发明了使用表格布局，风靡全球。在表格布局的页面中，表格不但需要显示内容，还要控制页面的外观及显示位置，导致页面代码过多，结构与内容无法分离，这样就给网站的后期维护和很多其他方面带来了麻烦。

**疑问 3：使用 <thead>、<tbody> 和 <tfoot> 标记对行进行分组的意义何在？**

在 HTML 文档中增加 <thead>、<tbody> 和 <tfoot> 标记虽然从外观上不能看出任何变化，但是它们却使文档的结构更加清晰。另外，还有一个更重要的意义就是，方便使用 CSS 样式对表格的各个部分进行修饰，从而制作出更炫的表格。

## 5.9 实战技能训练营

**实战 1：编写一个计算机报价表的页面**

利用所学的表格知识，制作如图 5-21 所示的计算机报价表。这里利用 <caption> 标记制作表格的标题，用 <th> 代替 <td> 作为标题行单元格。可以将图片放在单元格内，即在 <td> 标记内使用 <img> 标记。在 HTML 文档的 head 部分增加 CSS 样式，为表格增加边框及相应的修饰效果。

**实战 2：分组显示古诗的标题和内容**

利用所学的 <div> 标记知识，制作如图 5-22 所示的分组显示古诗标题和内容的效果。这里首先通过 <h1> 标记完成古诗的标题，然后通过 <div> 标记将古诗的标

图 5-21　实战 1 要实现的计算机报价单的页面

题和内容分成两组。古诗的内容放到 <div> 标记里面。

图 5-22 实战 2 要实现的页面（分组显示古诗的标题和内容）

# 第6章 网页中的表单

## 本章导读

　　在网页中，表单的作用比较重要，主要负责采集浏览者的相关数据。例如，常见的登录表、调查表和留言表等。在 HTML5 中，表单拥有多个新的表单输入类型，这些新特性提供了更好的输入控制和验证。本章将重点学习表单的使用方法和技巧。

## 知识导图

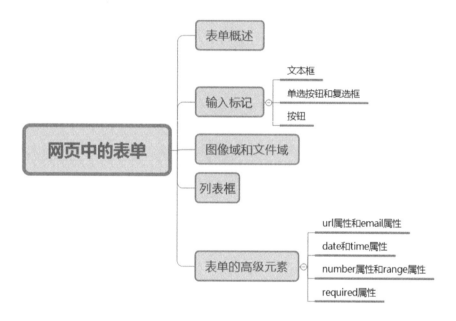

## 6.1　表单概述

表单主要用于收集网页上浏览者的相关信息，其标记为 <form></form>。表单的基本语法格式如下：

```
<form action="url" method="get|post" enctype="mime"></form>
```

其中，action="url" 指定处理提交表单的格式，它可以是一个 URL 地址或一个电子邮件地址。method="get" 或 "post" 指明提交表单的 HTTP 方法。enctype="mime" 指明把表单提交给服务器时的互联网媒体形式。

表单是一个能够包含表单元素的区域。通过添加不同的表单元素，将显示不同的效果。表单元素就是让用户在表单中输入信息的元素，常见的有文本框、密码框、下拉列表框、单选按钮、复选框等。

实例 6.1：创建网站会员登录页面 ( 案例文件：ch06\6.1.html)

```
<!DOCTYPE html>
<html>
<head>
</head>
<body>
<form>
网站会员登录
<br/>
用户名称
<input type="text" name="user">
<br/>
用户密码
<input type="password"
name="password"><br/>
```

```
<input type="submit" value="登录">
</form>
</body>
</html>
```

运行效果如图 6-1 所示。可以看到用户登录页面。

图 6-1　实例 6.1 的运行结果（用户登录窗口）

## 6.2　输入标记

在网页设计中，常用输入标记是 <input> 标记。通过设置该标记的属性，可以实现不同的输入效果。

### 6.2.1　文本框

表单中的文本框有三种，分别是单行文本框、多行文本框和密码输入框。不同的文本框对应的属性值也不同。下面分别介绍这三种文本框的使用方法和技巧。

**1. 单行文本框 text**

文本框是一种让访问者输入内容的表单对象，通常用来填写单个字或者简短的回答，例如用户姓名和地址等。

代码格式如下：

```
<input type="text" name="..." size="..." maxlength="..." value="...">
```

其中，type="text" 定义单行文本输入框，name 属性定义文本框的名称，要保证对数据的准确采集，必须定义一个独一无二的名称；size 属性定义文本框的宽度，单位是单个字符宽度；maxlength 属性定义最多输入的字符数。value 属性定义文本框的初始值。

### 实例 6.2：创建单行文本框 (案例文件：ch06\6.2.html)

```
<!DOCTYPE html>
<html>
<head><title>输入用户的姓名</title></head>
<body>
<form>
请输入您的姓名：
<input type="text" name="yourname" size="20" maxlength="15">
<br/>
请输入您的地址：
<input type="text" name="youradr" size="20" maxlength="15">
</form>
</body>
</html>
```

运行效果如图 6-2 所示。可以看到有两个单行文本框。

图 6-2　实例 6.2 的运行效果（创建单行文本框）

#### 2. 多行文本框 textarea

多行文本框（textarea）主要用于输入较长的文本信息。代码格式如下：

```
<textarea name="..." cols="..." rows="..." wrap="..."></textarea>
```

其中，name 属性定义多行文本框的名称，要保证对数据的准确采集，必须定义一个独一无二的名称；cols 属性定义多行文本框的宽度，单位是单个字符宽度；rows 属性定义多行文本框的高度，单位是单个字符宽度。wrap 属性定义输入内容大于文本域时显示的方式。

### 实例 6.3：创建多行文本框 (案例文件：ch06\6.3.html)

```
<!DOCTYPE html>
<html>
<head><title>多行文本输入</title></head>
<body>
<form>
请输入您学习HTML5网页设计时最大的困难是什么? <br/>
<textarea name="yourworks" cols="50" rows = "5"></textarea>
<br/>
<input type="submit" value="提交">
</form>
</body>
</html>
```

运行效果如图 6-3 所示。可以看到多行文本框。

图 6-3　实例 6.3 的运行效果（出现多行文本框）

### 3. 密码输入框 password

密码输入框是一种特殊的文本域，主要用于输入一些保密信息。当网页浏览者输入文本时，显示的是星号、黑点或者其他符号，这样增加了输入文本的安全性。代码格式如下：

```
<input type="password" name="..." size="..." maxlength="...">
```

其中，type="password" 定义密码框；name 属性定义密码框的名称，要保证唯一性；size 属性定义密码框的宽度，单位是单个字符宽度；maxlength 属性定义最多可输入的字符数。

**实例 6.4：创建包含密码域的账号登录页面 ( 案例文件：ch06\6.4.html)**

```
<!DOCTYPE html>
<html>
<head><title>输入用户姓名和密码</title></head>
<body>
<form>
<h3>网站会员登录<h3>
账号:
<input type="text" name="yourname">
<br/>
密码:
<input type="password" name="yourpw"><br/>
```

```
</form>
</body>
</html>
```

运行效果如图 6-4 所示。输入用户名和密码时，可以看到密码以黑点的形式显示。

图 6-4 实例 6.4 的运行效果（密码输入框）

## 6.2.2 单选按钮和复选框

在设计调查问卷或商城购物页面时，经常会用到单选按钮和复选框。本节将学习单选按钮和复选框的使用方法和技巧。

### 1. 单选按钮 radio

单选按钮主要是让网页浏览者在一组选项里只能选择一个。代码格式如下：

```
<input type="radio" name="" value="">
```

其中，type="radio" 定义单选按钮，name 属性定义单选按钮的名称，单选按钮都是以组为单位使用的，同一组单选项必须用同一个名称；value 属性定义单选按钮的值，在同一组中，它们的域值必须是不同的。

**实例 6.5：创建大学生技能需求问卷调查页面 ( 案例文件：ch06\6.5.html)**

```
<!DOCTYPE html>
<html>
<head>
<title>单选按钮</title>
</head>
<body>
```

```
<form>
<h1>大学生技能需求问卷调查</h1>
请选择您感兴趣的技能:
<br/>
<input type="radio" name="book" value="Book1">网站开发技能<br/>
<input type="radio" name="book" value="Book2">美工设计技能<br/>
<input type="radio" name="book" value="Book3">网络安全技能<br/>
<input type="radio" name="book"
```

```
value="Book4">人工智能技能<br/>
    <input type="radio" name="book"
value="Book5">编程开发技能<br/>
    </form>
    </body>
    </html>
```

运行效果如图 6-5 所示。可以看到 5
个单选按钮，用户只能选择其中一个单选
按钮。

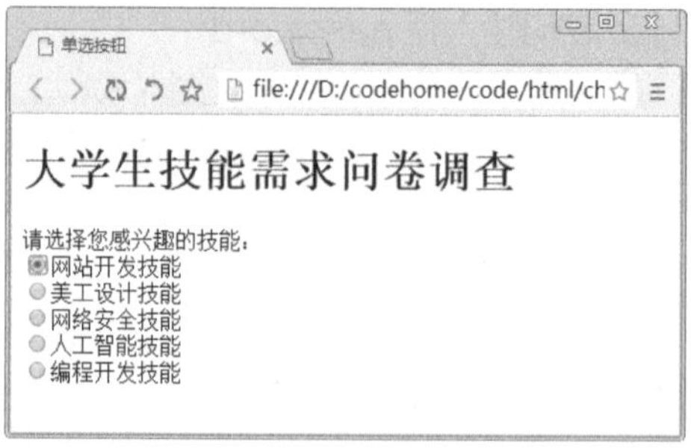

图 6-5　实例 6.5 的运行效果（使用单选按钮）

### 2. 复选框 checkbox

复选框主要是让网页浏览者在一组选项里同时选择多个选项。每个复选框都是一个独立
的元素，都必须有一个唯一的名称。代码格式如下：

```
<input type="checkbox" name="" value="">
```

其中，type="checkbox" 定义复选框；name 属性定义复选框的名称，同一组中复选框都
必须用同一个名称；value 属性定义复选框的值。

**实例 6.6：创建网站商城购物车页面 ( 案
例文件：ch06\6.6.html)**

```
<!DOCTYPE html>
<html>
<head><title>选择感兴趣的图书</
title></head>
<body>
<form>
<h1 align="center">商城购物车</h1>
请选择您需要购买的图书：<br/>
<input type="checkbox" name="book"
value="Book1"> HTML5 Web开发（全案例微课
版）<br/>
    <input type="checkbox" name="book"
```

```
value="Book2"> HTML5+CSS3+JavaScript网站
开发（全案例微课版）<br/>
    <input type="checkbox" name="book"
value="Book3"> SQL Server数据库应用（全案
例微课版）<br/>
    <input type="checkbox" name="book"
value="Book4"> PHP动态网站开发（全案例微课
版）<br/>
    <input type="checkbox" name="book"
value="Book5" checked> MySQL数据库应用
（全案例微课版）<br/><br/>
    <input type="submit" value="添加到购
物车">
    </form>
    </body>
    </html>
```

**提示：** checked 属性主要用来设置默认选中项。

运行效果如图 6-6 所示。可以看到有 5 个复选框，其中"MySQL 数据库应用（全案例
微课版）"复选框默认选中。同时，浏览者还可以选中其他复选框，效果如图 6-6 所示。

图 6-6　实例 6.6 的运行效果（使用复选框）

## 6.2.3 按钮

网页中的按钮按功能通常可以分为普通按钮、提交按钮和重置按钮。

### 1. 普通按钮 button

普通按钮用来控制其他定义了处理脚本的处理工作。代码格式如下：

```
<input type="button" name="..." value="..." onClick="...">
```

其中，type="button" 定义为普通按钮；name 属性定义普通按钮的名称；value 属性定义按钮的显示文字；onClick 属性表示单击行为，也可以是其他的事件，可以指定脚本函数来定义按钮的行为。

> 实例 6.7：通过普通按钮实现文本的复制和粘贴 ( 案例文件：ch06\6.7.html)

```
<!DOCTYPE html>
<html/>
<body/>
<form/>
点击下面的按钮，实现文本的复制和粘贴:
<br/>
我喜欢的图书: <input type="text"
id="field1" value="HTML5 Web开发">
<br/>
我购买的图书: <input type="text"
id="field2">
<br/>
<input type="button" name="..."
value="复制后粘贴" onClick="document
.getElementById('field2').
value=document
```

```
.getElementById('field1').value">
</form>
</body>
</html>
```

运行效果如图 6-7 所示。单击"复制后粘贴"按钮，即可实现将第一个文本框中的内容复制，然后粘贴到第二个文本框中。

图 6-7　实例 6.7 的运行效果（单击按钮后的粘贴效果）

### 2. 提交按钮 submit

提交按钮用来将输入的信息提交到服务器。代码格式如下：

```
<input type="submit" name="..." value="...">
```

其中，type="submit" 定义为提交按钮，name 属性定义提交按钮的名称，value 属性定义按钮显示的文字。通过提交按钮，可以将表单里的信息提交给表单中 action 所指向的文件。

> 实例 6.8：创建供应商联系信息表 ( 案例文件：ch06\6.8.html)

```
<!DOCTYPE html>
<html>
<head><title>输入用户名信息</title></
head>
<body>

<form  action=" " method="get">
请输入你的姓名:
<input type="text" name="yourname">
```

```
<br/>
请输入你的住址:
<input type="text" name="youradr">
<br/>
请输入你的单位:
<input type="text" name="yourcom">
<br/>
请输入你的联系方式:
<input type="text" name="yourcom">
<br/>
<input type="submit" value="提交">
</form>
</body>
</html>
```

运行效果如图 6-8 所示。输入内容后单击"提交"按钮，即可实现将表单中的数据发送到指定的文件。

图 6-8　实例 6.8 的运行效果（使用提交按钮）

### 3. 重置按钮 reset

重置按钮又称为复位按钮，用来重置表单中输入的信息。代码格式如下：

```
<input type="reset" name="..." value="...">
```

其中，type="reset" 定义复位按钮，name 属性定义复位按钮的名称，value 属性定义按钮显示的文字。

实例 6.9：创建会员登录页面 ( 案例文件：ch06\6.9.html)

```
<!DOCTYPE html>
<html>
<body>
<form>
请输入用户名称:
<input type='text'>
<br/>
请输入用户密码:
<input type='password'>
<br/>
<input type="submit" value="登录">
<input type="reset" value="重置">
</form>
```

```
</body>
</html>
```

运行效果如图 6-9 所示。输入内容后单击"重置"按钮，即可实现将表单中的数据清空的目的。

图 6-9　实例 6.9 的运行效果（使用重置按钮）

## 6.3　图像域和文件域

为了丰富表单的元素，可以使用图像域，从而解决表单中按钮比较单调，与页面内容不协调的问题。如果需要上传文件，往往需要通过文件域来完成。

### 1. 图像域 image

在设计网页表单时，为了让按钮和表单的整体效果比较一致，有时候需要在"提交"按钮上添加图片，使该图片具有按钮的功能，此时可以通过图像域来完成。语法格式如下：

```
<input type="image" src="图片的地址" name="代表的按键" >
```

其中，src 用于设置图片的地址；name 用于设置代表的按键，比如 submit 或 button 等，默认值为 button。

### 2. 文件域 file

使用 file 属性实现文件上传框。语法格式如下：

```
<input type="image" accept=" " name=" " size=" " maxlength=" ">
```

其中，type="file" 定义为文件上传框；accept 用于设置文件的类别，可以省略；name 属性为文件上传框的名称；size 属性定义文件上传框的宽度，单位是单个字符宽度；maxlength 属性定义最多输入的字符数。

> 实例 6.10: 创建银行系统实名认证页面 (案例文件：ch06\6.10.html)

```
<!doctype html>
<html>
<head>
<title>文件和图像域</title>
</head>
<body>
<div>
<h2 align="center">银行系统实名认证
</h2>
<form>
            <h3>请上传您的身份证正面图片：
</h3>

            <!--两个文件域-->
            <input type="file">
            <h3>请上传您的身份证背面图片：
</h3>

            <input type="file"><br/> <br/>
            <!--图像域-->
                <input type="image"
src="pic/anniu.jpg" >
```

```
</form>
</div>
</body>
</html>
```

运行效果如图 6-10 所示。单击"选择文件"按钮，即可选择需要上传的图片文件。

图 6-10　实例 6.10 的运行效果（银行系统实名认证页面）

## 6.4　列表框

列表框主要用于在有限的空间里设置多个选项。列表框既可以用作单选，也可以用作复选。代码格式如下：

```
<select name="..." size="..." multiple>
<option value="..." selected>
...
</option>
...
</select>
```

其中，size 属性定义列表框的行数；name 属性定义列表框的名称；multiple 属性表示可以多选，如果不设置本属性，那么只能单选；value 属性定义列表项的值；selected 属性表示默认已经选中本选项。

实例 6.11：创建报名学生信息调查表页面
（案例文件：ch06\6.11.html）

```
<!DOCTYPE html>
<html>
<head><title>报名学生信息调查表
</title></head>
<body>
<form>
<h2 align="center">报名学生信息调查表
</h2>
            <p>1. 请选择您目前的学历：</p>
<br/>
            <!--下拉列表实现学历选择-->
            <select>
            <option>初中</option>
            <option>高中</option>
            <option>大专</option>
            <option>本科</option>
            <option>研究生</option>
         </select><br/>
            <div align="right">
            <p>2. 请选择您感兴趣的技术方
向：</p><br/>
            <!--下拉列表中显示3个选项-->
            <select name="book" size
= "3" multiple>
            <option value="Book1">网
站编程
            <option value="Book2">办
公软件
            <option value="Book3">设
计软件
```

```
            <option value="Book4">网
络管理
            <option value="Book5">网
络安全</select>
            </div>
         </form>
      </body>
   </html>
```

运行效果如图 6-11 所示。可以看到列表框，其中显示了三个选项，用户可以按住 Ctrl 键，选择多个选项。

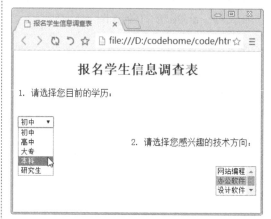

图 6-11　实例 6.11 的运行效果（使用
列表框的效果）

## 6.5　表单的高级元素

除了上述基本表单元素外，HTML5 中还有一些高级元素，包括 url、email、time、range 和 search。下面将学习这些高级元素的使用方法。

### 6.5.1　url 属性

url 属性用于说明网站网址，显示为一个文本字段输入 URL 地址。在提交表单时，会自动验证 url 的值。代码格式如下：

```
<input type="url" name="userurl"/>
```

另外，用户可以使用普通属性设置 url 输入框，例如可以使用 max 属性设置其最大值，使用 min 属性设置其最小值，使用 step 属性设置合法的数字间隔，利用 value 属性规定其默认值。对于其他的高级属性的设置，这里不再重复讲述。

**实例 6.12：使用 url 属性 ( 案例文件：ch06\6.12.html)**

```
<!DOCTYPE html>
<html>
<head><title> 使用url属性</title></head>
<body>
<form>
<br/>
请输入网址:
<input type="url" name="userurl"/>
```

```
</form>
</body>
</html>
```

运行效果如图 6-12 所示。用户即可输入相应的网址。

图 6-12　实例 6.12 的运行效果（使用 url 属性的效果）

## 6.5.2　email 属性

与 url 属性类似，email 属性用于让浏览者输入 E-mail 地址。在提交表单时，会自动验证 email 域的值。代码格式如下：

```
<input type="email" name="user_email"/>
```

**实例 6.13：使用 email 属性 ( 案例文件：ch06\6.13.html)**

```
<!DOCTYPE html>
<html>
<body>
<form>
<br/>
请输入您的邮箱地址:
<input type="email" name="user_email"/>
<br/>
<input type="submit" value="提交">
</form>
</body>
```

```
</html>
```

运行效果如图 6-13 所示，用户即可输入相应的邮箱地址。如果用户输入的邮箱地址不合法，单击 "提交" 按钮后，会弹出提示信息。

图 6-13　实例 6.13 的运行效果（使用 email 属性的效果）

## 6.5.3　date 和 time 属性

在 HTML5 中，新增了一些日期和时间输入类型，包括 date、datetime、datetime-local、month、week 和 time。它们的具体含义如表 6-1 所示。

表 6-1　HTML5 中新增的一些日期和时间属性

| 属　性 | 含　义 |
| --- | --- |
| date | 选取日、月、年 |
| month | 选取月、年 |
| week | 选取周和年 |
| time | 选取时间 |

续表

| 属 性 | 含 义 |
|---|---|
| datetime | 选取时间、日、月、年 |
| datetime-local | 选取时间、日、月、年（本地时间） |

上述属性的代码格式彼此类似，以 date 属性为例，代码格式如下：

```
<input type="date" name="user_date" />
```

### 实例 6.14：使用 date 和 time 属性（案例文件：ch06\6.14.html）

```
<!DOCTYPE html>
<html>
<body>
<form>
<br/>
请选择购买商品的日期：
<br/>
<input type="date" name="user_
date"/>
</form>
</body>
</html>
```

运行效果如图 6-14 所示。用户单击输入框中的向下按钮，即可在弹出的窗口中选择需要的日期。

图 6-14　实例 6.14 的运行效果（使用 date 属性的效果）

## 6.5.4　number 属性

number 属性提供了一个输入和微调数字的输入框。用户可以直接输入数值，或者通过单击微调框中的向上或者向下按钮来选择数值。代码格式如下：

```
<input type="number" name="shuzi" />
```

### 实例 6.15：使用 number 属性（案例文件：ch06\6.15.html）

```
<!DOCTYPE html>
<html>
<body>
<form>
<br/>
此网站我曾经来
<input type="number" name="shuzi"/>
次了哦！
</form>
</body>
</html>
```

运行效果如图 6-15 所示。用户可以直接输入数值，也可以单击微调按钮选择合适的数值。

图 6-15　实例 6.15 的运行效果（使用 number 属性的效果）

> 提示：强烈建议用户使用 min 和 max 属性规定输入的最小值和最大值。

## 6.5.5　range 属性

range 属性显示为一个滑条控件。与 number 属性一样，用户可以使用 max、min 和 step 属性来控制控件的范围。代码格式如下：

```
<input type="range" name="" min="" max="" />
```

其中，min 和 max 分别控制滑条控件的最小值和最大值。

**实例 6.16：使用 range 属性 ( 案例文件：ch06\6.16.html)**

```
<!DOCTYPE html>
<html>
<body>
<form>
<br/>
跑步成绩公布了！我的成绩名次为：
<input type="range" name="ran"
min="1" max="16"/>
</form>
</body>
</html>
```

运行效果如图 6-16 所示。用户可以拖曳滑块，从而选择合适的数值。

图 6-16　实例 6.16 的运行效果（使用 range 属性的效果）

> **技巧**：默认情况下，滑块位于中间位置。如果用户指定的最大值小于最小值，则允许使用反向滑条，目前浏览器对这一属性还不能很好地支持。

## 6.5.6　required 属性

required 属性规定必须在提交之前填写输入域（不能为空）。

required 属性适用于以下类型的输入属性：text、search、url、email、password、date、pickers、number、checkbox 和 radio 等。

**实例 6.17：使用 required 属性 ( 案例文件：ch06\6.17.html)**

```
<!DOCTYPE html>
<html>
<body>
<form>
下面是输入用户登录信息
<br/>
用户名称
<input type="text" name="user"
required="required">
<br/>
用户密码
<input type="password"
name="password" required="required">
<br/>
<input type="submit" value="登录">
```

```
</form>
</body>
</html>
```

运行效果如图 6-17 所示。用户如果只是输入密码，然后单击"登录"按钮，将弹出提示信息。

图 6-17　实例 6.17 的运行效果（使用 required 属性的效果）

## 6.6　新手常见疑难问题

**疑问 1：制作的单选按钮为什么可以同时选中多个？**

用户需要检查单选按钮的名称，保证同一组中的单选按钮名称必须相同，这样才能保证单选按钮只能选中其中一个。如果单选按钮各不相同，即表示它们不在一组中，就可以选择多个。

**疑问 2：文件域上显示的"选择文件"文字可以更改吗？**

文件域上显示的"选择文件"文字目前还不能直接修改。如果想显示为自定义的文字，可以通过 CSS 来间接修改显示效果。基本思路如下：

首先添加一个普通按钮，然后设置此按钮上显示的文字为自定义的文字，最后通过定位设置文件域与普通按钮的位置重合，并且设置文件域的不透明度为 0，这样可以间接自定义文件域上显示的文字。

## 6.7　实战技能训练营

**实战 1：编写一个用户反馈表单的页面**

创建一个用户反馈表单，包含标题以及"姓名""性别""年龄""联系电话""电子邮件""联系地址""请输入您对网站的建议"等输入框和"提交"按钮。反馈表单非常简单，通常包含三个部分，需要在页面上方给出标题，标题下方是正文部分，即表单元素，最下方是表单元素提交按钮。在设计这个页面时，需要把"用户反馈表单"标题设置成 h1 大小，正文使用 <p> 标记来限制表单元素。最终效果如图 6-18 所示。

**实战 2：编写一个微信中上传身份证验证图片的页面**

本实例通过文件域实现图片上传，通过 CSS 修改图片域上显示的文字。最终结果如图 6-19 所示。

图 6-18　用户反馈表单的效果

图 6-19　微信中上传身份证验证图片的页面

# 第7章　网页中的多媒体

📋 **本章导读**

在 HTML5 出现之前，要想在网页中展示多媒体，大多数情况下需要用到 Flash。这就需要浏览器安装相应的插件，而且加载多媒体的速度也不快。HTML5 新增了音频和视频的标记，从而解决了上述问题。本章将讲述音频和视频的基本概念、常用属性和使用方法，以及浏览器的支持情况。

📖 **知识导图**

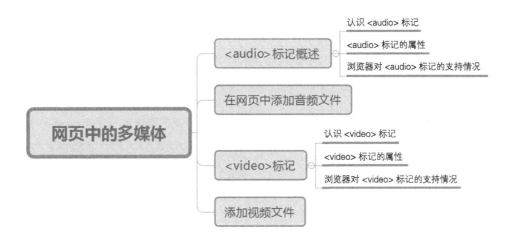

# 7.1 &lt;audio&gt; 标记概述

目前，大多数 Web 音频是通过插件来播放音频文件，常见的播放插件为 Flash。这就是为什么用户在用浏览器播放音乐时，常常需要安装 Flash 插件的原因。但是，并不是所有的浏览器都拥有同样的插件。为此，与 HTML 4 相比，HTML5 新增了 &lt;audio&gt; 标记，规定了一种包含音频的标准方法。

## 7.1.1 认识 &lt;audio&gt; 标记

&lt;audio&gt; 标记主要是定义播放声音文件或者音频流的标准。它支持三种音频格式，分别为 Ogg、MP3 和 WAV。

如果需要在 HTML5 网页中播放音频，输入的基本格式如下：

```
<audio src="song.mp3" controls="controls"></audio>
```

其中，src 属性规定要播放的音频的地址，controls 属性是供添加播放、暂停和音量控件的属性。

另外，在 &lt;audio&gt; 和 &lt;/audio&gt; 之间插入的内容是供不支持 audio 元素的浏览器显示的。

实例 7.1：认识 &lt;audio&gt; 标记 ( 案例文件：ch07\7.1.html)

```
<!DOCTYPE html>
<html>
<head>
<title>audio</title>
<head>
<body>
<audio src="song.mp3"
controls="controls">
        您的浏览器不支持<audio>标记!
</audio>
```

```
</body>
</html>
```

如果用户的浏览器的版本不支持 &lt;audio&gt; 标记，浏览效果如图 7-1 所示，IE 11.0 以前的浏览器版本不支持 &lt;audio&gt; 标签。

图 7-1　不支持 &lt;audio&gt; 标记的浏览效果

对于支持 &lt;audio&gt; 标记的浏览器，运行效果如图 7-2 所示。可以看到，成功加载了音频控制条并听到了声音，此时用户还可以控制音量的大小。

图 7-2　支持 &lt;audio&gt; 标记的运行效果

## 7.1.2　<audio> 标记的属性

<audio> 标记的常见属性和含义如表 7-1 所示。

表 7-1　<audio> 标记的常见属性

| 属　性 | 值 | 描　述 |
|---|---|---|
| autoplay | autoplay（自动播放） | 如果出现该属性，则音频就绪后马上播放 |
| controls | controls（控制） | 如果出现该属性，则向用户显示控件，比如播放按钮 |
| loop | loop（循环） | 如果出现该属性，则每当音频结束时重新开始播放 |
| preload | preload（加载） | 如果出现该属性，则音频在页面加载时进行加载，并预备播放。如果使用 autoplay，则忽略该属性 |
| src | url（地址） | 要播放的音频的 URL 地址 |

另外，<audio> 标记可以通过 source 属性添加多个音频文件，具体格式如下：

```
<audio controls="controls">
    <source src="123.ogg" type="audio/ogg">
    <source src="123.mp3" type="audio/mpeg">
</audio>
```

## 7.1.3　浏览器对 <audio> 标记的支持情况

目前，不同的浏览器对 <audio> 标记的支持也不同。表 7-2 中列出了应用最为广泛的浏览器对 <audio> 标记的支持情况。

表 7-2　浏览器对 <audio> 标记的支持情况

| 音频格式 | Firefox 3.5 及更高版本 | IE 11.0 及更高版本 | Opera 10.5 及更高版本 | Chrome 3.0 及更高版本 | Safari 3.0 及更高版本 |
|---|---|---|---|---|---|
| Ogg Vorbis | 支持 | | 支持 | 支持 | |
| MP3 | | 支持 | | 支持 | 支持 |
| WAV | 支持 | | 支持 | | 支持 |

# 7.2　添加音频文件

当在网页中添加音频文件时，用户可以根据自己的需要，添加不同类型的音频文件，如添加自动播放的音频文件、添加带有控件的音频文件、添加循环播放的音频文件等。

### 1. 添加自动播放音频文件

autoplay 属性规定一旦音频就绪，马上开始播放。如果设置了该属性，音频将自动播放。下面就是在网页中添加自动播放音频文件的相关代码。

```
<audio controls="controls" autoplay="autoplay">
<source src="song.mp3">
```

### 2. 添加带有控件的音频文件

controls 属性规定浏览器应该为音频提供播放控件。如果设置了该属性，则规定不存在作者设置的脚本控件。其中，浏览器控件应该包括播放、暂停、定位、音量、全屏切换等。

添加带有控件的音频文件的代码如下：

```
<audio controls="controls">
<source src="song.mp3">
```

### 3. 添加循环播放的音频文件

loop 属性规定当音频结束后将重新开始播放。如果设置该属性，则音频将循环播放。添加循环播放音频文件的代码如下：

```
<audio controls="controls" loop="loop">
<source src="song.mp3">
```

### 4. 添加预播放的音频文件

preload 属性规定是否在页面加载后载入音频。如果设置了 autoplay 属性，则忽略该属性。preload 属性的值可能有三种，分别如下。

- auto：当页面加载后载入整个音频。
- meta：当页面加载后只载入元数据。
- none：当页面加载后不载入音频。

添加预播放音频文件的代码如下：

```
<audio controls="controls" preload="auto">
<source src="song.mp3">
```

实例 7.2：创建一个带有控件、自动播放并循环播放音频的文件 ( 案例文件：ch07\7.2.html)

```
<!DOCTYPE html>
<html>
<head>
<title>audio</title>
<head>
<body>
    <audio  src="song.mp3"
controls="controls"  autoplay="autoplay"
loop="loop">
        您的浏览器不支持<audio>标签!
```

```
</audio>
</body>
</html>
```

运行效果如图 7-3 所示。音频文件会自动播放，播放完成后会自动循环播放。

图 7-3　带有控件、自动播放并循环播放的运行效果

## 7.3　\<video\> 标记

与音频文件播放方式一样，大多数视频文件在网页上也是通过插件来播放的，常见的播放插件为 Flash。由于不是所有的浏览器都拥有同样的插件，所以需要一种统一的包含视频的标准方法。为此，与 HTML4 相比，HTML5 新增了 \<video\> 标记。

### 7.3.1 认识 <video> 标记

<video> 标记主要是定义播放视频文件或者视频流的标准。它支持三种视频格式，分别为 Ogg、WebM 和 MPEG 4。

如果需要在 HTML5 网页中播放视频，输入的基本格式如下：

```
<video src="123.mp4" controls="controls">...</video>
```

其中，在 <video> 与 </video> 之间插入的内容是供不支持 video 元素的浏览器显示的。

**实例 7.3：认识 <video> 标记 ( 案例文件：ch07\7.3.html)**

```
<!DOCTYPE html>
<html>
<head>
<title>video</title>
<head>
<body>
    <video  src="fengjing.mp4"
controls="controls">
        您的浏览器不支持<video>标记！
</video>
```

```
</body>
</html>
```

如果用户的浏览器是 IE 11.0 以前的版本，运行效果如图 7-4 所示，可见 IE 11.0 以前版本的浏览器不支持 <video> 标记。

图 7-4　不支持 <video> 标记的浏览效果

如果浏览器支持 <video> 标记，运行效果如图 7-5 所示，可以看到加载的视频控制条界面。单击"播放"按钮，即可查看视频的内容，同时用户还可以调整音量的大小。

图 7-5　支持 <video> 标记的运行效果

## 7.3.2 &lt;video&gt; 标记的属性

&lt;video&gt; 标记的常见属性和含义如表 7-3 所示。

表 7-3  &lt;video&gt; 标记的常见属性和含义

| 属　性 | 值 | 描　述 |
|---|---|---|
| autoplay | autoplay | 视频就绪后马上播放 |
| controls | controls | 向用户显示控件，比如播放按钮 |
| loop | loop | 每当视频结束时重新开始播放 |
| preload | preload | 视频在页面加载时进行加载，并预备播放。如果使用 autoplay，则忽略该属性 |
| src | url | 要播放的视频的 URL |
| width | 宽度值 | 设置视频播放器的宽度 |
| height | 高度值 | 设置视频播放器的高度 |
| poster | url | 当视频未响应或缓冲不足时，该属性值链接到一个图像。该图像将以一定比例显示出来 |

由表 7-3 可知，用户可以自定义视频文件显示的大小。例如，如果想让视频以 320×240 像素大小显示，可以加入 width 和 height 属性，具体格式如下：

```
<video width="320" height="240" controls src="movie.mp4"></video>
```

另外，&lt;video&gt; 标记可以通过 source 属性添加多个视频文件，具体格式如下：

```
<video controls="controls">
<source src="123.ogg" type="video/ogg">
<source src="123.mp4" type="video/mp4">
</video>
```

## 7.3.3  浏览器对 &lt;video&gt; 标记的支持情况

目前，不同的浏览器对 &lt;video&gt; 标记的支持也不同。表 7-4 中列出了应用最为广泛的浏览器对 &lt;video&gt; 标记的支持情况。

表 7-4  浏览器对 video 标记的支持情况

| 视频格式 | Firefox 4.0 及更高版本 | IE 11.0 及更高版本 | Opera 10.6 及更高版本 | Chrome 10.0 及更高版本 | Safari 3.0 及更高版本 |
|---|---|---|---|---|---|
| Ogg | 支持 | | 支持 | 支持 | |
| MPEG 4 | | 支持 | | 支持 | 支持 |
| WebM | 支持 | | 支持 | 支持 | |

# 7.4 添加视频文件

当在网页中添加视频文件时，用户可以根据自己的需要添加不同类型的视频文件，如添加自动播放的视频文件、添加带有控件的视频文件、添加循环播放的视频文件等。另外，还可以设置视频文件的高度和宽度。

### 1. 添加自动播放的视频文件

autoplay 属性规定一旦视频就绪马上开始播放。如果设置了该属性，视频将自动播放。添加自动播放视频文件的代码如下：

```
<video controls="controls" autoplay="autoplay">
    <source src="movie.mp4">
</video>
```

### 2. 添加带有控件的视频文件

controls 属性规定浏览器应该为视频提供播放控件。如果设置了该属性，则规定不存在设置的脚本控件。其中，浏览器控件应该包括播放、暂停、定位、音量、全屏切换等。

添加带有控件的视频文件的代码如下：

```
<video controls="controls" controls="controls">
    <source src="movie.mp4">
</video>
```

### 3. 添加循环播放的视频文件

loop 属性规定当视频结束后将重新开始播放。如果设置该属性，则视频将循环播放。

添加循环播放视频文件的代码如下：

```
<video controls="controls" loop="loop">
    <source src="movie.mp4">
</video>
```

### 4. 添加预播放的视频文件

preload 属性规定是否在页面加载后载入视频。如果设置了 autoplay 属性，则忽略该属性。preload 属性的值可能有三种，分别说明如下。

- auto：当页面加载后载入整个视频。
- meta：当页面加载后只载入元数据。
- none：当页面加载后不载入视频。

添加预播放视频文件的代码如下：

```
<video controls="controls" preload="auto">
<source src="movie.mp4">
```

### 5. 设置视频文件的高度与宽度

使用 width 和 height 属性可以设置视频文件的显示宽度与高度，单位是像素。

> 提示：规定视频的高度和宽度是一个好习惯。如果设置这些属性，在页面加载时会为视频预留出空间。如果没有设置这些属性，那么浏览器就无法预先确定视频的尺寸，也无法为视频保留合适的空间。结果是，在页面加载的过程中，其布局也会产生变化。

**实例 7.4：** 创建一个宽度为 430 像素、高度为 260 像素，自动播放并循环播放视频的文件（案例文件：ch07\7.4.html）

```
<!DOCTYPE html>
<html>
<head>
<title>video</title>
<head>
<body>
    <video width="430" height="260"
src="fengjing.mp4" controls="controls"
autoplay="autoplay" loop="loop">
        您的浏览器不支持<video>标记!
</video>
</body>
</html>
```

运行效果如图 7-6 所示。网页中加载了视频播放控件，视频的显示大小为 430 像素

×260 像素。视频文件会自动播放，播放完成后会自动循环播放。

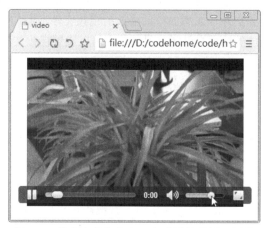

图 7-6　指定宽度和高度、自动播放并循环播放视频的运行效果

> **注意：** 切勿通过 height 和 width 属性来缩放视频。通过 height 和 width 属性来缩小视频，用户仍会下载原始的视频，即使在页面上它看起来较小。正确的方法是在网页上使用该视频前，用软件对视频进行压缩。

## 7.5　新手常见疑难问题

**疑问 1：多媒体元素有哪些常用的方法？**

多媒体元素常用方法如下。
- play()：播放视频。
- pause()：暂停视频。
- load()：载入视频。

**疑问 2：在 HTML5 网页中添加所支持格式的视频，不能在浏览器中正常播放，为什么？**

目前，HTML5 的 <video> 标记对视频的支持不仅有视频格式的限制，还有对解码器的限制。规定如下：
- Ogg 格式的文件需要 Thedora 视频编码和 Vorbis 音频编码。
- MPEG4 格式的文件需要 H.264 视频编码和 AAC 音频编码。
- WebM 格式的文件需要 VP8 视频编码和 Vorbis 音频编码。

**疑问 3：在 HTML5 网页中添加 MP4 格式的视频文件，为什么在不同的浏览器中视频控件显示的外观不同？**

在 HTML5 中规定用 controls 属性来控制视频文件的播放、暂停、停止和调节音量的操作。controls 是一个布尔属性，一旦添加了此属性，等于告诉浏览器需要显示播放控件并允许用

户进行操作。

因为每一个浏览器会独立负责解释内置视频控件的外观，所以在不同的浏览器中，将会显示不同的视频控件外观。

# 7.6 实战技能训练营

**实战 1：创建一个带有控件、加载网页时自动播放并循环播放音频的页面**

综合使用视频播放时所用的属性，在加载网页时自动播放音频文件，并循环播放。运行结果如图 7-7 所示。

播放视频文件时，可以控制播放、暂停、停止、加速播放、减速播放和正常速度，并显示播放的时间。运行结果如图 7-7 所示。

图 7-7　实战 1 要实现的自动播放音频文件的效果

**实战 2：编写一个多功能视频播放效果的页面**

综合使用视频播放时所用的方法和多媒体的属性，在播放视频文件时，可以控制播放、暂停、停止、加速播放、减速播放和正常速度，并显示播放的时间。运行结果如图 7-8 所示。

图 7-8　实战 2 要实现的多功能视频播放效果

# 第8章　认识CSS样式表

## 本章导读

　　使用 CSS 技术可以对文档进行精细的页面美化。CSS 样式不仅可以对单个页面进行格式化，还可以对多个页面使用相同的样式进行修饰，以达到统一网站风格的效果。本章就来介绍如何使用 CSS 样式表美化网页。

## 知识导图

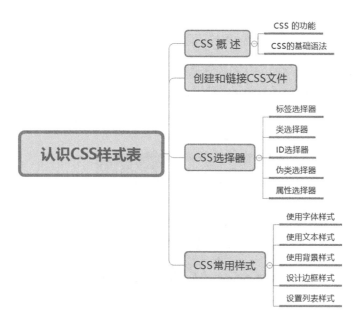

# 8.1 CSS 概述

使用 CSS 最大的优势就是在后期维护中，如果一些外观样式需要修改，只需要修改相应的代码即可。

## 8.1.1 CSS 的功能

随着 Internet 的不断发展，用户对页面效果的诉求越来越强烈。只依赖 HTML 这种结构化标签来实现样式，已经不能满足网页设计者的需要，其表现有如下几个方面：

- 维护困难。为了修改某个特殊标记格式，需要花费很多时间，尤其对整个网站而言，后期修改和维护成本较高。
- 标记不足。HTML 提供的标记十分少，很多标记都是为网页内容服务的，而关于内容样式的标记，例如文字间距、段落缩进，很难在 HTML 中找到。
- 网页过于臃肿。由于没有统一对各种风格样式进行控制，HTML 页面往往体积过大，占用掉很多宝贵的宽度。
- 定位困难。整体布局页面时，HTML 对各个模块的位置调整显得捉襟见肘，过多的 <table> 标记将会导致页面复杂，后期维护困难。

在这种情况下，需要寻找一种可以将结构化标记与丰富的页面表现相结合的技术。于是 CSS 样式技术就产生了。

CSS（Cascading Style Sheet）称为层叠样式表，也可以称为 CSS 样式表或样式表，其文件扩展名为 CSS。CSS 是用于增强或控制网页样式，允许将样式信息与网页内容分离的一种标记性语言。

引用样式表的目的，是将"网页结构代码"和"网页样式风格代码"分离开，从而使网页设计者可以对网页布局进行更多的控制。利用样式表，可以将整个站点的所有网页都指向某个 CSS 文件，然后设计者只需要修改 CSS 文件中的某一行，整个网站上对应的样式都会随之发生改变。

## 8.1.2 CSS 的基础语法

CSS 样式表是由若干条样式规则组成的，这些规则可以应用到不同的元素或文档，以定义它们显示的外观。

每一条样式规则由三部分构成：选择符（selector）、属性（properties）和属性值（value），基本格式如下：

```
selector{property: value}
```

- selector：选择符可以采用多种形式，可以为文档中的 HTML 标记，例如 <body>、<table>、<p> 等。
- property：选择符指定的标记所包含的属性。
- value：指定属性的值。如果定义选择符的多个属性，则属性和属性值为一组，组与组之间用分号（;）隔开。基本格式如下：

```
selector{property1: value1; property2: value2; ...}
```

下面给出一条样式规则：

```
p{color: red}
```

该样式规则的选择符是 p，即为段落标记 <p> 提供样式，color 为指定文字颜色属性，red 为属性值。此样式表示标记 <p> 指定的段落文字为红色。

如果要为段落设置多种样式，可以使用如下语句：

```
p{font-family:"隶书"; color:red; font-size:40px; font-weight:bold}
```

## 8.2　创建和链接 CSS 文件

CSS 文件是纯文本格式文件，在创建 CSS 文件时，有多种选择，可以使用一些简单的纯文本编辑工具，例如记事本，也可以选择专业的 CSS 编辑工具 WebStorm。

使用记事本编写 CSS 文件比较简单。首先需要打开一个记事本，然后在里面输入相应 CSS 代码，再保存为 *.css 格式的文件即可。

使用 WebStorm 创建 CSS 文件的操作步骤如下。

`01` 在 WebStorm 主界面，选择 File → New → Stylesheet 命令，如图 8-1 所示。

`02` 打开 New Stylesheet 对话框，输入文件名称为"mytest.css"，选择文件类型为 CSS File，如图 8-2 所示。

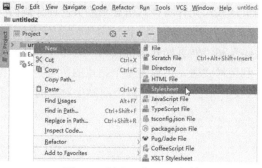

图 8-1　创建一个 CSS 文件

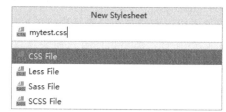

图 8-2　输入文件的名称

`03` 按 Enter 键即可查看新建的 CSS 文件，接着就可以输入 CSS 文件的内容，如图 8-3 所示。编辑完成后，按快捷键 Ctrl+S 保存 CSS 文件。

```
mytest.css  ×
1    h1{text-align:center;}           /*设置标题居中显示*/
2    p{
3        font-weight:29px;
4        text-align:center;
5        font-style:italic;
6        font-size:29px
7    }
8
```

图 8-3　输入 CSS 的内容

如果需要使用 mytest.css，在 HTML 文件中直接链接即可。记得链接语句必须放在页面的 <head> 标记区，如下所示：

```
<link rel="stylesheet" type="text/css" href="mytest.css" />
```

这里有以下三个参数。
- rel：指定链接到样式表，其值为 stylesheet。
- type：表示样式表类型为 CSS 样式表。
- href：指定 CSS 样式表所在的位置，此处表示当前路径下名称为 mytest.css 的文件。

这里使用的是相对路径。如果 HTML 文档与 CSS 样式表没有在同一路径下，则需要指定样式表的绝对路径或引用位置。

在 HTML 文件中链接 CSS 文件有比较大的优势，它可以将 CSS 代码和 HTML 代码完全分离，并且同一个 CSS 文件能被不同的 HTML 所使用。

> **提示**：在设计整个网站时，可以将所有页面链接到同一个 CSS 文件，使用相同的样式风格。这样，如果整个网站需要修改样式，只需修改 CSS 文件即可。

# 8.3　CSS 选择器

要使用 CSS 对 HTML 页面中的元素实现一对一、一对多或者多对一的控制，这就需要用到 CSS 选择器。HTML 页面中的元素就是通过 CSS 选择器进行控制的。CSS 中常用的选择器类型包括标记选择器、类选择器、ID 选择器、伪类选择器、属性选择器。

## 8.3.1　标记选择器

HTML 文档是由多个不同标记组成，而 CSS 选择器就是声明哪些标记采用样式。例如 p 选择器，就是用于声明页面中所有 <p> 标记的样式风格。同样，也可以通过 h1 选择器来声明页面中所有 <h1> 标记的 CSS 风格。

标记选择器最基本的形式如下：

```
tagName{property:value}
```

主要参数介绍如下：
- tagName 表示标记名称，例如 <p>、<h1> 等 HTML 标记。
- porerty 表示 CSS 属性。
- value 表示 CSS 属性值。

**实例 8.1**：通过标记选择器定义网页元素显示方式 ( 案例文件：ch08\8.1.html)

```
<!DOCTYPE html>
<html>
<head>
<title>标记选择器</title>
<style>
    p{
        color:black;           /*设置字体的颜色为黑色*/
        font-size:20px;        /*设置字体的大小为20px*/
        font-weight:bolder;    /*设置字体的粗细*/
    }
    </style>
</head>
```

```
<body>
<p>枯藤老树昏鸦，小桥流水人家，古道西风
瘦马。夕阳西下，断肠人在天涯。</p>
</body>
</html>
```

运行效果如图 8-4 所示。可以看到，段落文字以黑色加粗字体显示，大小为 20px。

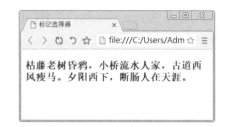

图 8-4　实例 8.1 的运行结果（使用标记选择器）

> **注意：** CSS 语言对所有属性和值都有相对严格的要求，如果声明的属性在 CSS 规范中没有，或者某个属性值不符合属性要求，都不能使 CSS 语句生效。

### 8.3.2　类选择器

在一个页面中，使用标记选择器会控制该页面中所有此标记的显示样式。如果需要为此类标记中的一个标记重新设定，此时仅使用标记选择器是不能达到效果的，还需要使用类（class）选择器。

类选择器用来为一系列标记定义相同的呈现方式，常用语法格式如下：

```
. classValue {property:value}
```

这里的 classValue 是类选择器的名称。

实例 8.2：通过不同的类选择器定义网页元素显示方式 (案例文件：ch08\8.2.html)

```
<!DOCTYPE html>
<html>
<head>
<title>类选择器</title>
<style>
.aa{
    color:blue;          /*设置字体
的颜色为蓝色*/
    font-size:20px;      /*设置字体
的大小为20px*/
    }
.bb{
    color:red;           /*设置字体的
颜色为红色*/
    font-size:22px;      /*设置字体的大
小为22px*/
    }
</style>
</head>
<body>
<h3 class=bb>画鸡</h3>
```

```
<p  class="aa">头上红冠不用裁，满身雪白
走将来。</p>
<p  class="bb">平生不敢轻言语，一叫千门
万户开。</p>
</body>
</html>
```

运行效果如图 8-5 所示。可以看到，第一个段落以蓝色字体显示，字体大小为20px；第二段落以红色字体显示，字体大小为22px。标题同样以红色字体显示，字体大小为22px。

图 8-5　实例 8.2 的运行效果（使用类选择器）

### 8.3.3　ID 选择器

ID 选择器和类选择器类似，都是针对特定属性的属性值进行匹配。ID 选择器定义的是某一个特定的 HTML 元素，一个网页文件中只能有一个元素使用某一 ID 的属性值。

定义 ID 选择器的语法格式如下：

```
#idValue{property:value}
```

这里的 idValue 是 ID 选择器的名称。

下面定义一个 ID 选择器，名称为 fontstyle，代码如下：

```
#fontstyle
{
    color:red;              /*设置字体的颜色为红色*/
    font-weight:bold;      /*设置字体的粗细*/
    font-size:large;       /*设置字体的大小*/
}
```

在页面中，具有 ID 属性的标记才能够使用 ID 选择器定义的样式，所以与类选择器相比，使用 ID 选择器是有一定局限性的。类选择器与 ID 选择器主要有以下两种区别：

● 类选择器可以给任意数量的标记定义样式，但 ID 选择器在页面的标记中只能使用一次。

● ID 选择器比类选择器具有更高的优先级，当 ID 选择器与类选择器发生冲突时，优先使用 ID 选择器。

> **实例 8.3：** 通过 ID 选择器定义网页元素显示方式（案例文件：ch08\8.3.html）

```
<!DOCTYPE html>
<html>
<head>
<title>ID选择器</title>
<style>
#fontstyle{
    color:blue;          /*设
置字体的颜色为蓝色*/
    font-weight:bold;    /*设置
字体的粗细*/
    font-size:22px;      /*设置
字体的大小为22px*/
}
#textstyle{
    color:red;           /*设置
字体的颜色为红色*/
    font-weight:bold;    /*设置字
体的粗细*/
    font-size:22px;      /*设置字
体的大小为22px*/
}
</style>
</head>
<body>
<h3 id=textstyle>嘲顽石幻相</h3>
```

```
    <p id=textstyle>女娲炼石已荒唐，又向荒
唐演大荒。</p>
    <p id=fontstyle>失去本来真境界，幻来亲
就臭皮囊。</p>
    <p id=textstyle>好知运败金无彩，堪叹时
乖玉不光。</p>
    <p id=fontstyle>白骨如山忘姓氏，无非公
子与红妆。</p>
    </body>
    </html>
```

运行效果如图 8-6 所示。可以看到，标题、第 1 和第 3 段落以红色字体显示，字体大小为 22px；第 2 与第 4 段落以蓝色字体显示，字体大小为 22px。

图 8-6　实例 8.3 的运行效果（使用 ID 选择器）

从上面代码上可以看出，标题 h3 和第 1 与第 3 段落都使用了名称 textstyle 的 ID 选择器，也都显示了 CSS 方案。在很多浏览器下，ID 选择器可以用于多个标记。这里需要指出的是，将 ID 选择器用于多个标记是错误的，因为每个标记定义的 ID 不只是 CSS 可以调用，JavaScript 等脚本语言同样可以调用。如果一个 HTML 中有两个相同 id 标记，那么将会导致 JavaScript 在查找 id 时出错。

### 8.3.4　伪类选择器

伪类选择器是 CSS 中已经定义好的选择器，所以用户不能随意命名。主流浏览器都支持的就是超链接的伪类，包括 link:、:vistited、:hover 和 :active。它表示链接 4 种不同的状态：未访问链接（link）、已访问链接（visited）、激活链接（active）和鼠标停留在链接上（hover）。例如：

```
a:link{color:#FF0000; text-decoration:none}          //未访问链接的样式
a:visited{color:#00FF00; text-decoration:none}       //已访问链接的样式
a:hover{color:#0000FF; text-decoration:underline}    //鼠标停留在链接上的样式
a:active{color:#FF00FF; text-decoration:underline}   //激活链接的样式
```

**实例 8.4：通过伪类选择器定义网页超链接（案例文件：ch08\8.4.html）**

```
<!DOCTYPE html>
<html>
<head>
    <meta charset="UTF-8">
    <title>伪类</title>
    <style>
            a:link {color: red}
/*未访问时链接的颜色*/
            a:visited {color: green}
/*已访问过链接的颜色*/
            a:hover {color:blue}
/*鼠标移动到链接上的颜色*/
            a:active {color: orange}
/*选定时链接的颜色*/
    </style>
</head>
<body>
```

```
    <a href="">链接到本页</a>
    <a href="http://www.sohu.com">搜狐
</a>
    </body>
    </html>
```

运行效果如图 8-7 所示。可以看到，两个超级链接中第一个超级链接是鼠标停留在上方时，显示颜色为蓝色，另一个是访问过后，显示颜色为绿色。

图 8-7　实例 8.4 的运行效果（使用伪类选择器）

### 8.3.5　属性选择器

直接使用属性控制 HTML 标记样式的选择器，称为属性选择器。属性选择器是根据某个属性是否存在并根据属性值来寻找元素。从 CSS2 开始已经出现了属性选择器，但在 CSS3 版本中，又新加了 3 个属性选择器。也就是说，现在 CSS3 中共有 7 个属性选择器，如表 8-1 所示。

表 8-1　CSS3 属性选择器

| 属性选择器格式 | 说　明 |
|---|---|
| E[foo] | 选择匹配 E 的元素，该元素定义了 foo 属性。注意，E 选择器可以省略，表示选择定义了 foo 属性的任意类型元素 |
| E[foo= "bar "] | 选择匹配 E 的元素，该元素将 foo 属性值定义为 "bar"。注意，E 选择器可以省略，用法与上一个选择器类似 |
| E[foo~= "bar "] | 选择匹配 E 的元素，该元素定义了 foo 属性，foo 属性值是一个以空格符分隔的列表，其中一个列表的值为 "bar"。注意，E 选择符可以省略，表示可以匹配任意类型的元素。<br>例如，a[title~="b1"] 匹配 \<a title="b1 b2 b3">\</a>，而不匹配 \<a title="b2 b3 b5">\</a> |
| E[foo\|="en"] | 选择匹配 E 的元素，该元素定义了 foo 属性，foo 属性值是一个用连字符 (-) 分隔的列表，值开头的字符为 "en"。<br>注意，E 选择符可以省略，表示可以匹配任意类型的元素。例如，[lang\|="en"] 匹配 \<body lang="en-us">\</body>，而不是匹配 \<body lang="f-ag">\</body> |
| E[foo^="bar"] | 选择匹配 E 的元素，该元素定义了 foo 属性，foo 属性值包含了前缀为 "bar" 的子字符串。注意，E 选择符可以省略，表示可以匹配任意类型的元素。例如，body[lang^="en"] 匹配 \<body lang="en-us">\</body>，而不匹配 \<body lang="f-ag">\</body> |
| E[foo$="bar"] | 选择匹配 E 的元素，该元素定义了 foo 属性，foo 属性值包含后缀为 "bar" 的子字符串。注意，E 选择符可以省略，表示可以匹配任意类型的元素。例如，img[src$="jpg"] 匹配 \<img src="p.jpg"/>，而不匹配 \<img src="p.gif"/> |
| E[foo*="bar"] | 选择匹配 E 的元素，该元素定义了 foo 属性，foo 属性值包含 "b" 的子字符串。注意，E 选择器可以省略，表示可以匹配任意类型的元素。例如，img[src$="jpg"] 匹配 \<img src="p.jpg"/>，而不匹配 \<img src="p.gif"/> |

## 实例 8.5：通过属性选择器定义网页元素显示样式 ( 案例文件：ch08\8.5.html)

```
<!DOCTYPE html>
<html>
<head>
    <meta charset="UTF-8">
    <title>属性选择器</title>
    <style>
        [align]{color:red}
            [align="left"]{font-
size:20px;font-weight:bolder;}
                [lang^="en"]
{color:blue;text-decoration:underline;}
                [src$="jpg"]{border-
width:2px;boder-color:#ff9900;}
    </style>
</head>
<body>
    <p align=center>轻轻的我走了，正如我轻
轻的来; </p>
    <p align=left>我轻轻的招手，作别西天的
云彩。</p>
    <p lang="en-us">悄悄的我走了，正如我悄
悄的来; </p>
    <p>我挥一挥衣袖，不带走一片云彩。</p>
    <img src="02.jpg" border="0.5"/>
```

```
</body>
</html>
```

运行效果如图 8-8 所示。可以看到，第 1 个段落使用属性 align 定义样式，其字体颜色为红色。第 2 个段落使用属性值 left 修饰样式，字体大小为 20px，加粗显示，字体颜色为红色，是因为该段落使用了 align 这个属性。第 3 个段落显示红色，带有下划线，是因为属性 lang 的值前缀为 en。最后一个图片以边框样式显示，因为属性值后缀为 jpg。

图 8-8　实例 8.5 的运行效果（使用属性选择器）

## 8.4　CSS 常用样式

下面介绍如何定义 CSS 样式中常用的样式属性，包括字体、文本、背景、边框、列表。

### 8.4.1　使用字体样式

在 HTML 中，CSS 字体属性用于定义文字的字体、大小、粗细等。常用的字体属性包括字体类型、字号大小、字体风格、字体颜色等。

#### 1. 控制字体类型

font-family 属性用于指定文字字体类型，例如宋体、黑体、隶书、Times New Roman 等。在网页中，展示字体不同的形状。具体的语法格式如下：

```
{font-family : name}
```

其中，name 是字体名称，按优先顺序排列，以逗号隔开，如果字体名称包含空格，则应使用引号括起。

实例 8.6：控制字体类型 ( 案例文件：ch08\8.6.html)

```
<!DOCTYPE html>
<html>
<style type=text/css>
p{font-family:黑体}
</style>
<body>
<p align=center>天行健，君子应自强不
息。</p>
```

```
</body>
</html>
```

运行效果如图 8-9 所示。可以看到，文字居中并以黑体显示。

图 8-9　实例 8.6 的运行效果（控制字体类型）

#### 2. 定义字体大小

CSS 规定，通常使用 font-size 设置文字大小，其语法格式如下：

```
{font-size : 数值| inherit | xx-small | x-small | small | medium | large |
x-large | xx-large | larger | smaller | length}
```

其中，通过数值来定义字体大小，例如用 font-size:10px 的方式定义字体大小为 12 像素。此外，还可以通过 medium 之类的参数定义字体的大小，参数含义如表 8-2 所示。

表 8-2　font-size 参数列表

| 参　　数 | 说　　明 |
| --- | --- |
| xx-small | 绝对字体尺寸。根据对象字体进行调整。最小 |
| x-small | 绝对字体尺寸。根据对象字体进行调整。较小 |
| small | 绝对字体尺寸。根据对象字体进行调整。小 |
| medium | 默认值。绝对字体尺寸。根据对象字体进行调整。正常 |
| large | 绝对字体尺寸。根据对象字体进行调整。大 |
| x-large | 绝对字体尺寸。根据对象字体进行调整。较大 |

续表

| 参　数 | 说　明 |
|---|---|
| xx-large | 绝对字体尺寸。根据对象字体进行调整。最大 |
| larger | 相对字体尺寸。相对于父对象中字体尺寸进行相对增大。使用成比例的 em 单位计算 |
| smaller | 相对字体尺寸。相对于父对象中字体尺寸进行相对减小。使用成比例的 em 单位计算 |
| length | 百分数或由浮点数字和单位标识符组成的长度值，不可为负值。其百分比取值是基于父对象中字体的尺寸 |

## 实例 8.7：定义字体大小 ( 案例文件：ch08\8.7.html)

```
<!DOCTYPE html>
<html>
<body>
<div style="font-size:10pt">霜叶红于
二月花
    <p style="font-size:small">霜叶红
于二月花</p>
    <p style="font-size:larger">霜叶红
于二月花</p>
        <p style="font-size:x-small">霜
叶红于二月花</p>
        <p style="font-size:x-larger">霜
叶红于二月花</p>
        <p style="font-size:50%">霜叶红于
二月花</p>
        <p style="font-size:25pt">霜叶红
于二月花</p>
</div>
</body>
</html>
```

运行效果如图 8-10 所示。可以看到，网页中文字被设置成不同的大小，其设置方式采用了绝对数值、关键字和百分比等形式。

### 3. 定义字体风格

font-style 通常用来定义字体风格，即字体的显示样式，语法格式如下：

```
font-style : normal | italic |
oblique |inherit
```

其属性值有四个，具体含义如表 8-3 所示。

图 8-10　实例 8.7 的运行效果（定义字体大小）

表 8-3　font-style 参数表

| 属 性 值 | 含　义 |
|---|---|
| normal | 默认值。浏览器显示一个标准的字体样式 |
| italic | 浏览器会显示一个斜体字体样式 |
| oblique | 没有斜体变量的特殊字体，浏览器会显示一个倾斜的字体样式 |
| inherit | 规定应该从父元素继承字体样式 |

## 实例 8.8：定义字体风格 ( 案例文件：ch08\8.8.html)

```
<!DOCTYPE html>
<html>
<body>
    <p style="font-style:italic">梅花
```

```
香自苦寒来</p>
        <p style="font-style:normal">梅花
香自苦寒来</p>
        <p style="font-style:oblique">梅
花香自苦寒来</p>
</body>
</html>
```

运行效果如图 8-11 所示。可以看到，文字分别显示不同的样式，例如斜体。

图 8-11　实例 8.8 的运行效果（定义字体风格）

### 4. 定义文字颜色

在 CSS 样式中，通常使用 color 属性来设置颜色，其属性值通常使用下面方式设定，如表 8-4 所示。

表 8-4　color 属性值

| 属 性 值 | 说 明 |
|---|---|
| color_name | 规定颜色值为颜色名称的颜色（例如 red） |
| hex_number | 规定颜色值为十六进制值的颜色（例如 #ff0000） |
| rgb_number | 规定颜色值为 RGB 代码的颜色，例如 rgb(255,0,0) |
| inherit | 规定应该从父元素继承颜色 |
| hsl_number | 规定颜色值为 HSL 代码的颜色，例如 hsl(0,75%,50%)。此为 CSS3 新增加的颜色表现方式 |
| hsla_number | 规定颜色只为 HSLA 代码的颜色，例如 hsla(120,50%,50%,1)。此为 CSS3 新增加的颜色表现方式 |
| rgba_number | 规定颜色值为 RGBA 代码的颜色，例如 rgba(125,10,45,0.5)。此为 CSS3 新增加的颜色表现方式 |

**实例 8.9：定义文字的颜色（案例文件：ch08\8.9.html）**

```
<!DOCTYPE html>
<html>
<head>
<style type="text/css">
body {color:red}
h1 {color:#00ff00}
p.ex {color:rgb(0,0,255)}
p.hs{color:hsl(0,75%,50%)}
p.ha{color:hsla(120,50%,50%,1)}
p.ra{color:rgba(125,10,45,0.5)}
</style>
</head>
<body>
<h1>《青玉案 元夕》</h1>
<p>众里寻他千百度，蓦然回首，那人却在灯
火阑珊处。
</p>
<p class="ex">众里寻他千百度，蓦然
回首，那人却在灯火阑珊处。（该段落定义了
class="ex"。该段落中的文本是蓝色。）</p>
<p class="hs">众里寻他千百度，蓦然回
首，那人却在灯火阑珊处。（此处使用了CSS3中新
```

增加的HSL函数构建颜色。）</p>
　　　　　<p class="ha">众里寻他千百度，蓦然回首，那人却在灯火阑珊处。（此处使用了CSS3中新增加的HSLA函数构建颜色。）</p>
　　　　　<p class="ra">众里寻他千百度，蓦然回首，那人却在灯火阑珊处。（此处使用了CSS3的新增加的RGBA函数构建颜色。）</p>
　　　　　</body>
　　　　　</html>

运行效果如图 8-12 所示。可以看到，文字以不同颜色显示，并采用了不同的颜色取值方式。

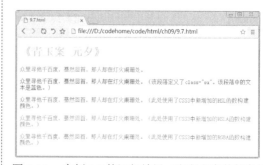

图 8-12　实例 8.9 的运行效果（定义文字的颜色）

## 8.4.2　使用文本样式

在网页中，段落的放置与显示效果会直接影响页面的布局及风格，CSS 样式表提供了文本属性来实现对页面中段落文本的控制。

### 1. 设置文本的缩进效果

CSS 中的 text-indent 属性用于设置文本的首行缩进，其默认值为 0。当属性值为负值时，表示首行会被缩进到左边，其语法格式如下：

```
text-indent : length
```

其中，length 属性值表示由百分比数字或者由浮点数字和单位标识符组成的长度值，允许为负值。

> 实例 8.10：设置文本的缩进效果（案例文件：ch08\8.10.html）

```
<!DOCTYPE html>
<html>
<body>
<p style="text-indent:10mm">
    此处直接定义长度，直接缩进。
</p>
<p style="text-indent:10%">
    此处使用百分比，进行缩进。
</p>
```

```
</body>
</html>
```

运行效果如图 8-13 所示。可以看到，文字以首行缩进方式显示。

图 8-13　实例 8.10 的运行效果（设置文本的缩进显示）

### 2. 设置垂直对齐方式

vertical-align 属性用于设置内容的垂直对齐方式，其默认值为 baseline，表示与基线对齐，其语法格式如下：

```
{vertical-align:属性值}
```

vertical-align 属性值有 9 个预设值，也可以使用百分比。这 9 个预设值和百分比的含义如表 8-5 所示。

表 8-5　vertical-align 属性值

| 属 性 值 | 说　明 |
| --- | --- |
| baseline | 默认。元素放置在父元素的基线上 |
| sub | 垂直对齐文本的下标 |
| super | 垂直对齐文本的上标 |
| top | 把元素的顶端与行中最高元素的顶端对齐 |
| text-top | 把元素的顶端与父元素字体的顶端对齐 |
| middle | 把此元素放置在父元素的中部 |
| bottom | 把元素的顶端与行中最低的元素的顶端对齐 |
| text-bottom | 把元素的底端与父元素字体的底端对齐 |
| length | 设置元素的堆叠顺序 |
| % | 使用 line-height 属性的百分比值来排列此元素。允许使用负值 |

**实例 8.11：设置垂直对齐方式（案例文件：ch08\8.11.html）**

```
<!DOCTYPE html>
<html>
<body>
<p>
        世界杯<b style=" font-
size:8pt;vertical-align:super">2014</
b>!
        中国队<b style="font-size:
8pt;vertical-align: sub">[注]</b>!
        加油! <img src="1.gif"
style="vertical-align: baseline">
    </p>
    <p><img src="2.gif"
style="vertical-align:middle"/>
        世界杯! 中国队! 加油! <img src="1.
gif" style="vertical-align:top">
    </p>
    <hr/>
    <p><img src="2.gif"
style="vertical-align:middle"/>
        世界杯! 中国队! 加油! <img src="1.
```

```
gif" style="vertical-align:text-top">
    </p>
    <p><img src="2.gif"
style="vertical-align:middle"/>
        世界杯! 中国队! 加油! <img src="1.
gif" style="vertical-align:bottom">
    </p>
    <hr/>
    <p><img src="2.gif"
style="vertical-align:middle"/>
        世界杯! 中国队! 加油! <img src="1.
gif" style="vertical-align:text-
bottom">
    </p>
    <p>
        世界杯<b style=" font-
size:8pt;vertical-align:100%">2008</
b>!
        中国队<b style="font-size:
8pt;vertical-align: -100%">[注]</b>!
        加油! <img src="1.gif"
style="vertical-align: baseline">
    </p>
    </body>
    </html>
```

运行效果如图 8-14 所示。可以看到，文字在垂直方向以不同的对齐方式显示。

图 8-14　实例 8.11 的运行效果（设置垂直对齐方式）

### 3. 设置水平对齐方式

text-align 属性用于设置内容的水平对齐方式，默认值为 left（左对齐），其语法格式如下：

```
{ text-align: sTextAlign }
```

其属性值含义如表 8-6 所示。

表 8-6　text-align 属性表

| 属 性 值 | 说　明 |
| --- | --- |
| left | 文本向行的左边缘对齐。在垂直方向的文本中，文本在 left-to-right 模式下向开始边缘对齐 |
| right | 文本向行的右边缘对齐。在垂直方向的文本中，文本在 left-to-right 模式下向结束边缘对齐 |
| center | 文本在行内居中对齐 |
| justify | 文本根据 text-justify 的属性设置方法分散对齐，即两端对齐，均匀分布 |

**实例 8.12：设置水平对齐方式 ( 案例文件：ch08\8.12.html)**

```
<!DOCTYPE html>
<html>
<body>
<h1 style="text-align:center">登幽州
台歌</h1>
    <h3 style="text-align:left">选自：</
h3>
    <h3 style="text-align:right">
      <img src="1.gif" />
      唐诗三百首</h3>
    <p style="text-align:justify">
      前不见古人
      后不见来者
        ( 这是一个测试，这是一个测试，这是一个
测试 )
```

```
</p>
</body>
</html>
```

运行效果如图 8-15 所示。可以看到，文字在水平方向上以不同的对齐方式显示。

图 8-15　实例 8.12 的运行效果（设置水平对齐方式）

### 4. 设置文本的行高

在 CSS 中，line-height 属性用来设置行间距，即行高，其语法格式如下：

```
line-height : normal | length
```

其属性值的具体含义如表 8-7 所示。

表 8-7　行高属性值

| 属 性 值 | 说　明 |
| --- | --- |
| normal | 默认行高，即网页文本的标准行高 |
| length | 百分比数字或由浮点数字和单位标识符组成的长度值，允许为负值。百分比取值是基于字体的高度尺寸 |

**实例 8.13：设置文本的行高 ( 案例文件：ch08\8.13.html)**

```
<!DOCTYPE html>
<html>
<body>
  <div style="text-indent:10mm;">
```

```
<p style="line-height:50px">
        世界杯 ( World Cup, FIFA
World Cup, 国际足联世界杯, 世界足球锦标赛) 是
世界上最高水平的足球比赛，与奥运会、F1并称为
全球三大顶级赛事。
      </p>        <p style="line-
height:50%">
        世界杯 ( World Cup, FIFA World
Cup, 国际足联世界杯, 世界足球锦标赛) 是世界上
```

最高水平的足球比赛，与奥运会、F1并称为全球三大顶级赛事。
```
        </p>
    </div>
</body>
</html>
```

运行效果如图 8-16 所示。可以看到，有段文字重叠在一起，即行高设置较小。

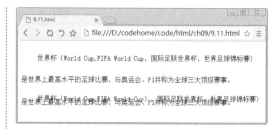

图 8-16　实例 8.13 的运行效果（设置文本的行高）

### 8.4.3　使用背景样式

背景是网页设计的重要元素之一，一个背景优美的网页，总能吸引不少访问者。使用 CSS 的背景样式可以设置网页背景。

#### 1. 设置背景颜色

background-color 属性用于设定网页背景色，其语法格式为：

```
{background-color : transparent | color}
```

关键字 transparent 是默认值，表示透明。背景颜色 color 的设定方法可以采用英文单词、十六进制、RGB、HSL、HSLA 和 GRBA。

实例 8.14：设置背景颜色 ( 案例文件：ch08\8.14.html)

```
<!DOCTYPE html>
<html>
<head>
<title>背景色设置</title>
<head>
<body style="background-
color:PaleGreen; color:Blue">
    <p>
        background-color属性设置背景色，
color属性设置字体颜色。
    </p>
</body>
</html>
```

运行效果如图 8-17 所示。可以看到，网页背景色显示为浅绿色，而字体颜色为蓝色。

图 8-17　实例 8.14 的运行效果（设置背景色）

background-color 除了可以设置整个网页的背景颜色外，还可以指定某个网页元素的背景色。例如设置 h1 标题的背景色，设置段落 p 的背景色。

实例 8.15: 分别设置网页元素的背景色 ( 案例文件：ch08\8.15.html)

```
<!DOCTYPE html>
<html>
<head>
<title>背景色设置</title>
<style>
h1 {
    background-color: red;
    color: black;
    text-align:center;
}
p{
    background-color:gray;
    color:blue;
    text-indent:2em;
}
</style>
<head>
<body >
    <h1>颜色设置</h1>
    <p>
    background-color属性设置背景色，
color属性设置字体颜色。
    </p>
</body>
```

```
</html>
```

运行效果如图 8-18 所示。可以看到，网页中标题区域背景色为红色，段落区域背景色为灰色，并且分别为字体设置了不同的前景色。

图 8-18  实例 8.15 的运行效果（设置 HTML 元素背景色）

### 2. 设置背景图片

background-image 属性用于设定标记的背景图片。通常情况下，在标记 `<body>` 中应用，将图片用于整个主体。background-image 的语法格式如下：

```
background-image : none | url (url)
```

其默认属性是无背景图，当需要使用背景图时可以用 url 进行导入。url 可以使用绝对路径，也可以使用相对路径。

**实例 8.16：设置背景图片 ( 案例文件：ch08\8.16.html)**

```
<!DOCTYPE html>
<html>
<head>
<title>背景色设置</title>
<style>
body{
        background-image:url(01.jpg)
    }
</style>
<head>
<body  >
<h1>夕阳无限好，只是近黄昏！</h1>
</body>
</html>
```

运行效果如图 8-19 所示。可以看到，网页中显示背景图，如果图片大小小于整个网页大小，此时图片为了填充网页背景，会重复出现并铺满整个网页。

图 8-19  实例 8.16 的运行效果（设置背景图片）

> **提示**：在设定背景图片时，最好同时设定背景色，这样当背景图片因某种原因无法正常显示时，可以使用背景色来代替。当然，如果正常显示，背景图片会覆盖背景色。

在 CSS 中可以通过 background-repeat 属性设置图片的重复方式，包括水平重复、垂直重复和不重复等。各属性值说明如表 8-8 所示。

表 8-8  background-repeat 属性

| 属 性 值 | 描　　述 |
| --- | --- |
| repeat | 背景图片水平和垂直方向都重复平铺 |
| repeat-x | 背景图片水平方向重复平铺 |
| repeat-y | 背景图片垂直方向重复平铺 |
| no-repeat | 背景图片不重复平铺 |

background-repeat 属性重复背景图片是从元素的左上角开始平铺，直到水平、垂直或全部页面都被背景图片覆盖为止。

### 3. 背景图片位置

使用 background-position 属性可以指定背景图片在页面中所处的位置。background-position 的属性值如表 8-9 所示。

表 8-9　background-position 属性值

| 属 性 值 | 描　述 |
|---|---|
| length | 设置图片与边距水平与垂直方向的距离长度，后跟长度单位（cm、mm、px 等） |
| percentage | 以页面元素框的宽度或高度的百分比放置图片 |
| top | 背景图片顶部居中显示 |
| center | 背景图片居中显示 |
| bottom | 背景图片底部居中显示 |
| left | 背景图片左部居中显示 |
| right | 背景图片右部居中显示 |

提示：垂直对齐值还可以与水平对齐值一起使用，从而决定图片的垂直位置和水平位置。

实例 8.17：使用内嵌样式 ( 案例文件：ch08\8.17.html)

```
<!DOCTYPE html>
<html>
<head>
<title>背景位置设定</title>
<style>
body{
        background-image:url(01.
jpg);
        background-repeat:no-repeat;
        background-position:top
right;
    }
    </style>
    <head>
    <body  >
    </body>
</html>
```

运行效果如图 8-20 所示。可以看到，网页中显示背景，背景从顶部和右边开始。

图 8-20　实例 8.17 的运行效果（设置背景位置）

使用垂直对齐值和水平对齐值只能格式化所放置的图片，如果在页面中要自由地定义图片的位置，则需要使用确定数值或百分比。此时在上面代码中，将

```
background-position:top right;
```

语句修改为

```
background-position:20px 30px
```

其背景从左上角开始，但并不是从 (0,0) 坐标位置开始，而是从 (20,30) 坐标位置开始。

## 8.4.4 设计边框样式

使用 CSS 中的 border-style、border-width 和 border-color 属性可以设定边框的样式、宽度和颜色。

### 1. 设置边框样式

border-style 属性用于设定边框的样式，也就是风格，主要用于为页面元素添加边框，其语法格式如下：

```
border-style : none | hidden | dotted | dashed | solid | double | groove |
ridge | inset | outset
```

CSS 设定了 9 种边框样式，如表 8-10 所示。

表 8-10　边框样式

| 属 性 值 | 描 述 |
|---|---|
| none | 无边框，无论边框宽度设为多大 |
| dotted | 点线式边框 |
| dashed | 破折线式边框 |
| solid | 直线式边框 |
| double | 双线式边框 |
| groove | 槽线式边框 |
| ridge | 脊线式边框 |
| inset | 内嵌效果的边框 |
| outset | 突起效果的边框 |

实例 8.18：设置边框样式 ( 案例文件：
ch08\8.18.html)

```
<!DOCTYPE html>
<html>
<head>
<title>边框样式</title>
<style>
h1 {
    border-style:dotted;
```

```
    color: black;
    text-align:center;
}
p{
    border-style:double;
    text-indent:2em;
}
</style>
<head>
<body >
    <h1>带有边框的标题</h1>
    <p>带有边框的段落</p>
```

107

```
</body>
</html>
```

运行效果如图 8-21 所示。可以看到，网页中标题 h1 显示的时候带有边框，其边框样式为点线式边框；同样段落也带有边框，其边框样式为双线式边框。

图 8-21　实例 8.18 的运行效果（设置边框样式）

### 2. 设置边框颜色

border-color 属性用于设定边框颜色，如果不想与页面元素的颜色相同，则可以使用该属性为边框定义其他颜色。border-color 属性语法格式如下：

```
border-color : color
```

color 表示指定的颜色，其颜色值通过为十六进制和 RGB 等方式获取。

实例 8.19：使用内嵌样式（案例文件：ch08\8.19.html）

```
<!DOCTYPE html>
<html>
<head>
<title>设置边框颜色</title>
<style>
p{
    border-style:double;
    border-color:red;
    text-indent:2em;
}
</style>
<head>
<body >
    <p>边框颜色设置</p>
     <p style="border-style:solid;
```

```
border-color:red blue yellow green">
        分别定义边框颜色
     </p>
    </body>
    </html>
```

运行效果如图 8-22 所示。可以看到，网页中第一个段落的边框颜色设置为红色，第二个段落的边框颜色分别设置为红、蓝、黄和绿。

图 8-22　实例 8.19 的运行效果（设置边框颜色）

### 3. 设置边框线宽

在 CSS 中，可以通过设定边框宽度来增强边框效果。border-width 属性就是用来设定边框宽度，其语法格式如下：

```
border-width : medium | thin | thick | length
```

其中预设有三种属性值：medium、thin 和 thick，另外还可以自行设置宽度（width），如表 8-11 所示。

表 8-11　border-width 属性

| 属 性 值 | 描　　述 |
|---|---|
| medium | 缺省值，中等宽度 |
| thin | 比 medium 细 |
| thick | 比 medium 粗 |
| length | 自定义宽度 |

**实例 8.20：设置边框线宽 ( 案例文件：ch08\8.20.html)**

```
<!DOCTYPE html>
<html>
<head>
<title>设置边框宽度</title>
<head>
<body >
        <p style="border-style:dotted;
border-width:medium;">边框宽度设置</p>
                <p  style="border-
style:dashed;border-width:thin;">边框宽
度设置</p>
            <p style="border-style:solid;
border-width:12px;">
```

```
        分别定义边框宽度</p>
    </body>
</html>
```

运行效果如图 8-23 所示。可以看到，网页中三个段落边框以不同的粗细显示。

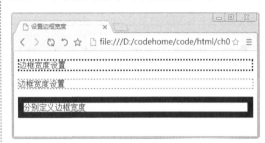

图 8-23　实例 8.20 的运行效果（设置边框线宽）

#### 4. 设置边框的复合属性

border 属性集合了上述所介绍的三种属性，为页面元素设定边框的宽度、样式和颜色。语法格式如下：

```
border : border-width || border-style || border-color
```

**实例 8.21：设置边框的复合属性 ( 案例文件：ch08\8.21.html)**

```
<!DOCTYPE html>
<html>
<head>
<title>边框复合属性设置</title>
<head>
<body >
<p style="border:dashed  red 12px">
边框复合属性设置</p>
    </body>
</html>
```

运行效果如图 8-24 所示。可以看到，网页中段落边框样式以破折线显示，颜色为红色，宽带为 12 像素。

图 8-24　实例 8.21 的运行效果（设置边框的复合属性）

## 8.4.5　设置列表样式

在网页设计中，项目列表用来罗列一系列相关的文本信息，包括有序、无序和自定义列表等。当引入 CSS 后，就可以使用 CSS 来设置项目列表的样式了。

#### 1. 设置无序列表

无序列表 \<ul> 是网页中的常见元素之一，使用 \<li> 标记罗列各个项目，并且每个项目前面都带有特殊符号，例如黑色实心圆等。在 CSS 中，可以通过 list-style-type 属性来定义无序列表前面的项目符号。对于无序列表，其语法格式如下：

```
list-style-type : disc | circle | square | none
```

其中，list-style-type 参数值的含义如表 8-12 所示。

**表 8-12　无序列表常用符号**

| 参　数 | 说　明 |
|--------|--------|
| disc | 实心圆 |
| circle | 空心圆 |
| square | 实心方块 |
| none | 不使用任何标号 |

**提示**：可以通过设置不同的参数值，为 list-style-type 设置不同的特殊符号，从而改变无序列表的样式。

实例 8.22：设置无序列表样式（案例文件：ch08\8.22.html）

```
<!DOCTYPE html>
<html>
<head>
<title>设置无序列表</title>
<style>
* {
   margin:0px;
   padding:0px;
   font-size:12px;
}
p {
   margin:5px 0 0 5px;
   color:#3333FF;
   font-size:14px;
   font-family:"幼圆";
}
div{
   width:300px;
   margin:10px 0 0 10px;
   border:1px #FF0000 dashed;
}
div ul {
   margin-left:40px;
   list-style-type: disc;
}
div li {
   margin:5px 0 5px 0;
    color:blue;
    text-decoration:underline;
}
</style>
</head>
<body>
<div class="big01">
   <p>娱乐焦点</p>
   <ul>
    <li>网络安全攻防实训课程 </li>
    <li>网站前端开发实训课程</li>
    <li>人工智能开发实训课程</li>
    <li>大数据分析实训课程</li>
    <li>PHP网站开发实训课程</li>
   </ul>
</div>
</body>
</html>
```

运行效果如图 8-25 所示。可以看到，网页中显示了一个导航栏，导航栏中存在不同的导航信息，每条导航信息前面都是使用实心圆作为每行信息开始。

图 8-25　实例 8.22 的运行效果（使用无序列表制作导航菜单）

### 2. 设置有序列表

有序列表标记 <ol> 可以创建具有顺序的列表，例如每条信息前面加上 1、2、3、4 等。如果要改变有序列表前面的符号，同样需要利用 list-style-type 属性，只不过属性值不同。

对于有序列表，list-style-type 语法格式如下：

```
list-style-type : decimal | lower-roman | upper-roman | lower-alpha | upper-
alpha | none
```

其中，list-style-type 参数值的含义如表 8-13 所示。

表 8-13 有序列表常用符号

| 参 数 | 说 明 |
|---|---|
| decimal | 阿拉伯数字 |
| lower-roman | 小写罗马数字 |
| upper-roman | 大写罗马数字 |
| lower-alpha | 小写英文字母 |
| upper-alpha | 大写英文字母 |
| none | 不使用项目符号 |

实例 8.23：设置有序列表样式 ( 案例文件：
ch08\8.23.html)

```
<!DOCTYPE html>
<html>
<head>
<title>设置有序列表</title>
<style>
* {
    margin:0px;
    padding:0px;
                font-size:12px;
}
p {
    margin:5px 0 0 5px;
    color:#3333FF;
    font-size:14px;
                font-family:"幼圆";
                        border-bottom-
width:1px;
                        border-bottom-
style:solid;

}
div{
    width:300px;
    margin:10px 0 0 10px;
    border:1px #F9B1C9 solid;
}
div ol {
    margin-left:40px;
    list-style-type: decimal;
}
div li {
    margin:5px 0 5px 0;
```

```
            color:blue;
}
</style>
</head>
<body>
<div class="big">
    <p>热点课程排行榜</p>
    <ol>
        <li>网络安全攻防实训课程 </li>
        <li>网站前端开发实训课程</li>
        <li>人工智能开发实训课程</li>
        <li>大数据分析实训课程</li>
        <li>PHP网站开发实训课程</li>
    </ol>
</div>
</body>
</html>
```

运行效果如图 8-26 所示。可以看到，网
页中显示了一个导航栏，导航信息前面都带
有相应的数字，表示其顺序。导航栏具有红
色边框，并用一条蓝线将题目和内容分开。

图 8-26　实例 8.23 的运行效果（使用有序列表
制作菜单）

**注意：** 上面代码中，使用"list-style-type: decimal"语句定义了有序列表前面的符号。严
格来说，无论是 <ul> 标记还是 <ol> 标记，都可以使用相同的属性值，而且效果完全相同，
即二者的 list-style-type 可以通用。

## 8.5　新手常见疑难问题

**▌疑问1：CSS 的行内样式、内嵌样式和链接样式可以在一个网页中混用吗？**

三种用法可以混用，不会造成混乱。这就是它为什么称之为"层叠样式表"的原因，浏览器在显示网页时是这样处理的：先检查有没有行内插入式 CSS，有就执行。针对本句的其他 CSS 就不去管它了。其次检查内嵌方式的 CSS，有就执行。在前两者都没有的情况下再检查外连文件方式的 CSS。因此，三种 CSS 的执行优先级是：行内样式、内嵌样式、链接样式。

**▌疑问2：文字和图片导航速度谁快呀？**

使用文字做导航栏速度最快。文字导航不仅速度快，而且更稳定。比如，有些用户上网时会关闭图片。在处理文本时，不要在普通文本上添加下划线或者颜色。除非特别需要，否则不要为普通文字添加下划线。就像用户需要识别哪些能点击一样，读者不应当将本不能点击的文字误认为能够点击。

## 8.6　实战技能训练营

**▌实战1：设计一个公司的主页**

结合前面学习的背景和边框的相关知识，创建一个简单的商业网站。运行结果如图 8-27 所示。

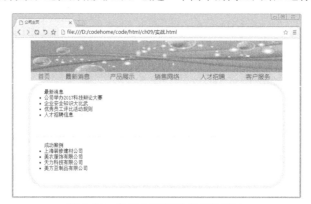

图 8-27　实战 1 要创建的商业网站

**▌实战2：设计一个在线商城的酒类爆款推荐效果**

结合所学知识，为在线商城设计酒类爆款推荐效果。运行结果如图 8-28 所示。

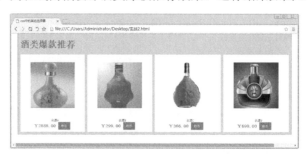

图 8-28　实战 2 要实现的酒类爆款推荐效果

# 第9章 设计图片、链接和菜单的样式

📅 **本章导读**

在网页设计中，图片具有重要的作用，它能够美化页面，传递更丰富的信息，提升浏览者的审美感受。图片是直观、形象的，一张好的图片会给网页带来很高的点击率。链接和菜单是网页的灵魂，各个网页都是通过链接进行相互访问的，链接完成了页面的跳转。通过CSS属性定义链接和菜单样式，可以设计出美观大方，具有不同外观和样式的链接，从而提高网页浏览的效果。本章就来介绍使用CSS设置图片、链接和菜单样式的方法。

📖 **知识导图**

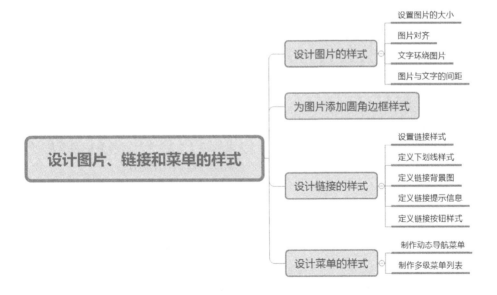

## 9.1 设计图片的样式

通过 CSS3 统一管理，不但可以更加精确地调整图片的各种属性，还可以实现很多特殊的图片效果。

### 9.1.1 设置图片的大小

默认情况下，网页中的图片以图片原始大小显示。如果要对网页进行排版，通常情况下，还需要对图片进行大小的重新设定。

> **注意**：图片设置如果不恰当，会造成图片变形和失真，所以一定要保持宽度和高度的比例适中。

使用 CSS 设置图片的大小，可以采用以下两种方式完成。

#### 1. 使用 CSS 中的 max-width 和 max-height 缩放图片

max-width 和 max-height 分别用来设置图片宽度最大值和高度最大值。在定义图片大小时，如果图片默认尺寸超过了定义的大小，那么就以 max-width 所定义的宽度值显示，而图片高度将同比例变化，如果定义的是 max-height，以此类推。但是如果图片的尺寸小于最大宽度或者高度，那么图片就按原尺寸大小显示。max-width 和 max-height 的值一般是数值类型。

举例说明如下：

```
img{
    max-height:180px;
}
```

实例 9.1：等比例缩放图片 ( 案例文件：ch09\9.1.html)

```
<!DOCTYPE html>
<html>
<head>
<title>缩放图片</title>
<style>
img{
    max-height:300px;          /*设置图
片的最大高度*/
}
</style>
</head>
<body>
<img src="01.jpg" >
</body>
</html>
```

运行效果如图 9-1 所示。可以看到，网页显示了一张图片，其显示高度是 300 像素，宽度将做同比例缩放。

图 9-1　实例 9.1 的运行效果（同比例缩放图片）

在本例中，也可以只设置 max-width 来定义图片的最大宽度，而让高度自动缩放。

### 2. 使用 CSS 中的 width 和 height 缩放图片

在 CSS3 中，可以使用属性 width 和 height 来设置图片宽度和高度，从而达到图片的缩放效果。

实例 9.2: 以指定大小缩放图片 (案例文件: ch09\9.2.html)

```
<!DOCTYPE html>
<html>
<head>
<title>缩放图片</title>
</head>
<body>
<img src="01.jpg" >
<img src="01.jpg" style="width:150p
x;height:100px" >    /*设置图片的宽度与高度
*/
</body>
</html>
```

运行效果如图 9-2 所示。可以看到，网

页显示了两张图片，第一张图片以原大小显示，第二张图片以指定大小显示。

图 9-2　实例 9.2 的运行效果（用 CSS 指定图片大小）

> **注意**：仅仅设置了图片的 width 属性，而没有设置 height 属性，图片本身会自动等纵横比例缩放，如果只设定 height 属性也是一样的道理。只有同时设定 width 和 height 属性时才会不等比例缩放图片。

## 9.1.2　图片对齐

一个图文并茂，排版格式整洁简约的页面，更容易让浏览者接受，可见图片的对齐方式非常重要。使用 CSS3 属性可以定义图片的水平对齐方式和垂直对齐方式。

### 1. 设置图片水平对齐

图片水平对齐与文字的水平对齐方法相同，不同的是图片水平对齐方式包括左对齐、居中对齐、右对齐三种，需要通过设置图片的父元素的 text-align 属性来实现，因为 <img> 标记本身没有对齐属性。

实例 9.3: 设置 <P> 标记内的图片水平对齐 (案例文件: ch09\9.3.html)

```
<!DOCTYPE html>
<html>
<head>
<title>图片水平对齐</title>
</head>
<body>
<p style="text-align:left"><img
src="02.jpg" style="max-width:140px;">
图片左对齐</p>
```

```
    <p style="text-align:center"><img
src="02.jpg" style="max-width:140px;">
图片居中对齐</p>
    <p style="text-align:right"><img
src="02.jpg" style="max-width:140px;">
图片右对齐</p>
    </body>
    </html>
```

运行效果如图 9-3 所示。可以看到，网页上显示了三张图片，大小一样，但对齐方式分别是左对齐、居中对齐和右对齐。

图 9-3　实例 9.3 的运行效果（设置图片横向对齐）

### 2. 设置图片垂直对齐

图片的垂直对齐方式主要是在垂直方向上和文字进行搭配。通过对图片垂直方向上的设置，可以设定图片和文字的高度一致。在 CSS3 中，对图片垂直对齐方式的设置，通常使 vertical-align 属性来定义，其语法格式为：

```
vertical-align : baseline |sub | super |top |text-top |middle |bottom |text-bottom |length
```

上面的参数含义如表 9-1 所示。

表 9-1　参数含义表

| 参数名称 | 说　明 |
| --- | --- |
| baseline | 支持 valign 特性的对象的内容与基线对齐 |
| sub | 垂直对齐文本的下标 |
| super | 垂直对齐文本的上标 |
| top | 将支持 valign 特性的对象的内容与对象顶端对齐 |
| text-top | 将支持 valign 特性的对象的文本与对象顶端对齐 |
| middle | 将支持 valign 特性的对象的内容与对象中部对齐 |
| bottom | 将支持 valign 特性的对象的文本与对象底端对齐 |
| text-bottom | 将支持 valign 特性的对象的文本与对象顶端对齐 |
| length | 由浮点数字或单位标识符组成的长度值或者百分数，可为负数。定义由基线算起的偏移量，基线对于数值来说为 0，对于百分数来说就是 0 |

实例 9.4：比较图片的不同垂直对齐方式的显示效果 ( 案例文件：ch09\9.4.html)

```
<!DOCTYPE html>
<html>
<head>
<title>图片垂直对齐</title>
```

```
<style>
img{
    max-width:100px;
}
</style>
</head>
<body>
<p>垂直对齐方式:baseline<img src=02.
jpg style="vertical-align:baseline"></
```

```
p>
    <p>垂直对齐方式:bottom<img src=02.jpg
style="vertical-align:bottom"></p>
    <p>垂直对齐方式:middle<img src=02.jpg
style="vertical-align:middle"></p>
    <p>垂直对齐方式:sub<img  src=02.jpg
style="vertical-align:sub"></p>
    <p>垂直对齐方式:super<img src=02.jpg
style="vertical-align:super"></p>
    <p>垂直对齐方式:数值定义<img  src=02.
jpg style="vertical-align:20px"></p>
    </body>
    </html>
```

运行效果如图 9-4 所示。可以看到，网页显示了 6 张图片，垂直方向上分别是 baseline、bottom、middle、sub、super 和 数值对齐。

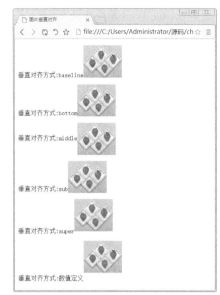

图 9-4　实例 9.4 的运行效果（设置图片纵向对齐）

> **提示：** 仔细观察图片和文字的不同对齐方式，可以深刻理解各种垂直对齐方式的不同之处。

## 9.1.3　文字环绕图片

在网页中进行排版时，可以将文字设置成环绕图片的形式，即文字环绕。在 CSS3 中，可以使用 float 属性定义文字环绕图片效果。float 属性主要定义元素在哪个方向浮动，一般情况下这个属性应用于图像，使文本围绕在图像周围。float 属性的语法格式如下：

```
float : none | left |right
```

其中 none 表示默认值，对象不漂浮。left 表示文本流向对象的右边，right 表示文本流向对象的左边。

**实例 9.5：文字环绕图片显示效果 ( 案例文件：ch09\9.5.html)**

```
<!DOCTYPE html>
<html>
<head>
<title>文字环绕图片</title>
<style>
img{
```
```
        max-width:250px;       /*设置图片的最
大宽度*/
        float:left;            /*设置图片浮动
居左显示*/
    }
    </style>
    </head>
    <body>
    <p>
    美丽的长寿花。
    <img src="03.jpg">
```

长寿花是一种多肉植物，花色很多。开花时，花团锦簇，非常具有观赏价值。长寿花寓意 "大吉大利、长命百岁"，非常适合家庭养殖和赠送亲朋好友。种植长寿花很简单，但是养护却需要下一定的功夫。

长寿花不喜欢高温和低温，最适宜的温度是 15～25℃，高于 30℃时进入半休眠期，低于 5℃

时停止生长，0℃以下容易冻死。因此，长寿花要顺利越冬，一定要注意保暖，尤其不能经霜打，否则很容易被冻死。

长寿花非常喜欢阳光，每天的光照不低于三个小时，长寿花才能够生长健壮。有时候在室内也能生长，但是长寿花会变得茎细、叶薄，开花少，颜色比较淡，如果长期不接受阳光的照射，还有可能不开花。因此，家庭养殖长寿花时应给予充足的光照，夏季可以适当遮阴。

```
</p>
</body>
</html>
```

运行效果如图 9-5 所示。可以看到，图片被文字所环绕，并在文字的左方显示。如果将 float 属性的值设置为 right，图片会在文字右方显示并环绕，如图 9-6 所示。

图 9-5　实例 9.5 的图片在文字左侧环绕效果　　图 9-6　实例 9.5 的图片在文字右侧环绕效果

### 9.1.4　图片与文字的间距

如果需要设置图片和文字之间的距离，即图片与文字之间存在一定间距，不是紧紧地环绕。可以使用 CSS3 中的 padding 属性来设置，其语法格式如下：

```
padding :padding-top | padding-right | padding-bottom | padding-left
```

其中参数值 padding-top 用来设置距离顶部的内边距，padding-right 用来设置距离右侧的内边距，padding-bottom 用来设置距离底部的内边距，padding-left 用来设置距离左侧的内边距。

**实例 9.6：** 图片与文字的间距设置 ( 案例文件：ch09\9.6.html)

```
<!DOCTYPE html>
<html>
<head>
<title>图片与文字的间距设置</title>
<style>
img{
    max-width:250px;
/*设置图片的最大宽度*/
    float:left;
```

```
/*设置图片的居中方式*/
        padding-top:10px;
/*设置图片距离顶部的内边距*/
        padding-right:50px;
/*设置图片距离右侧的内边距*/
        padding-bottom:10px;
/*设置图片距离底部的内边距*/
    }
    </style>
</head>
<body>
<p>
美丽的长寿花。
<img src="03.jpg">
```

长寿花是一种多肉植物，花色很多。开花时，花团锦簇，非常具有观赏价值。长寿花寓意"大吉大利、长命百岁"，非常适合家庭养殖和赠送亲朋好友。种植长寿花很简单，但是养护却需要下一定的功夫。

长寿花不喜欢高温和低温，最适宜的温度是15~25℃，高于30℃时进入半休眠期，低于5℃时停止生长，0℃以下容易冻死。因此，长寿花要顺利越冬，一定要注意保暖，尤其不能经霜打，否则很容易被冻死。

长寿花非常喜欢阳光，每天的光照不低于三个小时，长寿花才能够生长健壮。有时候在室内也能生长，但是长寿花会变得茎细、叶薄，开花少，颜色比较淡，如果长期不接受阳光的照射，还有可能不开花。因此，家庭养殖长寿花时应给予充足的光照，夏季可以适当遮阴。

```
</p>
</body>
</html>
```

运行效果如图9-7所示。可以看到，图片被文字所环绕，并且文字和图片右边间距为50像素，上下各为10像素。

图 9-7　实例 9.6 的运行效果（设置图片和文字边距）

## 9.2　为图片添加圆角边框样式

在 CSS3 标准出台之前，如果想要实现圆角效果，需要花费很大的精力。在 CSS3 标准推出之后，网页设计者可以使用 border-radius 轻松实现圆角效果。

在 CSS3 中，可以使用 border-radius 属性定义边框的圆角效果，从而大大降低了圆角开发成本。border-radius 的语法格式如下：

```
border-radius: none | <length>{1,4} [ / <length>{1,4} ]?
```

其中，none 为默认值，表示元素没有圆角。<length> 表示由浮点数字或单位标识符组成的长度值，不可为负值。border-radius 属性可以包含两个参数值：第一个参数表示圆角的水平半径，第二个参数表示圆角的垂直半径，两个参数通过斜线隔开。如果仅含一个参数值，则第二个值与第一个值相同，表示的是一个1/4的圆。如果参数值中包含0，则这个值就是矩形，不会显示为圆角。

通过外半径和边框宽度的不同设置，可以绘制出不同形状的内边框。例如绘制内直角、小内圆角、大内圆角和圆。

实例 9.7：为网页图片指定不同种类的圆角边框效果 ( 案例文件：ch09\9.7.html)

```
<!DOCTYPE html>
<html>
<head>
<title>不同种类的圆角边框效果</title>
<style>
.pic1{
    border:70px solid blue;
    height:100px;
    border-radius:40px;
    }
.pic2{
    border:10px solid blue;
    height:100px;
    border-radius:40px;
    }
.pic3{
    border:10px solid blue;
    height:100px;
    border-radius:60px;
    }
.pic4{
    border:5px solid blue;
    height:200px;
    width:200px;
    border-radius:50px;
    }
</style>
</head>
<body>
<img src="images/09.jpg"
```

```
class="pic1"/><br />
    <img src="images/10.jpg"
class="pic2"/><br />
    <img src="images/11.jpg"
class="pic3"/><br />
    <img src="images/12.jpg"
class="pic4"/>
    </body>
    </html>
```

运行效果如图 9-8 所示。可以看到，网页中第一个边框内角为直角，第二个边框内角为小圆角，第三个边框内角为大圆角，第四个边框为圆。

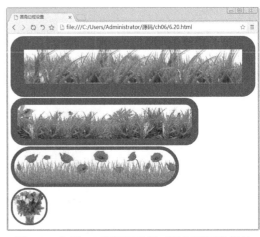

图 9-8　实例 9.7 的运行效果（绘制不同种类的圆角边框）

## 9.3　设计链接的样式

一般情况下，网页中的链接由 <a></a> 标记组成，链接的载体可以是文字或图片。添加了链接的文字具有自己的样式，可以与其他文字区别，其默认链接样式为蓝色文字，有下划线。不过，通过 CSS3 属性，可以修饰链接样式，以达到美观的目的。

### 9.3.1　设置链接样式

使用类型选择器 a 可以很容易设置链接的样式，CSS3 为 a 元素提供了 4 个状态伪类选择器来定义链接样式，如表 9-2 所示。

表 9-2　状态伪类选择器

| 名　称 | 说　明 |
| --- | --- |
| a: link | 链接默认的样式 |
| a:visited | 链接已被访问过的样式 |
| a: hover | 鼠标在链接上的样式 |
| a: active | 点击链接时的样式 |

> **提示**：如果要定义未被访问超级链接的样式，可以通过 a:link 来实现；如果要设置被访问过的链接样式，可以通过定义 a:visited 来实现；如果要定义悬浮和激活时的样式，可以通过 hover 和 active 来实现。

伪类只是提供一种途径，用来修饰链接，而对链接真正起作用的，还是文本、背景和边框等属性。

## 实例 9.8：创建具有图片链接样式的网页（案例文件：ch09\9.8.html）

在网上购物，购买者首先查看物品图片，如果满意，则单击图片进入详细信息介绍页面，在这些页面中通常都是图片作为链接对象。下面就创建一个具有图片链接样式的网页。

**01** 创建一个 HTML5 页面，包括图片和介绍信息。

```
<!DOCTYPE html>
<html>
<head>
<title>图片链接样式</title>
</head>
<body>
<p>
<a href="#" title="单击图片，进入详细介绍页面"><img src=images/m1.jpg></a>
    雪莲是一种珍贵的中药，在中国的新疆、西藏、青海、四川、云南等地都有出产。中医将雪莲花全草入药，主治雪盲、牙痛等病症。此外，中国民间还有用雪莲花泡酒来治疗风湿性关节炎的方法，不过，由于雪莲花中含有有毒成分秋水仙碱，所以用雪莲花泡的酒切不可多服。
</p>
</body>
</html>
```

**02** 添加 CSS 代码，修饰图片和段落，具体代码如下：

```
<style>
```

```
img{
    width:200px;
/*设置图片的宽度*/
    height:180px;
/*设置图片的高度*/
    border:1px solid #ffdd00;
/*设置图片的边框和颜色*/
    float:left;
/*设置图片的环绕方式为文字在图片右边*/
    }
p{
    font-size:20px;
/*设置文字的大小*/
    font-family:"黑体";
/*设置字体为黑体*/
    text-indent:2em;
/*设置文本首行缩进*/
    }
</style>
```

**03** 运行效果如图 9-9 所示。将鼠标放置在图片上，可以看到鼠标指针变成了小手形状，这就说明图片链接添加完成。

图 9-9　实例 9.8 的运行效果（设置图片链接样式）

## 9.3.2　定义下划线样式

定义下划线样式的方法有多种。常用的有三种，分别是：使用 text-decoration 属性，使用 border 属性，以及使用 background 属性。

例如在下面的代码中取消了默认的 text-decoration:underline 下划线，使用 border-bottom:1px dotted #000 底部边框点钱来模拟下划线样式。当鼠标停留在链接上或激活链接时，这条线变成实线，从而为用户提供更强的视觉反馈。代码如下：

```
a:link,a:visited{
    text-decoration:none;
    border-bottom:1px dotted #000;
}
a:hover,a:active{
    border-bottom-style:solid;
}
```

## 实例 9.9：定义网页链接下划线的样式 ( 案例文件：ch09\9.9.html)

```
<!DOCTYPE html>
<html>
<head>
<title>定义下划线样式</title>
<style type="text/css">
body {
    font-size:23px;
}
a {
    text-decoration:none;
    color:#666;
}
a:hover {
    color:#f00;
    font-weight:bold;
}

.underline1 a {
    text-decoration:none;
}
.underline1 a:hover {
    text-decoration:underline;
}

.underline2 a {
        border-bottom:dashed 1px red;
/* 红色虚下划线效果 */
        zoom:1;          /* 解决IE浏览器无
法显示问题 */
    }
    .underline2 a:hover {
        border-bottom:solid 1px #000;
/* 改变虚下划线的颜色 */
    }
</style>
</head>
<body>
```

```
<h2>设计下划线样式</h2>
<ol>
    <li class="underline1">
            <p>使用text-decoration属性定
义下划线样式</p>
        <ul>
            <li><a href="#">首页</
a></li>
            <li><a href="#">论坛</
a></li>
            <li><a href="#">博客</
a></li>
        </ul>
    </li>
    <li class="underline2">
            <p>使用border属性定义下划线样
式</p>
        <ul>
            <li><a href="#">首页</
a></li>
            <li><a href="#">论坛</
a></li>
            <li><a href="#">博客</
a></li>
        </ul>
    </li>
</ol>
</body>
</html>
```

运行效果如图 9-10 所示。将鼠标放置在链接文本上，可以看到其下划线的样式。

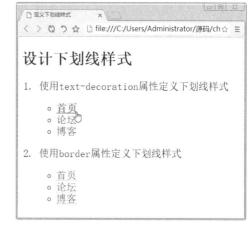

图 9-10　实例 9.9 的运行效果（定义下划线样式）

### 9.3.3　定义链接背景图

　　一个普通超级链接，要么是文本显示，要么是图片显示，显示样式很单一。此时可以将图片作为背景图添加到链接里，这样链接会更加精美。使用 background-image 属性可以为超级链接添加背景图片。

实例 9.10：定义网页链接背景图 ( 案例文件：ch09\9.10.html)

```
<!DOCTYPE html>
<html>
<head>
<title>设置链接的背景</title>
<style>
body{
    font-size:20px;
}
a{
    background-image:url(images/
m2.jpg);  /* 添加链接的背景图*/
    width:90px;
    height:30px;
    color:#005799;
    text-decoration:none;
}
a:hover{
    background-image:url(images/
m3.jpg);  /* 添加链接的背景图*/
    color:#006600;
    text-decoration:underline;
}
</style>
```

```
</head>
<body>
<a href="#">品牌特卖</a>
<a href="#">服饰精选</a>
<a href="#">食品保健</a>
</body>
</html>
```

运行效果如图 9-11 所示。可以看到，页面中显示了三个链接，当鼠标停留在一个超级链接上时，其背景图就会显示绿色并带有下划线，而当鼠标不在超级链接上时，背景图显示黄色，并且不带下划线，从而实现超级链接动态菜单效果。

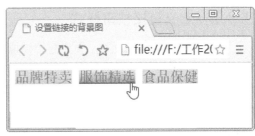

图 9-11　实例 9.10 的运行效果（设置链接背景图）

> 提示：在上面的代码中，使用 background-image 引入背景图，text-decoration 设置超级链接是否具有下划线。

### 9.3.4　定义链接提示信息

在网页中，一个链接并不能说明这个链接背后的含义，通常还要为这个链接加上一些介绍性信息，即提示信息。此时可以通过链接 a 提供的描述属性 title 达到这个效果。title 属性的值就是提示内容，当鼠标光标停留在链接上时，就会出现提示内容，并且不会影响页面排版。

实例 9.11：定义网页链接提示内容 ( 案例文件：ch09\9.11.html)

```
<!DOCTYPE html>
<html>
<head>
<title>链接提示内容</title>
<style>
a{
    color:#005799;
    text-decoration:none;
}
a:link{
    color:#545454;
    text-decoration:none;
}
```

```
a:hover{
    color:#f60;
    text-decoration:underline;
}
a:active{
    color:#FF6633;
    text-decoration:none;
}
</style>
</head>
<body>
<a  href=""  title="这是一个优秀的团队
">了解我们</a>
</body>
</html>
```

运行效果如图 9-12 所示。可以看到，当

鼠标停留在超级链接上方时，显示颜色为黄色，带有下划线，并且有一个提示信息"这是一个优秀的团队"。

图 9-12　实例 9.11 的运行效果（设置链接提示信息）

### 9.3.5　定义链接按钮样式

有时为了增强链接效果，会将链接模拟成表单按钮，即当鼠标指针移到一个链接上时，链接的文本或图片就会像被按下一样，有一种凹陷的效果。其实现方式通常是利用 CSS3 中的 a:hover 伪类，当鼠标经过链接时，将链接向下、向右各移动一个像素，这时显示效果就像按钮被按下的效果。

实例 9.12：定义网页链接为按钮效果 ( 案例文件：ch09\9.12.html)

```html
<!DOCTYPE html>
<html>
<head>
<title>设置链接的按钮效果</title>
<style>
a{
    font-family:"幼圆";
    font-size:2em;
    text-align:center;
    margin:3px;
}
a:link,a:visited{
    color:#ac2300;
    padding:4px 10px 4px 10px;
    background-color:#CCFFFF;;
    text-decoration:none;
    border-top:1px solid #EEEEEE;
    border-left:1px solid #EEEEEE;
        border-bottom:1px solid
#717171;
    border-right:1px solid #717171;
}
```

```html
a:hover{
    color:#821818;
    padding:5px 8px 3px 12px;
    background-color:#FFFF99;
    border-top:1px solid #717171;
    border-left:1px solid #717171;
        border-bottom:1px solid
#EEEEEE;
    border-right:1px solid #EEEEEE;
}
</style>
</head>
<body>
<a href="#">首页</a>
<a href="#">团购</a>
<a href="#">品牌特卖</a>
<a href="#">服饰精选</a>
<a href="#">食品保健</a>
</body>
</html>
```

运行效果如图 9-13 所示。可以看到，网页中显示了五个链接，当鼠标停留在一个链接上时，其背景色显示黄色并具有凹陷的感觉，而当鼠标不在链接上时，背景图显示浅蓝色。

图 9-13　实例 9.12 的运行效果（设置链接为按钮效果）

> **提示**：上面的 CSS 代码中，需要对 <a> 标记进行整体控制，同时加入了 CSS3 的两个伪类属性。对于普通链接和单击过的链接采用同样的样式，并且将边框的样式模拟成按钮效果。而对于鼠标指针经过时的链接，相应地改变文本颜色、背景色、位置和边框，从而模拟按下的效果。

## 9.4　设计菜单的样式

使用 CSS3 可以设置不同显示效果的菜单样式。

### 9.4.1　制作动态导航菜单

在使用 CSS3 制作导航条和菜单之前，需要将 list-style-type 的属性值设置为 none，即去掉列表前的项目符号。下面制作一个动态导航菜单。

> **实例 9.13：制作网页动态导航菜单 (案例文件 ch09\9.13.html)**

下面一步步来分析动态导航菜单是如何设计的。

**01** 创建 HTML 文档，添加一个无序列表，列表中的选项表示各个菜单。具体代码如下：

```
<!DOCTYPE html>
<html>
<head>
<title>动态导航菜单</title>
</head>
<body>
<div>
  <ul>
  <li><a href="#">网站首页</a></li>
  <li><a href="#">产品大全</a></li>
  <li><a href="#">下载专区</a></li>
  <li><a href="#">购买服务</a></li>
  <li><a href="#">服务类型</a></li>
  </ul>
</div>
</body>
</html>
```

上面代码中，创建一个 div 层，在层中放置了一个 ul 无序列表，列表中的各个选项就是将来所使用的菜单，运行效果如图 9-14 所示。可以看到页面上显示了一个无序列表，每个选项带有一个实心圆。

图 9-14　实例 9.13 的第 1 步运行效果
（显示项目列表）

**02** 利用 CSS 相关属性，对 HTML 中元素进行修饰，例如 div 层、ul 列表和 body 页面。代码如下：

```
<style>
<!--
body{
    background-color:#84BAE8;
}
div {
    width:200px;
    font-family:"黑体";
}
div ul {
    list-style-type:none;        /*将
项目符号设置为不显示*/
    margin:0px;
    padding:0px;
}
-->
</style>
```

运行效果如图 9-15 所示。可以看到，项目列表变成一个普通的超级链接列表，无项目符号并带有下划线。

图 9-15　实例 9.13 的第 2 步运行效果
（设置链接列表）

**03** 使用 CSS3 对列表中的各个选项进行修饰，例如去掉超级链接下的下划线，并增加 li 标签下的边框线，从而增强菜单的实际效果。

```
div li {
    border-bottom:1px solid #ED9F9F;

}
div li a{
    display:block;
padding:5px 5px 5px 0.5em;
    text-decoration:none;
/*设置文本不带下划线*/
    border-left:12px solid #6EC61C;
/*设置左边框样式*/
    border-right:1px solid #6EC61C;
/*设置右边框样式*/
    }
```

运行效果如图 9-16 所示。可以看到，每个选项中超级链接的左方显示了蓝色条，右方显示的蓝色线。每个链接下方显示一个黄色边框。

图 9-16　实例 9.13 的第 3 步运行效果
（设置导航菜单）

**04** 使用 CSS3 设置动态菜单效果，即当鼠标悬浮在导航菜单上，显示另外一种样式，具体的代码如下：

```
div li a:link, div li a:visited{
    background-color:#F0F0F0;
    color:#461737;
}
div li a:hover{
    background-color:#7C7C7C;
    color:#ffff00;
}
```

上面代码设置了鼠标链接样式、访问后样式和悬浮时的样式，运行效果如图 9-17 所示。可以看到，鼠标悬浮在菜单上时，会显示灰色条。

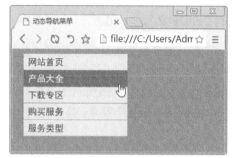

图 9-17　实例 9.13 的第 4 步运行效果（设置动态
导航菜单）

在实际网页设计中，根据题材或业务需求不同，垂直导航菜单有时不能满足要求，这时就需要水平显示导航菜单。例如常见的百度首页，其导航菜单就是水平显示。通过 CSS3 属性，不但可以创建垂直导航菜单，还可以创建水平导航菜单。

上面的例子可以继续优化，利用 CSS 属性 float 将菜单列表设置为水平显示，代码如下所示。

```
div li {
    border-bottom:1px solid #ED9F9F;
    float:left;
    width:150px;
}
```

当 float 属性值为 left 时，导航栏为水平显示。最终运行结果如图 9-18 所示。

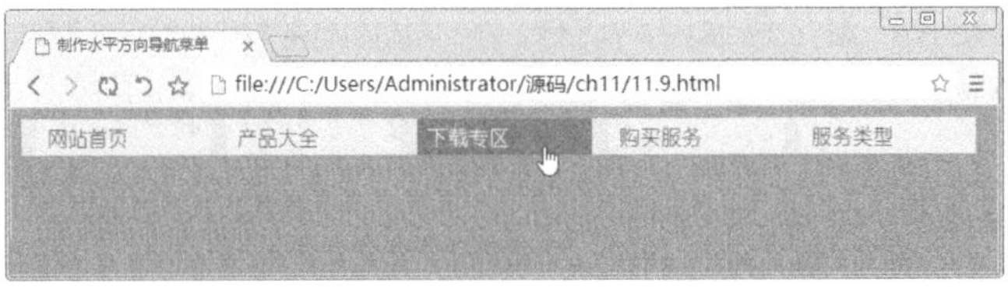

图 9-18 实例 9.13 的最终运行效果（设置水平显示导航栏）

## 9.4.2 制作多级菜单列表

多级下拉菜单在企业网站中应用比较广泛，其优点是在导航结构繁多的网站中使用会很方便，可节省版面。下面就来制作一个简单的多级菜单列表。

实例 9.14: 制作多级菜单列表 ( 案例文件: ch09\9.14.html)

01 创建 HTML5 网页，搭建网页基本结构，代码如下：

```
<!DOCTYPE html>
<html>
<head>
<title>多级菜单</title>
</head>
<body>
<div class="menu">
    <ul>
        <li><a href="#">女装</a>
            <ul>
                <li><a href="#">半身裙</a></li>
                <li><a href="#">连衣裙</a></li>
                <li><a href="#">沙滩裙</a></li>
            </ul>
        </li>
        <li><a href="#">男装</a>
            <ul>
                <li><a href="#">商务装</a></li>
                <li><a href="#">休闲装</a></li>
                <li><a href="#">运动装</a></li>
            </ul>
        </li>
        <li><a href="#">童装</a>
            <ul>
                <li><a href="#">女童装</a></li>
                <li><a href="#">男童装</a></li>
            </ul>
        </li>
```

```
        <li><a href="#">童鞋</a>
            <ul>
                <li><a href="#">女童鞋</a></li>
                <li><a href="#">男童鞋</a></li>
                <li><a href="#">运动鞋</a></li>
            </ul>
        </li>
    </ul>
    <div class="clear"> </div>
</div>
</body>
</html>
```

02 定义网页的 menu 容器样式，并定义一级菜单中的列表样式。代码如下：

```
<style type="text/css">
.menu {
    font-family: arial, sans-serif;
/*设置字体类型*/
    width:440px;
    margin:0;
}
.menu ul {
    padding:0;
    margin:0;
    list-style-type: none;
/*不显示项目符号*/
}
.menu ul li {
    float:left;
/* 列表横向显示*/
    position:relative;
}
</style>
```

以上代码定义了一级菜单的样式，其中 <li> 标签通过 "float:left;" 语句使原本竖向显示的列表项横向显示，并用 "position:

"relative"语句相对定位，定位包含框。这样包含的二级列表结构可以当前列表项目作为参照进行定位。

**03** 设置一级菜单中的 <a> 标签的样式和 <a> 标签在已访问过和鼠标悬停时的样式。代码如下：

```
.menu ul li a, .menu ul li a:visited
{
    display:block;
    text-align:center;
    text-decoration:none;
    width:104px;
    height:30px;
    color:#000;
    border:1px solid #fff;
    border-width:1px 1px 0 0;
    background:#5678ee;
    line-height:30px;
    font-size:14px;
}
.menu ul li:hover a {
    color:#fff;
}
```

在以上代码中，首先定义 a 为块级元素，"border:1px solid #fff;"语句虽然定义了菜单项的边框样式，但由于"border-width:1px 1px 0;"语句的作用，所以在这里只显示上边框和右边框，下边框和左边框由于宽度为 0，所以不显示任何效果。程序运行效果如图 9-19 所示。

图 9-19 实例 9.14 的第 3 步运行效果（修饰二级菜单）

**04** 设置二级菜单样式。代码如下：

```
.menu ul li ul {
    display: none;
}
.menu ul li:hover ul {
```

```
    display:block;
    position:absolute;
    top:31px;
    left:0;
    width:105px;
}
```

在浏览器中预览效果如图 9-20 所示。在以上代码中，首先定义了二级菜单的 <ul> 标签样式，语句"display: none;"的作用是将其所有内容隐藏，并且使其不再占用文档的空间，然后定义一级菜单中 <li> 标签的伪类，当鼠标经过一级菜单时，二级菜单开始显示。

图 9-20 实例 9.14 的第 4 步运行效果（修改二级菜单鼠标经过效果）

**05** 设置二级菜单的链接样式和鼠标悬停时的效果。代码如下：

```
.menu ul li:hover ul li a {
    display:block;
    background:#ff4321;
    color:#000;
}
.menu ul li:hover ul li a:hover {
    background:#dfc184;
    color:#000;
}
```

在浏览器中预览效果如图 9-21 所示。在以上代码中，设置了二级菜单的背景色、字体颜色，以及鼠标悬停时的背景色、字体颜色。至此，就完成了多级菜单的制作。

图 9-21 实例 9.14 的第 5 步运行效果（修改链接样式与鼠标经过效果）

## 9.5 新手常见疑难问题

▌疑问 1：在进行图文排版时，哪些是必须要做的？

在进行图文排版时，通常有下面 5 个方面需要网页设计者考虑。

- 首行缩进：段落的开头应该空两格，HTML 中空格键不起作用。当然，可以用 "nbsp;" 来代替一个空格，但这不是理想的方式，可以用 CSS3 的首行缩进，其大小为 2em。
- 图文混排：在 CSS3 中，可以用 float 属性定义元素在哪个方向浮动。这个属性经常应用于图像，使文本围绕在图像周围。
- 设置背景色：设置网页背景，增加效果。此内容会在后面介绍。
- 文字居中：可以用 CSS3 的 text-align 属性设置文字居中。
- 显示边框：可使用 border 属性为图片添加一个边框。

▌疑问 2：设置文字环绕时，float 元素为什么失去作用？

很多浏览器在显示未指定 width 的 float 元素时会出现错误，所以不管 float 元素的内容如何，一定要为其指定 width 属性。

▌疑问 3：如何设置链接的下划线根据需要自动隐藏或显示？

很多设计师不喜欢链接的下划线，因为下划线让页面看上去比较乱。如果去掉链接的下划线，可以让链接文字显示为粗体，这样链接文本看起来会很醒目。代码如下：

```
a:link,a:visited{
    text-decoration:none;
    font-weight:bold;
}
```

当鼠标停留在链接上或激活链接时，可以重新应用下划线，从而增强交互性，代码如下：

```
a:hover,a:active{
    text-decoration:underline;
}
```

## 9.6 实战技能训练营

▌实战 1：设计一个图文混排网页

在一个网页中，出现最多的就是文字和图片，二者放在一起，图文并茂，能够生动地表达新闻主题。运行结果如图 9-22 所示。

图 9-22　实战 1 要实现的图文混排网页

## 实战 2：设计一个房产宣传页面

结合前面学习的边框样式知识，创建一个简单的房产宣传页面，运行结果如图 9-23 所示。

图 9-23　实战 2 要实现的房产宣传页面

## 实战 3：模拟制作 SOSO 导航栏

结合前面学习的菜单样式的知识，创建一个 SOSO 导航栏页面，运行结果如图 9-24 所示。

图 9-24　实战 3 要制作的 SOSO 导航栏

# 第10章　设计表格和表单的样式

## 本章导读

　　表格是网页的常见元素，通常用来显示数据，还可以用来排版。与表格一样，表单也是网页比较常见的对象，表单作为客户端和服务器交流的接口，当用户提交表单之后，服务器就可以获取客户端的信息。表单设计的主要目的是让表单更美观、更好用，从而提升用户的交互体验。本章就来介绍使用 CSS3 设计表格和表单样式的基本方法和应用技巧。

## 知识导图

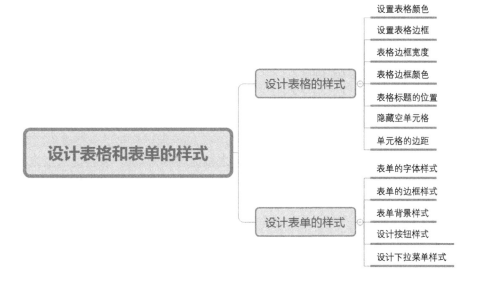

# 10.1 设计表格的样式

使用表格排版网页，可以使网页更美观，条理更清晰，更易于维护和更新。CSS 表格样式包括表格边框宽度、表格边框颜色、表格边框样式、表格背景、单元格背景等效果，以及如何使用 CSS 控制表格显示特性等。

## 10.1.1 设置表格颜色

表格颜色包括背景色与前景色，CSS 使用 color 属性来设置表格文本的颜色。表格文本颜色也称为前景色。可使用 background-color 属性来设置表格、行、列或单元格的背景颜色。

实例 10.1: 定义表格背景色与文本颜色（案例文件：ch10\10.1.html）

```
<!DOCTYPE html>
<html>
<head>
    <meta charset="UTF-8">
        <title>定义表格背景色与前景色</title>
    <style type="text/css">
        table{
                        background-
color:#CCFFFF;  /*设置表格背景颜色*/
                        color:#FF0000;
/*设置表格文本颜色*/
        }
    </style>
</head>
<body>
<h3>学生信息表</h3>
<table width="400" border="1">
/*设置表格宽度*/
    <tr>
        <th>学号</th>
        <th>姓名</th>
        <th>专业</th>
    </tr>
    <tr>
        <td>202101</td>
        <td>王尚宇</td>
        <td>临床医学</td>
    </tr>
    <tr>
        <td>202102</td>
        <td>张志成</td>
        <td>土木工程</td>
    </tr>
    <tr>
        <td>202103</td>
```

```
        <td>李雪</td>
        <td>护理学</td>
    </tr>
    <tr>
        <td>202105</td>
        <td>李尚旺</td>
        <td>临床医学</td>
    </tr>
    <tr>
        <td>202106</td>
        <td>石浩宇</td>
        <td>中医药学</td>
    </tr>
</table>
</body>
</html>
```

运行效果如图 10-1 所示。在上述代码中，用 <table> 标记创建了一个表格，同时设置表格的宽度为 400，表格的边框宽度为 1。这里没有设置单位，默认为 px。使用 <tr> 和 <td> 标记创建了一个 6 行 3 列的表格，并使用 CSS 设置了表格背景颜色和字体颜色。

| 学号 | 姓名 | 专业 |
|---|---|---|
| 202101 | 王尚宇 | 临床医学 |
| 202102 | 张志成 | 土木工程 |
| 202103 | 李雪 | 护理学 |
| 202104 | 李尚旺 | 临床医学 |
| 202105 | 石浩宇 | 中医药学 |

学生信息表

图 10-1 实例 10.1 的运行效果（设置表格背景色与字体颜色）

## 10.1.2　设置表格边框

表格在显示数据时，通常都带有表格边框，用来界定不同单元格的数据。当 table 的描述标记 border 的值大于 0，显示边框，如果 border 的值为 0，则不显示边框。当 border 的值大于 0 时，可以使用 CSS3 的 border-collapse 属性来对边框进行修饰，其语法格式为：

```
border-collapse : separate | collapse
```

其中 separate 是默认值，表示边框会被分开，不会忽略 border-spacing 和 empty-cells 属性。collapse 属性表示边框会合并为一个单一的边框，会忽略 border-spacing 和 empty-cells 属性。

**实例 10.2：制作一个家庭季度支出表 ( 案例文件：ch10\10.2.html)**

```
<!DOCTYPE html>
<html>
<head>
<title>家庭季度支出表</title>
<style>
<!--
.tabelist{
    border:1px solid #429fff;
/*表格边框*/
    font-family:"宋体";
    border-collapse:collapse;
/*边框重叠*/
}
.tabelist caption{
    padding-top:3px;
    padding-bottom:2px;
    font-weight:bolder;
    font-size:15px;
    font-family:"幼圆";
    border:2px solid #429fff;      /*
表格标题边框 */
}
.tabelist th{
    font-weight:bold;
    text-align:center;
}
.tabelist td{
    border:1px solid #429fff;
/* 单元格边框*/
    text-align:right;
    padding:4px;
}
</style>
</head>
<body>
<table class="tabelist">
    <caption class="tabelist">2020年
第3季度</caption>
    <tr>
      <th>月份</th>
    <th>07月</th>
    <th >08月</th>
    <th>09月</th>
    </tr>
    <tr>
    <td>收入</td>
    <td>8000元</td>
    <td>9000元</td>
    <td>7500元</td>
    </tr>
    <tr>
    <td>吃饭</td>
    <td>600元</td>
    <td>570元</td>
    <td>650元</td>
    </tr>
    <tr>
    <td>购物</td>
    <td>1000元</td>
    <td>800元</td>
    <td>900元</td>
    </tr>
    <tr>
    <td>买衣服</td>
    <td>300元</td>
    <td>500元</td>
    <td>200元</td>
    </tr>
    <tr>
    <td>看电影</td>
    <td>85元</td>
    <td>100元</td>
    <td>120元</td>
    </tr>
    <tr>
    <td>买书</td>
    <td>120元</td>
    <td>67元</td>
    <td>90元</td>
    </tr>
</table>
</body>
</html>
```

运行效果如图 10-2 所示。可以看到，表格带有边框，边框宽带为 1 像素。表格标题"2020 年第 3 季度"也带有边框，字体大小为 15 像素并加粗。表格中每个单元格都以 1 像素显示边框，并将显示对象右对齐。

图 10-2　实例 10.2 的运行效果（设置表格边框样式）

### 10.1.3　表格边框宽度

在 CSS3 中，用户可以使用 border-width 属性来设置表格边框宽度，从而美化边框宽度。如果需要单独设置某一个边框宽度，可以使用 border-width 的衍生属性，例如 border-top-width 和 border-left-width 等。

**实例 10.3：制作表格并设置边框宽度 ( 案例文件：ch10\10.3.html)**

```
<!DOCTYPE html>
<html>
<head>
<title>表格边框宽度</title>
<style>
table{
    text-align:center;
    width:500px;
    border-width:3px;
    border-style:double;
    color: blue;
    font-size:22px;
}
td{
    border-width:2px;
    border-style:dashed;
    }
</style>
</head>
<body>
<table border=1 cellspacing="3"
cellpadding="0">
    <tr>
      <td>姓名</td>
      <td>性别</td>
      <td>年龄</td>
    </tr>
    <tr>
      <td>王俊丽</td>
```

```
      <td>女</td>
      <td>31</td>
    </tr>
    <tr>
      <td>李煜</td>
      <td>男</td>
      <td>28</td>
    </tr>
    <tr>
      <td>胡明月</td>
      <td>女</td>
      <td>22</td>
    </tr>
</table>
</body>
</html>
```

运行效果如图 10-3 所示。可以看到，表格带有边框，宽度为 3 像素，双线式示；表格中的字体颜色为蓝色。单元格边框宽度为 3 像素，显示样式是破折线。

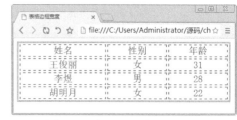

图 10-3　实例 10.3 的运行效果

（设置表格边框宽度）

## 10.1.4 表格边框颜色

表格边框的颜色设置非常简单，通常可以使用 CSS3 属性 color 来设置表格中文本的颜色，使用 background-color 设置表格背景色。为了突出表格的某一个单元格，还可以使用 background-color 设置单元格的颜色。

实例 10.4：制作表格边框与单元格的颜色（案例文件：ch10\10.4.html）

```
<!DOCTYPE html>
<html>
<head>
<title>设置表格边框颜色</title>
<style>
*{
  padding:0px;
  margin:0px;
}
body{
      font-family:"黑体";
      font-size:20px;
}
table{
background-color:yellow;
text-align:center;
width:500px;
border:2px solid green;
}
td{
    border:2px solid green;
    height:30px;
    line-height:30px;
}
.tds{
    background-color:#CCFFFF;
    }
</style>
</head>
<body>
<table   cellspacing="3"
```

```
cellpadding="0">
    <tr>
      <td>姓名</td>
      <td class=tds>性别</td>
      <td>年龄</td>
    </tr>
    <tr>
      <td>张三</td>
      <td>男</td>
      <td>32</td>
    </tr>
    <tr>
      <td>小丽</td>
      <td>女</td>
      <td>28</td>
    </tr>
  </table>
</body>
</html>
```

运行效果如图 10-4 所示。可以看到，表格带有边框，边框显示为绿色，表格背景色为黄色，其中一个单元格的背景色为蓝色。

图 10-4　实例 10.4 的运行效果
（设置表格边框颜色）

## 10.1.5 表格标题的位置

使用 CSS3 的 caption-side 属性可以设置表格标题（<caption>标记）显示的位置，用法如下：

```
caption-side:top|bottom
```

其中 top 为默认值，表示标题在表格中靠顶部显示，bottom 表示标题在表格中靠底部显示。

实例 10.5：制作一个表格标题在下方显示的表格（案例文件：ch10\10.5.html）

```
<!DOCTYPE html>
<html>
```

```
<head>
<title>家庭季度支出表</title>
<style>
<!--
.tabelist{
  border:1px solid #429fff;    /*表
```

```
格边框*/
    font-family:"宋体";
    border-collapse:collapse;        /*
边框重叠*/
    }
    .tabelist caption{
    padding-top:3px;
    padding-bottom:2px;
    font-weight:bolder;
    font-size:15px;
    font-family:"幼圆";
    border:2px solid #429fff;        /*
表格标题边框 */
    caption-side:bottom;
    }
    .tabelist th{
    font-weight:bold;
    text-align:center;
    }
    .tabelist td{
    border:1px  solid  #429fff;
/* 单元格边框*/
    text-align:right;
    padding:4px;
    }
</style>
</head>
<body>
<table class="tabelist">
    <caption class="tabelist">2020年
第3季度</caption>
    <tr>
       <th>月份</th>
    <th>07月</th>
    <th >08月</th>
    <th>09月</th>
    </tr>
    <tr>
    <td>收入</td>
    <td>8000元</td>
    <td>9000元</td>
    <td>7500元</td>
    </tr>
    <tr>
    <td>吃饭</td>
    <td>600元</td>
    <td>570元</td>
    <td>650元</td>
```

```
    </tr>
    <tr>
    <td>购物</td>
    <td>1000元</td>
    <td>800元</td>
    <td>900元</td>
    </tr>
    <tr>
    <td>买衣服</td>
    <td>300元</td>
    <td>500元</td>
    <td>200元</td>
    </tr>
    <tr>
    <td>看电影</td>
    <td>85元</td>
    <td>100元</td>
    <td>120元</td>
    </tr>
    <tr>
    <td>买书</td>
    <td>120元</td>
    <td>67元</td>
    <td>90元</td>
    </tr>
</table>
</body>
</html>
```

运行效果如图 10-5 所示。可以看到，表格标题在表格的底部显示。

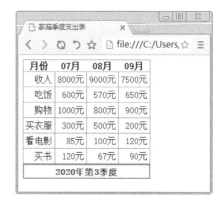

图 10-5　实例 10.5 的运行效果

（表格标题在下方显示）

### 10.1.6　隐藏空单元格

使用 CSS3 的 empty-cells 属性可以设置空单元格的显示方式，用法如下：

```
empty-cells:hide|show
```

其中，hide 表示当表格的单元格无内容时，隐藏该单元格的边，show 表示当表格的单元格无内容时，显示该单元格的边框。

实例 10.6：制作一个表格并隐藏表格中的空单元格 ( 案例文件：ch10\10.6.html)

```
<!DOCTYPE html>
<html>
<head>
    <meta charset="UTF-8">
        <title>隐藏表格中的空单元格</title>
        <style type="text/css">
            table{
                          background-color:#CCFFFF;
                color:#FF0000;
                empty-cells:hide;    /*
隐藏空单元格*/
                border-spacing:5px;
            }
            caption{
            padding:6px;
            font-size:24px;
            color:red;
            th,td{
                    border : blue solid
lpx;
            }
        </style>
</head>
<body>
<h3>学生信息表</h3>
<table width="400" border="1">
    <tr>
        <th>学号</th>
        <th>姓名</th>
        <th>专业</th>
    </tr>
    <tr>
        <td>202101</td>
        <td>王尚宇</td>
        <td>临床医学</td>
    </tr>
    <tr>
        <td>202102</td>
        <td>张志成</td>
```

```
        <td>土木工程</td>
    </tr>
    <tr>
        <td>202103</td>
        <td>李雪</td>
        <td>护理学</td>
    </tr>
    <tr>
        <td>202105</td>
        <td>李尚旺</td>
        <td>临床医学</td>
    </tr>
    <tr>
        <td>202106</td>
        <td>石浩宇</td>
        <td>中医药学</td>
    </tr>
    <tr>
        <td></td>
        <td></td>
        <td align="right"><a href=
"#">影视制作</a></td>
    </tr>
</table>
</body>
</html>
```

运行效果如图 10-6 所示。可以看到，表格中的空单元格的边框已经被隐藏。

图 10-6　实例 10.6 的运行效果

（隐藏表格中的空单元格）

### 10.1.7　单元格的边距

使用 CSS3 的 border-spacing 属性可以设置单元格之间的间距，包括横向和纵向间距。表格不支持使用 margin 来设置单元格的间距。border-spacing 属性的用法如下：

```
border-spacing:length
```

length 的取值可以为一个或两个长度值，如果提供两个值，第一个作用于水平方向的间距，第二个作用于垂直方向的间距。如果只提供一个值，这个值将同时作用于水平方向和垂直方向的间距。

> **注意：** 只有当表格边框独立，即 border-collapse 属性值为 separate 时才起作用。

**实例 10.7：** 制作一个表格并设置单元格的边距（案例文件：ch10\10.7.html）

```html
<!DOCTYPE html>
<html>
<head>
    <meta charset="UTF-8">
    <title>设置单元格的边距</title>
    <style type="text/css">
        table{
                    background-
color:#CCFFFF;
            color:#FF0000;
                    border-spacing:8px
15px;    /*设置单元格的边距*/
        }
    </style>
</head>
<body>
<h3>学生信息表</h3>
<table width="400" border="1">
    <tr>
        <th>学号</th>
        <th>姓名</th>
        <th>专业</th>
    </tr>
    <tr>
        <td>202101</td>
        <td>王尚宇</td>
        <td>临床医学</td>
    </tr>
    <tr>
        <td>202102</td>
        <td>张志成</td>
        <td>土木工程</td>
```

```html
    </tr>
    <tr>
        <td>202103</td>
        <td>李雪</td>
        <td>护理学</td>
    </tr>
    <tr>
        <td>202105</td>
        <td>李尚旺</td>
        <td>临床医学</td>
    </tr>
    <tr>
        <td>202106</td>
        <td>石浩宇</td>
        <td>中医药学</td>
    </tr>
</table>
</body>
</html>
```

运行效果如图 10-7 所示。可以看到，表格中单元格的边框发生了改变。

图 10-7　实例 10.7 的运行效果
（设置单元格的边距）

## 10.2　设计表单的样式

表单可以用来向 Web 服务器发送数据，例如用在主页面上，让用户输入用户名和密码登录到 Web 服务器。在 HTML5 中，常用的表单标记有 form、input、textarea、select 和 option 等。

### 10.2.1　表单的字体样式

表单对象的显示值一般为文本或一些提示性文字，使用 CSS3 修改表单对象的字体样式，能够使表单更加美观。CSS3 没有针对表单字体样式的属性，不过使用 CSS3 的字体样式可以修改表单的字体样式。

实例 10.8：创建一个会员登录页面并设置表单的字体样式 ( 案例文件：ch10\10.8.html)

```html
<!DOCTYPE html>
<html>
<head>
<meta charset="UTF-8">
<title>表单字体样式</title>
<style type="text/css">
#form1 #bold{   /*加粗字体样式*/
  font-weight: bold;
  font-size: 15px;
  font-family:"宋体";
   }

#form1 #blue{    /*蓝色字体样式*/
  font-size: 15px;
  color: #0000ff;
 }

#form1 select{  /*定义下拉菜单字体为红色*/
  font-size: 15px;
  color: #ff0000;
  font-family: verdana,arial;
 }
#form1 textarea {   /*定义文本区域内显
示的字符为蓝色加下划线*/
  font-size: 14px;
  color: #000099;
  text-decoration: underline;
  font-family: verdana, arial;
}
#form1 #submit {   /*定义"登录"按钮的
字体颜色为绿色*/
  font-size: 16px;
  color:green;
  font-family:"黑体";
}
</style>
</head>
<body>
<form name="form1" action="#"
method="post" id="form1">
网站会员登录
<br/>
用户名称
<input maxlength="10" size="10"
value="加粗" name="bold" id="bold">
  <br/>
  用户密码
  <input type="password"
maxlength="12" size="8" name="blue"
id="blue">
  <br>
  选择性别
  <select name="select" size="1">
     <option value="2" selected>男</
option>
     <option value="1">女</option>
  </select>
  <br>
  自我简介
  <br>
  <textarea name="textarea" rows="5"
cols="30" align="right">下划线样式</
textarea>
  <br>
  <input type="submit" value="登录"
name="submit" id="submit">
  <input type="reset" value="取消"
name="reset">
  </form>
  </body>
  </html>
```

运行效果如图 10-8 所示。在上述代码中，用 <form> 标记创建了一个表单，并添加了相应的表单对象，同时设置了表单对象字体样式的显示方法，如名称框显示为加粗，选择列表框的字体为红色，登录按钮的字体为绿色，多行文本框的字体样式为蓝色加下划线显示。

图 10-8　实例 10.8 的运行效果 ( 设置表单的字体样式 )

## 10.2.2　表单的边框样式

表单的边框样式包括边框的显示方式以及各个表单对象之间的间距。在表单设计中，通过重置表单对象的边框和边距，可以让表单与页面更加融合，使表单对象操作起来更加容易。使用 CSS3 的 border 属性可以定义表单对象的边框样式，使用 padding 属性可以调整表单对象的边距大小。

**实例 10.9：制作一个个人信息注册页面（案例文件：ch10\10.9.html）**

```
<!doctype html>
<head>
<meta charset="UTF-8">
<title>个人信息注册页面</title>
<style type=text/css>
body {                    /*定
义网页背景色，并居中显示*/
    background: #CCFFFF;
    margin: 0;
    padding:0;
    font-family: "宋体";
    text-align: center;
}

#form1 {   /*定义表单的边框样式*/
    width:450px;    /*固定表单宽度*/
    background:#fff; /*定义表单背景为白
色*/
    text-align:left; /*表单对象左对齐*/
    padding:12px 32px; /*定义表单边框边距*/
    margin:0 auto;
    font-size:12px;   /*统一字体大小*/
}
#form1 h3 {            /*定义表单的标题样
式，并居中显示*/
    border-bottom:dotted 1px #ddd;
    text-align:center;
    font-weight:bolder;
    font-size: 20px;
    }
ul {
    padding:0;
    margin:0;
    list-style-type:none;
    }
input {
    border:groove #ccc 1px;

    }
.field6 {
    color:#666;
    width:32px;
    }
.label {
    font-size:13px;
    font-weight:bold;
    margin-top:0.7em;
    }
</style>
```

```
</head>
<body>
<form id=form1 action=#public
method=post enctype=multipart/form-
data>
    <h3>个人信息注册页面</h3>
    <ul>
    <li class="label">姓名
    <li>
        <input id=field1 size=20
name=field1>
    <li class="label">职业
    <li>
        <input name=field2 id=field2
size="25">
    <li class="label">详细地址
    <li>
        <input name=field3 id=field3
size="50">
    <li class="label">邮编
    <li>
        <input name=field4 id=field4
size="12" maxlength="12">
    <li class="label">省市
    <li>
        <input id=field5 name=field5>
    <li class="label">E-mail
    <li>
        <input id=field7 maxlength=255
name=field11>
    <li class="label">电话
    <li>
        <input maxlength=3 size=6
name=field8>
        -
        <input maxlength=8 size=16
name=field8-1>
    <li class="label">
        <input id=saveform type=submit
value=提交>
    </li>
    </ul>
</form>
</body>
</html>
```

运行效果如图 10-9 所示。

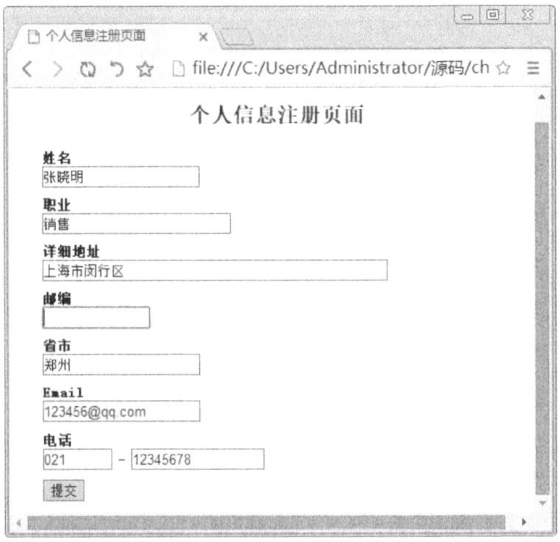

图 10-9 实例 10.9 的运行效果（设置表单的边框样式）

## 10.2.3 表单的背景样式

在网页中，表单元素的背景色默认都是白色的。通过 background-color 属性可以定义表单元素的背景色。

实例 10.10：制作一个注册页面并设置表单的背景颜色（案例文件：ch10\10.10.html）

```
<!DOCTYPE html>
<html>
<head>
<meta charset="UTF-8">
<title>设置表单的背景色</title>
<style>
<!--
input{        /* 所有input标记 */
   color: #000;
}
input.txt{       /* 文本框单独设置 */
   border: 1px inset #cad9ea;
   background-color: #ADD8E6;
}
input.btn{        /* 按钮单独设置 */
   color: #00008B;
   background-color: #ADD8E6;
   border: 1px outset #cad9ea;
   padding: 1px 2px 1px 2px;
}
select{
   width: 80px;
   color: #00008B;
   background-color: #ADD8E6;
   border: 1px solid #cad9ea;
}
```

```
textarea{
   width: 200px;
   height: 40px;
   color: #00008B;
   background-color: #ADD8E6;
   border: 1px inset #cad9ea;
}
-->
</style>
</head>
<BODY>
<h3>注册页面</h3>
<table border="1" width=400px>
<form method="post">
<tr><td width="30%">昵称:</td><td><input class=txt>1—20个字符<div id="qq"></div></td></tr>
<tr><td>密码:</td><td><input type="password" >长度为6~16位</td></tr>
<tr><td>确认密码:</td><td><input type="password" ></td></tr>
<tr><td>真实姓名: </td><td><input name="username1"></td></tr>
<tr><td>性别:</td><td><select><option>男</option><option>女</option></select></td></tr>
<tr><td>E-mail地址:</td><td><input value="sohu@sohu.com"></td></tr>
<tr><td>备注:</td><td><textarea cols=35 rows=10></textarea></td></tr>
<tr><td><input type="button" value="提交" class=btn /></td><td><input
```

141

```
type="reset" value="重填"/></td></tr>
    </form>
    </table>
    </body>
    </html>
```

运行效果如图 10-10 所示。可以看到，表单中"昵称"输入框、"性别"下拉框和"备注"文本框分别显示了指定的背景颜色。

图 10-10　实例 10.10 的运行效果（美化表单元素）

在上面的代码中，首先使用 input 标签选择符定义了 input 表单元素的字体颜色，接着分别定义了两个类 txt 和 btn，txt 用来修饰输入框样式，btn 用来修饰按钮样式。最后分别定义了 select 和 textarea 的样式，主要涉及边框和背景色。

## 10.2.4　设计按钮样式

通过对表单元素背景色的设置，可以在一定程度上起到美化按钮的效果。例如，可以使用 background-color 属性，将其值设置为 transparent（透明色），就是最常见的一种美化按钮的方式。使用方法如下：

```
background-color:transparent;       /* 背景色透明 */
```

实例 10.11: 设置表单按钮透明 (案例文件：ch10\10.11.html)

```
<!DOCTYPE html>
<html>
<head>
<meta charset="UTF-8">
<title>美化提交按钮</title>
<style>
<!--
form{
    margin:0px;
padding:0px;
font-size:14px;
}
input{
        font-size:14px;
        font-family:"幼圆";
}
.t{
    border-bottom:1px solid #005aa7;
/* 下划线效果 */
        color:#005aa7;
        border-top:0px; border-left:0px;
        border-right:0px;
        background-color:transparent;
/* 背景色透明 */
```

```
}
    .n{
        background-color:transparent;
/* 背景透明 */
        border:0px;          /* 边框取消 */
    }
    -->
    </style>
        </head>
    <body>
    <center>
    <h1>签名页</h1>
    <form method="post">
        值班主任: <input   id="name"
class="t">
        <input type="submit" value="提交
上一级签名>>" class="n">
    </form>
    </center>
    </body>
    </html>
```

运行效果如图 10-11 所示。可以看到，输入框只剩下一个下边框，其他边框被去掉了。提交按钮只剩下文字，而且常见的矩形形式也被去掉了。

图 10-11　实例 10.11 的运行效果（设置按钮样式）

## 10.2.5　设计下拉菜单样式

在网页设计中，有时为了突出效果，会对文字进行加粗、添加颜色等设定。同样也可以对表单元素中的文字进行这种修饰。使用 font 的相关属性就可以美化下拉菜单文字，例如 font-size、font-weight 等。颜色设置可以采用 color 和 background-color 属性。

实例 10.12：设置下拉菜单样式（案例文件：ch10\10.12.html）

```
<!DOCTYPE html>
<html>
<head>
<meta charset="UTF-8">
<title>美化下拉菜单</title>
<style>
<!--
.blue{
    background-color:#7598FB;
    color: #000000;
    font-size:15px;
    font-weight:bolder;
    font-family:"幼圆";
}
.red{
    background-color:#E20A0A;
    color: #ffffff;
    font-size:15px;
    font-weight:bolder;
    font-family:"幼圆";
}
.yellow{
    background-color:#FFFF6F;
    color: #000000;
    font-size:15px;
    font-weight:bolder;
    font-family:"幼圆";
}
.orange{
    background-color:orange;
    color:#000000;
    font-size:15px;
    font-weight:bolder;
    font-family:"幼圆";
}
-->
```

```
</style>
</head>
<body>
<form>
<p>
<label>选择暴雪预警信号级别:</label>
    <select>
    <option>请选择</option>
    <option value="blue"
class="blue">暴雪蓝色预警信号</option>
    <option value="yellow"
class="yellow">暴雪黄色预警信号</option>
    <option value="orange"
class="orange">暴雪橙色预警信号</option>
    <option value="red" class="red">暴
雪红色预警信号</option>
    </select>
</p>
<p><input type="submit" value="提交
"></p>
</form>
</body>
</html>
```

运行效果如图 10-12 所示。可以看到，下拉菜单的每个菜单项显示了不同的背景色。

图 10-12　实例 10.12 的运行效果
（设置下拉菜单样式）

143

## 10.3 新手常见疑难问题

### 疑问 1：使用表格时会发生变形，这是什么原因？

其中一个原因是表格位置或大小与不同的屏幕分辨率产生了错位。例如，在 800×600 分辨率下一切正常，而对于 1024×800，则有的表格居中，有的却居左排列。

表格有左、中、右三种排列方式，如果没进行设置，则默认为居左排列。在 800×600 分辨率下，表格恰好满屏，不容易察觉，而对于 1024×800，就出现了问题。解决的办法比较简单，即都设置为居中，表格大小设为 100%。

### 疑问 2：使用 <thead>、<tbody> 和 <tfoot> 标记对行进行分组有什么意义？

在 HTML 文档中增加 <thead>、<tbody> 和 <tfoot> 标记虽然从外观上不能看出任何变化，但是它们却使文档的结构更加清晰。另外还有一个更重要的意义就是，方便使用 CSS 对表格的各个部分进行修饰，从而制作出更炫的表格。

### 疑问 3：使用 CSS 修饰表单元素时，采用默认值好还是特定值好？

各个浏览器的显示有所不同，其中一个原因就是各个浏览器对部分 CSS 属性的默认值不同导致的。通常的解决办法就是指定该值，而不让浏览器使用默认值。

## 10.4 实战技能训练营

### 实战 1：制作大学一年级的课程表

结合前面学习的 HTML 表格标记，以及使用 CSS 设计表格样式的知识，制作一个课程表。运行效果如图 10-13 所示。

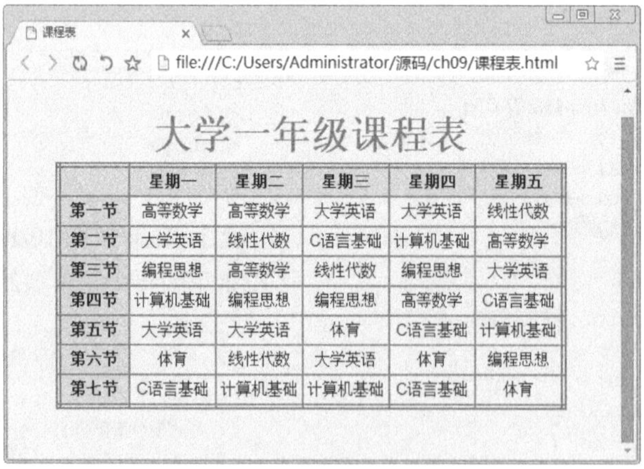


| | 星期一 | 星期二 | 星期三 | 星期四 | 星期五 |
|---|---|---|---|---|---|
| 第一节 | 高等数学 | 高等数学 | 大学英语 | 大学英语 | 线性代数 |
| 第二节 | 大学英语 | 线性代数 | C语言基础 | 计算机基础 | 高等数学 |
| 第三节 | 编程思想 | 高等数学 | 线性代数 | 编程思想 | 大学英语 |
| 第四节 | 计算机基础 | 编程思想 | 编程思想 | 高等数学 | C语言基础 |
| 第五节 | 大学英语 | 大学英语 | 体育 | C语言基础 | 计算机基础 |
| 第六节 | 体育 | 线性代数 | 大学英语 | 体育 | 编程思想 |
| 第七节 | C语言基础 | 计算机基础 | 计算机基础 | C语言基础 | 体育 |

图 10-13　实战 1 要制作的大学课程表

### 实战 2：制作一个企业加盟商通讯录

结合前面学习的 HTML 表格标记，以及使用 CSS 设计表格样式的知识，制作一个企业加盟商通讯录。运行效果如图 10-14 所示。

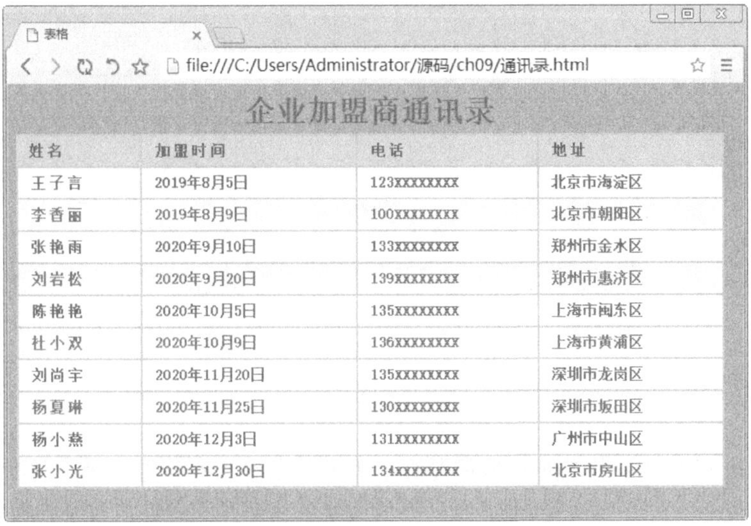


| 姓名 | 加盟时间 | 电话 | 地址 |
|---|---|---|---|
| 王子言 | 2019年8月5日 | 123xxxxxxxx | 北京市海淀区 |
| 李香丽 | 2019年8月9日 | 100xxxxxxxx | 北京市朝阳区 |
| 张艳雨 | 2020年9月10日 | 133xxxxxxxx | 郑州市金水区 |
| 刘岩松 | 2020年9月20日 | 139xxxxxxxx | 郑州市惠济区 |
| 陈艳艳 | 2020年10月5日 | 135xxxxxxxx | 上海市闽东区 |
| 杜小双 | 2020年10月9日 | 136xxxxxxxx | 上海市黄浦区 |
| 刘尚宇 | 2020年11月20日 | 135xxxxxxxx | 深圳市龙岗区 |
| 杨夏琳 | 2020年11月25日 | 130xxxxxxxx | 深圳市坂田区 |
| 杨小燕 | 2020年12月3日 | 131xxxxxxxx | 广州市中山区 |
| 张小光 | 2020年12月30日 | 134xxxxxxxx | 北京市房山区 |

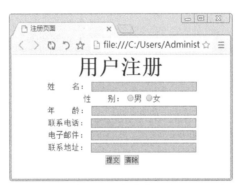

图 10-14　实战 2 要实现的企业加盟商通信录

## 实战 3：制作一个用户注册页面

结合前面学习的知识，创建一个用户注册页面，运行效果如图 10-15 所示，可以看到，表单元素带有背景色，输入字体颜色为蓝色，边框颜色为浅蓝色。按钮带有边框，按钮上的字体颜色为蓝色。

图 10-15　实战 3 要创建的用户注册页面

# 第11章 使用CSS3设计动画效果

📖 **本章导读**

在 CSS3 版本之前，用户如果想在网页中实现图像过渡和动画效果，只有使用 Flash 或者 JavaScript 脚本。利用 CSS3，用户可以通过新增属性来实现图像的过渡和动画效果，不但使用方法简单，而且效果非常炫丽。本章就来详细介绍 CSS3 的动画功能及其应用技巧。

📖 **知识导图**

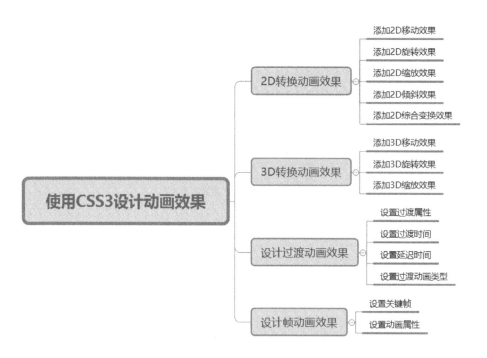

# 11.1　2D 转换动画效果

　　CSS3 新增了变换属性 transform，使用这个属性可以改变对象的位移、缩放、旋转、倾斜等变换操作，从而实现 2D 转换动画效果。

　　在 CSS3 中，2D 转换效果主要指网页元素的形状、大小和位置可以从一个状态转换到另外一个状态。其中 2D 转换的属性如下：

- transform：指定转换元素的方法。
- transform-origin：更改转换元素的位置。

## 11.1.1　添加 2D 移动效果

　　在 CSS3 中，定义 2D 移动的函数如表 11-1 所示。

表 11-1　定义 2D 移动的函数

| 函　　数 | 说　　明 |
| --- | --- |
| matrix(n,n,n,n,n,n) | 定义 2D 转换，使用 6 个值的矩阵 |
| translate(x,y) | 定义 2D 转换，沿着 X 和 Y 轴移动元素 |
| translateX(n) | 定义 2D 转换，沿着 X 轴移动元素 |
| translateY(n) | 定义 2D 转换，沿着 Y 轴移动元素 |

　　使用 translate() 方法，定义 X 轴、Y 轴和 Z 轴的参数，可以将当前元素移动到指定的位置。例如，将指定元素沿着 X 轴移动 30 像素，然后沿着 Y 轴移动 60 像素。代码如下：

```
translate(30px, 60px)
```

**实例 11.1：添加移动动画效果 ( 案例文件：ch11\11.1.html)**

```
<!DOCTYPE html>
<html>
<head>
<title>2D移动效果</title>
<style type="text/css">
div{
    margin:100px auto;
    width:200px;
    height:50px;
    background-color:#FFB5B5;
    border-radius:12px;
}
div:hover
{
    -webkit-transform:translate(150
px,50px);
        -moz-transform:translate(150px,
50px);
        -o-transform:translate(150px,50
px);
        transform:translate(150px,50px);
    }
</style>
</head>
<body>
<div></div>
</body>
</html>
```

　　运行效果如图 11-1 所示。当鼠标经过时图形被移动，如图 11-2 所示。可以看出，移动前和移动后的不同效果。

图 11-1　实例 11.1 的运行效果（默认状态）　图 11-2　实例 11.1 的运行效果（鼠标经过时图形移动）

## 11.1.2　添加 2D 旋转效果

使用 rotate() 方法，可以对一个网页元素按指定的角度添加旋转效果，如果指定的角度是正值，则网页元素按顺时针旋转；如果指定的角度为负值，则网页元素按逆时针旋转。

例如，将网页元素顺时针旋转 60 度，代码如下：

```
rotate(60deg)
```

实例 11.2：添加旋转动画效果（案例文件：ch11\11.2.html）

```
<!DOCTYPE html>
<html>
<head>
<title>2D旋转效果</title>
<style type="text/css">
div{
    margin:100px auto;
    width:200px;
    height:50px;
    background-color:#FFB5B5;
    border-radius:12px;
}
div:hover
{
        -webkit-transform:rotate(-
90deg);
        -moz-transform:rotate(-90deg);
/* IE9 */
        -o-transform:rotate(-90deg);
        transform:rotate(-90deg);
}
</style>
</head>
<body>
<div></div>
</body>
</html>
```

运行效果如图 11-3 所示。当鼠标经过时图形自动旋转，如图 11-4 所示，可以看出旋转前和旋转后的不同效果。

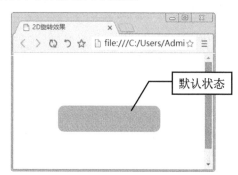

图 11-3　实例 11.2 的运行效果（默认状态）

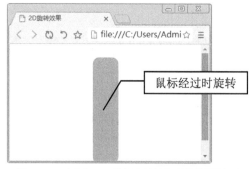

图 11-4　实例 11.2 的运行效果（鼠标经过时图形被旋转）

### 11.1.3 添加 2D 缩放效果

在 CSS3 中，定义 2D 缩放的函数如表 11-2 所示。

**表 11-2 定义 2D 缩放的函数**

| 函　数 | 说　明 |
| --- | --- |
| scale(x,y) | 定义 2D 缩放转换，改变元素的宽度和高度 |
| scaleX(n) | 定义 2D 缩放转换，改变元素的宽度 |
| scaleY(n) | 定义 2D 缩放转换，改变元素的高度 |

使用 scale() 方法，可以将一个网页元素按指定的参数进行缩放。缩放后的大小取决于指定的宽度和高度。例如，将指定元素的宽度增加为原来的 4 倍，高度增加为原来的 3 倍，代码如下：

```
scale(4,3)
```

实例 11.3：添加缩放动画效果（案例文件：ch11\11.3.html）

```html
<!DOCTYPE html>
<html>
<head>
<title>2D缩放效果</title>
<style type="text/css">
div{
    margin:80px auto;
    width:200px;
    height:50px;
    background-color:#FFB5B5;
    border-radius:12px;
    box-shadow:2px 2px 2px #999;
}
div:hover
{
    -webkit-transform: scale(2.5);
    -moz-transform:scale(2.5);
    -o-transform: scale(2.5);
    transform:scale(2.5);
}
</style>
</head>
<body>
<div></div>
</body>
</html>
```

图 11-5　实例 11.3 的运行效果（默认状态）

图 11-6　实例 11.3 的运行效果（鼠标经过时图形被放大）

运行效果如图 11-5 所示。当鼠标经过时图形自动放大，如图 11-6 所示，可以看出，缩放前和缩放后的不同效果。

## 11.1.4　添加 2D 倾斜效果

在 CSS3 中，定义 2D 倾斜的函数如表 11-3 所示。

表 11-3　定义 2D 倾斜的函数

| 函　　数 | 说　　明 |
|---|---|
| skew(x-angle,y-angle) | 定义 2D 倾斜转换，沿着 X 和 Y 轴 |
| skewX(angle) | 定义 2D 倾斜转换，沿着 X 轴 |
| skewY(angle) | 定义 2D 倾斜转换，沿着 Y 轴 |

使用 skew() 方法可以为网页元素添加倾斜效果。语法格式如下：

```
transform:skew(<angle> [,<angle>]);
```

这里包含两个角度值，分别表示相对于 X 轴和 Y 轴倾斜的角度。如果第二个参数为空，则默认为 0；参数为负表示向相反方向倾斜。

例如，将网页元素围绕 X 轴翻转 30 度，围绕 Y 轴翻转 40 度。代码如下：

```
skew(30deg,40deg)
```

另外，如果仅仅在 X 轴（水平方向）倾斜。方法如下：

```
skewX(<angle>);
```

如果仅仅在 Y 轴（垂直方向）倾斜。方法如下：

```
skewY(<angle>);
```

**实例 11.4：添加倾斜动画效果 ( 案例文件：ch11\11.4.html)**

```
<!DOCTYPE html>
<html>
<head>
<title>2D倾斜效果</title>
<style type="text/css">
div
{
    margin:80px auto;
    width:200px;
    height:50px;
    background-color:#FFB5B5;
    border-radius:12px;
    box-shadow:2px 2px 2px #999;
}
div:hover
{
        -webkit-transform:skew(30deg,
150deg);
        -moz-transform:skew(30deg,
150deg);
        -o-transform: skew(30deg,
```

```
150deg);
        transform:skew(30deg,150deg);
    }
</style>
</head>
<body>
<div></div>
</body>
</html>
```

运行效果如图 11-7 所示。当鼠标经过时图形自动倾斜，如图 11-8 所示，可以看出倾斜前和倾斜后的不同效果。

图 11-7　实例 11.4 的运行效果（默认状态）

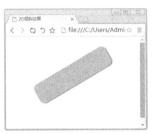

图 11-8　实例 11.4 的运行效果（鼠标经过时图形被倾斜）

### 11.1.5　添加 2D 综合变换效果

使用 matrix() 方法可以为网页元素添加移动、旋转、缩放和倾斜效果。语法格式如下：

```
transform: matrix(n,n,n,n,n,n)
```

这里包含 6 个参数值，使用这 6 个值的矩阵可以添加不同的 2D 转换效果。

实例 11.5：添加综合变幻效果 ( 案例文件:
ch11\11.5.html)

```
<!DOCTYPE html>
<html>
<head>
<title>2D变换效果</title>
<style type="text/css">
div
{
    margin:80px auto;
    width:200px;
    height:50px;
    background-color:#FFB5B5;
    border-radius:12px;
    box-shadow:2px 2px 2px #999;
}
div:hover
{
    -webkit-transform:matrix(0.888,
0.6,-0.6,0.888,0,0);
    -moz-transform:matrix(0.888,0.6,
-0.6,0.888,0,0);
    -o-transform:matrix(0.888,
0.6,-0.6,0.888,0,0);
    transform:matrix(0.888,0.6,
-0.6,0.888,0,0);
}
</style>
</head>
```

```
<body>
<div></div>
</body>
</html>
```

运行效果如图 11-9 所示。当鼠标经过时图形自动变换，如图 11-10 所示，可以看出变换前和变换后的不同效果。鼠标每经过一次，图形均会改变一次状态。

图 11-9　实例 11.5 的运行效果（默认状态）

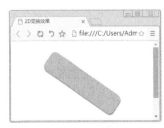

图 11-10　实例 11.5 的运行效果（鼠标经过时图形自动变换）

## 11.2　3D 转换动画效果

在 CSS3 中，3D 转换效果主要指网页元素在三维空间内进行转换的效果。3D 转换中的属性如下：

- transform：指定转换元素的方法。
- transform-origin：更改转换元素的位置。
- transform-style：规定被嵌套元素如何在 3D 空间中显示。
- perspective：规定 3D 元素的透视效果。
- perspective-origin：规定 3D 元素的底部位置。
- backface-visibility：定义元素在面向屏幕时是否可见。如果在旋转元素后，又不希望看到其背面，该属性很有用。

## 11.2.1　添加 3D 移动效果

在 CSS3 中，定义 3D 位移的主要函数如表 11-4 所示。

表 11-4　定义 3D 位移的函数

| 函　数 | 说　明 |
| --- | --- |
| translate3d(x,y,z) | 定义 3D 转化 |
| translateX(x) | 定义 3D 转化，仅使用用于 X 轴的值 |
| translateY(y) | 定义 3D 转化，仅使用用于 Y 轴的值 |
| translateZ(z) | 定义 3D 转化，仅使用用于 Z 轴的值 |

translate3d() 函数使一个元素在三维空间移动，这种变换的特点是，使用三维向量的坐标定义元素在每个方向移动的位移量。基本语法如下：

```
translate3d(x,y,z)
```

参数取值说明如下：
- x：代表横向坐标位移向量的长度。
- y：代表纵向坐标位移向量的长度。
- z：代表 Z 轴位移向量的长度，此值不能是一个百分比值，否则将认为是无效值。

translateZ() 函数的功能是让元素在 3D 空间沿 Z 轴进行位移，其基本语法如下：

```
translateZ(t)
```

参数值 t 指的是 Z 轴的向量位移长度。

使用 translateZ() 函数可以让元素在 Z 轴进行位移，当其值为负值时，元素在 Z 轴越移越远，导致元素变得较小；反之，当其值为正值时，元素在 Z 轴越移越近，导致元素变得较大。

translateX() 函数的功能是让元素在 3D 空间沿 X 轴进行位移，其基本语法如下：

```
translateX(t)
```

参数值 t 指的是 X 轴的向量位移长度。

translateY() 函数的功能是让元素在 3D 空间沿 Y 轴进行位移，其基本语法如下：

```
translateY(t)
```

参数值 t 指的是 Y 轴的向量位移长度。

**实例 11.6：添加 3D 移动动画效果 ( 案例文件：ch11\11.6.html)**

```
<!DOCTYPE html>
<html>
<head>
<title>3D移动效果</title>
<style type="text/css" >
.stage{          /*设置舞台，定义观察者距离*/
    width:500px; height:200px;
    border:solid 2px red;
    -webkit-perspective:1200px;
    -moz-perspective:1200px;
    -ms-perspective:1200px;
    -o-perspective:1200px ;
    perspective:1200px;
}
. container{      /*创建三维空间*/
     -webkit-transform-
style:preserve-3d;
    -moz-transform-style:preserve-
3d;
     -ms-transform-style:preserve-
3d;
```

```
    -o-transform-style:preserve-3d;
    transform- style: preserve-3d;
}
img{width:180px;}
img:nth-child(2){
    -webkit-transform:translate3d(3
0px,30px,200px);
    -moz-transform:translate3d(30px,
30px,200px);
    -ms-transform:translate3d(30px,
30px,200px);
    -o-transform:translate3d(30px,3
0px,200px);
    transform:translate3d(30px,30px,
200px);
}
</style>
</head>
<body>
<div class="stage">
<div class="container"><img
src="images/logo.png"/><img
src="images/logo.png"/></div>
</div>
</body>
</html>
```

运行效果如图 11-11 所示，可以看出移动前和移动后的不同效果。这里，Z 轴值越大，元素离浏览者更近，从视觉上元素就变得更大；反之，Z 轴值越小，元素离浏览者更远，从视觉上元素就变得更小。

修改代码中 img:nth-child(2) 选择器的样式，将第 2 张图片沿 Z 轴移动 300px，代码如下：

```
img:nth-child(2){
    -webkit-transform:translateZ(300px);
    -moz-transform:translateZ(300px);
    -ms-transform:translateZ(300px);
    -o-transform:translateZ(300px);
    transform:translateZ(300px);
}
```

运行效果如图 11-12 所示，可以看出移动前和移动后的不同效果。translateZ() 函数仅让元素在 Z 轴进行位移，当其值越大时，元素离浏览者越近，视觉上元素放大，反之元素缩小，translateZ() 函数在实际使用中等效于 translate3d(0,0,tz)。

图 11-11　实例 11.6 的运行效果（3D 移动效果）

图 11-12　修改代码后在 Z 轴上移动的效果

修改代码中 img:nth-child(2) 选择器的样式，将第 2 张图片沿 X 轴移动 50px，代码如下：

```
img:nth-child(2){
    -webkit-transform:translateX(50px);
    -moz-transform:translateX(50px);
    -ms-transform:translateX(50px);
    -o-transform:translateX(50px);
    transform:translateX(50px);
}
```

运行效果如图 11-13 所示，可以看出移动前和移动后的不同效果。

修改代码中 img:nth-child(2) 选择器的样式，将第 2 张图片沿 Y 轴移动 50px，代码如下：

```
img:nth-child(2){
    -webkit-transform:translateY(50px);
    -moz-transform:translateY(50px);
    -ms-transform:translateY(50px);
    -o-transform:translateY(50px);
    transform:translateY(50px);
}
```

运行效果如图 11-14 所示，可以看出移动前和移动后的不同效果。

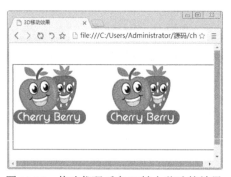

图 11-13　修改代码后在 X 轴上移动的效果　　　图 11-14　修改代码后在 Y 轴上移动的效果

## 11.2.2　添加 3D 旋转效果

在 3D 变换中，可以让元素沿任何轴旋转。为此，CSS3 新增了对象旋转的函数，如表 11-5 所示。

表 11-5　用于 3D 旋转的函数

| 函　　数 | 说　　明 |
| --- | --- |
| rotateX(angle) | 定义沿 X 轴的 3D 旋转 |
| rotateY(angle) | 定义沿 Y 轴的 3D 旋转 |
| rotateZ(angle) | 定义沿 Z 轴的 3D 旋转 |
| rotate3d(x,y,z,angle) | 定义 3D 旋转 |

rotateX() 函数可以指定一个元素围绕 X 轴旋转，旋转的量被定义为指定的角度。如果值为正值，元素围绕 X 轴按顺时针旋转；如果值为负值，元素围绕 X 轴按逆时针旋转。基本

语法如下：

```
rotateX(angle)
```

其中 angle 指定一个旋转的角度值，其值可以是正值也可以是负值。

rotateY() 函数可以指定一个元素围绕 Y 轴旋转，旋转的量被定义为指定的角度。如果值为正值，元素围绕 Y 轴按顺时针旋转；如果值为负值，元素围绕 Y 轴按逆时针旋转。基本语法如下：

```
rotateY(angle)
```

其中 angle 指定一个旋转角度值，其值可以是正值也可以是负值。

rotateZ() 函数可以指定一个元素围绕 Z 轴旋转，旋转的量被定义为指定的角度。如果值为正值，元素围绕 Z 轴按顺时针旋转；如果值为负值，元素围绕 Z 轴按逆时针旋转。基本语法如下：

```
rotateZ(angle)
```

其中 angle 指定一个旋转角度值，其值可以是正值也可以是负值。

> **提示：** 如果仅从视觉角度上看，rotateZ() 函数让元素按顺时针或逆时针旋转，并且效果和 rotateY() 函数效果等同，但不是在 2D 平面上旋转。

rotate3d() 函数可以指定一个元素围绕 X、Y、Z 轴旋转的角度，基本语法如下：

```
rotate3d(x,y,z,angle)
```

下面对 rotate3d() 的取值做说明。

● x：是一个 0~1 之间的数值，主要用来描述元素围绕 X 轴旋转的矢量值。
● y：是一个 0~1 之间的数值，主要用来描述元素围绕 Y 轴旋转的矢量值。
● z：是一个 0~1 之间的数值，主要用来描述元素围绕 Z 轴旋转的矢量值。
● angle：是一个角度值，主要用来指定元素在 3D 空间旋转的角度，如果其值为正值，元素按顺时针旋转，反之元素按逆时针旋转。

在使用时，rotate3d() 函数与 rotateX()、rotateY() 和 rotateZ() 函数在功能上是一样的，具体介绍如下：

● rotateX(a) 函数的功能等同于 rotate3d(l,0,0,a)。
● rotateY(a) 函数的功能等同于 rotate3d(0,1,0,a)。
● rotateZ(a) 函数的功能等同于 rotate3d(0,0,1,a)。

## 实例 11.7：添加 3D 旋转动画效果 ( 案例文件：ch11\11.7.html)

```
<!DOCTYPE html>
<html>
<head>
<title>3D旋转效果</title>
<style type="text/css" >
```

```
.stage{                /*设置舞台，定义观察者距离*/
    width:500px; height:200px;
    border:solid 2px red;
    -webkit-perspective:1200px;
    -moz-perspective:1200px;
    -ms-perspective:1200px;
    -o-perspective:1200px ;
    perspective:1200px;
    margin:50px auto;
```

```
    }
    .container{ /*创建三维空间*/
        -webkit-transform-
style:preserve-3d;
        -moz-transform-style:preserve-
3d;
        -ms-transform-style:preserve-
3d;
        -o-transform-style:preserve-3d;
        transform- style: preserve-3d;
    }
    img{width:180px;}
    img:nth-child(2){
        -webkit-transform:rotateX
(45deg);
```

```
        -moz-transform:rotateX(45deg);
        -ms-transform:rotateX(45deg);
        -o-transform: rotateX(45deg);
        transform: rotateX(45deg);
    }
</style>
</head>
<body>
<div class="stage">
<div class="container"><img src=
"images/logo.png"/><img src="images/
logo.png"/></div>
</div>
</body>
</html>
```

运行效果如图 11-15 所示，可以看出旋转前和旋转后的不同效果，即图沿 X 轴旋转的效果。

修改代码中 img:nth-child(2) 选择器的样式，将第 2 张图片沿 Y 轴旋转 45 度，代码如下：

```
img:nth-child(2){
    -webkit-transform:rotateY(45deg);
    -moz-transform:rotateY(45deg);
    -ms-transform:rotateY(45deg);
    -o-transform: rotateY(45deg);
    transform: rotateY(45deg);
}
```

运行效果如图 11-16 所示。

图 11-15　实例 11.7 的运行效果（在 X 轴上旋转的效果）　图 11-16　修改代码后在 Y 轴上旋转的效果

修改代码中 img:nth-child(2) 选择器的样式，将第 2 张图片沿 Z 轴旋转 45 度，代码如下：

```
img:nth-child(2){
    -webkit-transform:rotateZ(45deg);
    -moz-transform:rotateZ (45deg);
    -ms-transform:rotateZ (45deg);
    -o-transform: rotateZ (45deg);
    transform: rotateZ (45deg);
}
```

运行效果如图 11-17 所示。

图 11-17　修改代码后在 Z 轴上进行旋转的效果

修改代码中 img:nth-child(2) 选择器的样式，将第 2 张图片沿 X、Y、Z 轴同时旋转，代码如下：

```
img:nth-child(2){
    -webkit-transform:rotate3d(.5,1,.5,45deg);
    -moz-transform:rotate3d(.5,1,.5,45deg);
    -ms-transform:rotate3d(.5,1,.5,45deg);
    -o-transform: rotate3d(.5,1,.5,45deg);
    transform: rotate3d(.5,1,.5,45deg);
}
```

运行效果如图 11-18 所示。

图 11-18　修改代码后在 X、Y、Z 轴上同时旋转的效果

## 11.2.3　添加 3D 缩放效果

在 CSS3 中，用于 3D 缩放的函数有 4 种，如表 11-6 所示。

表 11-6　用于 3D 缩放的函数

| 函　　数 | 说　　明 |
|---|---|
| scale3d(x,y,z) | 定义 3D 缩放转换 |
| scaleX(x) | 定义 3D 缩放转换，通过给定一个 X 轴的值 |
| scaleY(y) | 定义 3D 缩放转换，通过给定一个 Y 轴的值 |
| scaleZ(z) | 定义 3D 缩放转换，通过给定一个 Z 轴的值 |

如果 scale3d() 函数中 X 轴和 Y 轴同时为 1，即 scale3d(1,1,z)，其效果等同于 scaleZ(z)。通过使用 3D 缩放函数，可以让元素在 Z 轴上按比例缩放。默认值为 1，当该值大于 1 时，

元素放大；当值小于 1 而大于 0.01 时，元素缩小。

scale3d() 函数的基本语法如下：

```
scale3d(x, y, z)
```

取值说明如下。

● x：X 轴缩放比例。

● y：Y 轴缩放比例。

● z：Z 轴缩放比例。

scaleZ() 函数的基本语法如下：

```
scaleZ(s)
```

参数值 s 指定元素每个点在 Z 轴上的比例。

> **注意**：scaleZ() 和 scale3d() 函数单独使用时没有任何效果，需要配合其他变换函数一起使用才会有效果。

**实例 11.8：添加 3D 缩放动画效果 ( 案例文件：ch11\11.8.html)**

```html
<!DOCTYPE html>
<html>
<head>
<title>3D缩放效果</title>
<style type="text/css">
.stage{          /*设置舞台，定义观察者距离*/
    width:500px; height:200px;
    border:solid 2px red;
    -webkit-perspective:1200px;
    -moz-perspective:1200px;
    -ms-perspective:1200px;
    -o-perspective:1200px ;
    perspective:1200px;
    margin:50px auto;
}
. container{ /*创建三维空间*/
    -webkit-transform-style:preserve
-3d;
    -moz-transform-style:preserve-
3d;
    -ms-transform-style:preserve-
3d;
    -o-transform-style:preserve-3d;
    transform- style: preserve-3d;
}
img{width:180px;}
img:nth-child(2){
    -webkit-transform: scaleZ(5)
rotateX(45deg);
    -moz-transform: scaleZ(5)
rotateX(45deg);
    -ms-transform: scaleZ(5)
rotateX(45deg);
    -o-transform: scaleZ(5)
rotateX(45deg);
    transform: scaleZ(5)
rotateX(45deg);
}
</style>
</head>
<body>
<div class="stage">
<div class="container"><img
src="images/logo.png"/><img
src="images/logo.png"/></div>
</div>
</body>
</html>
```

运行效果如图 11-19 所示，可以看出缩放前和缩放后的不同效果。第 2 张图是沿 Z 轴 3D 放大，并在 X 轴上旋转 45 度。

修改代码中 img:nth-child(2) 选择器的样式，将第 2 张图片沿 Y 轴 3D 放大，并在 X 轴上旋转 45 度，代码如下：

```css
img:nth-child(2){
    -webkit-transform: scaleY(2) rotateX(45deg);
```

```
        -moz-transform: scaleY（2）rotateX(45deg);
        -ms-transform: scaleY（2）rotateX(45deg);
        -o-transform: scaleY（2）rotateX(45deg);
        transform: scaleY（2）rotateX(45deg);
}
```

运行效果如图 11-20 所示。

图 11-19　实例 11.8 的运行效果（在 Z 轴上缩放）　　图 11-20　修改代码后在 Y 轴上缩放的效果

修改代码中 img:nth-child(2) 选择器的样式，将第 2 张图片沿 X 轴 3D 放大，并在 X 轴上旋转 45 度，代码如下：

```
img:nth-child(2){
        -webkit-transform: scaleX（2）rotateX(45deg);
        -moz-transform: scaleX（2）rotateX(45deg);
        -ms-transform: scaleX（2）rotateX(45deg);
        -o-transform: scaleX（2）rotateX(45deg);
        transform: scaleX（2）rotateX(45deg);
}
```

运行效果如图 11-21 所示。

修改代码中 img:nth-child(2) 选择器的样式，将第 2 张图片沿 X、Y、Z 轴同时 3D 缩放，代码如下：

```
img:nth-child(2){
        -webkit-transform: scale3d(.5,1,.5);
        -moz-transform: scale3d(.5,1,.5);
        -ms-transform: scale3d(.5,1,.5);
        -o-transform: scale3d(.5,1,.5);
        transform: scale3d(.5,1,.5)
}
```

运行效果如图 11-22 所示。

图 11-21　修改代码后在 X 轴上缩放的效果　　图 11-22　修改代码后在 X、Y、Z 轴上同时缩放的效果

# 11.3 设计过渡动画效果

在 CSS3 中，过渡效果主要指网页元素从一种样式逐渐改变为另一种样式的效果。能实现过渡效果的属性如表 11-7 所示。

**表 11-7　CSS3 过渡效果属性**

| 属　　性 | 描　　述 |
|---|---|
| transition | 简写属性，用于在一个属性中设置四个过渡属性 |
| transition-property | 规定应用过渡的 CSS 属性的名称 |
| transition-duration | 定义过渡效果花费的时间。默认是 0 |
| transition-timing-function | 规定过渡效果的时间曲线。默认是 ease |
| transition-delay | 规定过渡效果何时开始。默认是 0 |

## 11.3.1　设置过渡属性

transition-property 属性用来定义过渡动画的 CSS 属性名称，基本语法如下：

```
transition-property: none|all| property;
```

取值简单说明如下。

- none：没有属性会获得过渡效果。
- all：所有属性都将获得过渡效果。
- property：定义应用过渡效果的 CSS 属性名称列表，列表以逗号分隔。几乎所有与色彩、大小或位置等相关的 CSS 属性，包括许多新添加的 CSS3 属性，都可以应用过渡，如 CSS3 变换中的放大、缩小、旋转、斜切、渐变等。

**实例 11.9：通过过渡属性添加动画效果（案例文件：ch11\11.9.html）**

```
<!DOCTYPE html>
<html>
<head>
<title>过渡属性</title>
<style>
div{
    width:100px; height:100px;
    border:solid 2px red;
    transition-property: width;
        -webkit-transition-
property:width;
    -moz-transition-property:width;
    -o-transition-property:width;
}
div:hover
{
    width:300px;
}
</style>
</head>
```

```
<body>
<div></div>
</body>
</html>
```

运行效果如图 11-23 所示。当鼠标经过矩形框时，矩形框的宽度发生了改变，如图 11-24 所示。

图 11-23　实例 11.9 的运行效果（默认状态）

图 11-24　实例 11.9 的运行效果（鼠标经过时图形宽度变大）

## 11.3.2　设置过渡时间

transition-duration 属性用来定义转换动画的时间长度，基本语法如下：

```
transition-duration: time;
```

初始值为 0，适用于所有元素，包括 before 和 after 伪元素。默认情况下，动画过渡时间为 0 秒，所以当指定元素动画时，会看不到过渡的过程，而是直接看到结果。

实例 11.10：通过过渡属性与时间添加动画效果 ( 案例文件: ch11\11.10.html)

```
<!DOCTYPE html>
<html>
<head>
<title>过渡时间</title>
<style>
div{
    width:100px; height:100px;
    border:solid 2px red;
    transition-property: width;
        -webkit-transition-
property:width;
    -moz-transition-property:width;
    -o-transition-property:width;
    -webkit-transition-duration:2s;
    - moz-transition-duration :2s;
    -o-transition-duration:2s;
    transition-duration:2s;}
div:hover
{
    width:300px;
}
</style>
</head>
<body>
<div></div>
</body>
</html>
```

运行效果如图 11-25 所示。这里设置过

渡时间为 2 秒，当鼠标经过矩形框时，矩形框的宽度逐渐发生改变，这里是矩形的宽度从 100px 逐步变化为 300px，如图 11-26 所示。

图 11-25　实例 11.10 的运行效果（默认状态）

图 11-26　实例 11.10 的运行效果（鼠标经过时宽度逐渐变大）

161

### 11.3.3　设置延迟时间

**transition-delay** 属性用来定义开启过渡动画的延迟时间，基本语法如下：

```
transition-delay: time;
```

初始值为 0，适用于所有元素，包括 before 和 after 伪元素。设置时间可以为正整数、负整数和零，非零的时候必须设置单位是 s（秒）或者 ms（毫秒）。为负数时，过渡的动作会从该时间点开始显示，之前的动作被截断；为正数时，过渡的动作会延迟触发。

**实例 11.11：设置动画效果的延迟时间（案例文件：ch11\11.11.html）**

```html
<!DOCTYPE html>
<html>
<head>
<title>过渡延迟</title>
<style>
div{
    width:300px; height:100px;
    border:solid 2px red;
    background-color:orange;
    transition-property:
background-color;
    -webkit-transition-
property:background-color;
    -moz-transition-
property:background-color;
    -o-transition-
property:background-color;
    -webkit-transition-duration:2s;
    -moz-transition-duration:2s;
    -o-transition-duration:2s;
    transition-duration:2s;
    -webkit-transition-delay:2s;
    -moz-transition-delay:2s;
    -o-transition-delay:2s;
    transition-delay:2s;
}
div:hover{ background-color:blue;}
</style>
</head>
<body>
<div></div>
```

```html
</body>
</html>
```

运行效果如图 11-27 所示。这里设置过渡动画推迟 2 秒钟后执行，当鼠标经过对象时，会看不到任何变化，过了 2 秒钟之后，才发现背景色从黄色逐渐过渡到蓝色，如图 11-28 所示。

图 11-27　实例 11.11 的运行效果（默认状态）

图 11-28　实例 11.11 的运行效果（鼠标经过时背景色改变）

### 11.3.4　设置过渡动画类型

**transition-timing-function** 属性用来定义过渡动画的类型，基本语法如下：

```
transition-timing-function: linear|ease|ease-in|ease-out|ease-in-out|cubic-
bezier(n,n,n,n);
```

初始值为 ease，取值简单说明如表 11-8 所示。

表 11-8　transition-timing-function 属性取值

| 值 | 描　述 |
|---|---|
| linear | 规定以相同速度开始至结束的过渡效果，等于 cubic-bezier(0,0,1,1) |
| ease | 规定慢速开始，然后变快，再慢速结束的过渡效果，等同于 cubic-bezier(0.25,0.1,0.25,1) |
| ease-in | 规定以慢速开始的过渡效果，等于 cubic-bezier(0.42,0,1,1) |
| ease-out | 规定以慢速结束的过渡效果，等于 cubic-bezier(0,0,0.58,1) |
| ease-in-out | 规定以慢速开始和结束的过渡效果，等于 cubic-bezier(0.42,0,0.58,1) |
| cubic-bezier(n,n,n,n) | 在 cubic-bezier 函数中定义自己的值，可能的值是 0~1 之间的数值 |

## 实例 11.12：设置动画过渡的类型 ( 案例文件：ch11\11.12.html)

```html
<!DOCTYPE html>
<html>
<head>
<title>动画过渡类型</title>
<style>
div{
    width:300px; height:100px;
    border:solid 2px red;
    background-color:orange;
        transition-property:
background-color;
        -webkit-transition-
property:background-color;
        -moz-transition-
property:background-color;
        -o-transition-
property:background-color;
        -webkit-transition-
duration:10s;
    -moz-transition-duration:10s;
    -o-transition-duration:10s;
    transition-duration:10s;
      -webkit-transition-timing-
function:linear;
        -moz-transition-timing-
function:linear;
        -o-transition-timing-
function:linear;
        transition-timing-
function:linear;}
    div:hover{background-color:blue;}
</style>
</head>
<body>
<div></div>
</body>
</html>
```

运行效果如图 11-29 所示。这里设置过渡时间为 10 秒，当鼠标经过对象时，背景色以线性过渡类型从黄色逐渐过渡到蓝色。图 11-30 所示为过渡中的颜色变化，图 11-31 所示为 10 秒后背景色最后显示的颜色。

图 11-29　实例 11.12 的运行结果（默认状态）

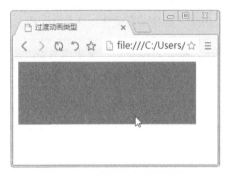

图 11-30　背景色的过渡颜色

图 11-31　背景色变换后的最终颜色

## 11.4  设计帧动画效果

通过 CSS3 提供的 animation 属性可以定义帧动画，从而制作出很多具有动感效果的网页来取代网页动画图像。

> **提示**：animation 功能与 transition 功能相同，都是通过改变元素的属性值来实现动画效果。它们的区别在于，transition 只能通过指定属性的开始值与结束值，然后在两个属性值之间进行平滑过渡来实现动画效果，因此不能实现比较复杂的动画效果；animation 则通过定义多个关键帧以及每个关键帧中元素的属性值来实现更为复杂的动画效果。

### 11.4.1  设置关键帧

CSS3 使用 @keyframes 定义关键帧，具体用法如下：

```
@keyframes animationname {
    keyframes-selector {
        css-styles;
    }
}
```

具体参数说明如下。

- animationname：定义动画的名称。
- keyframes-selector：定义帧的时间未知，也就是动画持续时间的百分比，合法的值包括 100%、from（等价于 0%）、to（等价于 100%）。
- css-styles：表示一个或多个合法的 CSS 样式属性。

在 CSS3 中，动画效果其实就是使元素从一种样式逐渐变化为另一种样式的效果。在创建动画时，首先需要创建动画规则 @keyframes，然后将 @keyframes 绑定到指定的选择器上。

> **提示**：创建动画规则，至少需要规定动画的名称和持续的时间，然后将动画规则绑定到选择器上，否则动画不会有任何效果。

在规定动画规则时，可使用关键字 from 和 to 来规定动画的初始时间和结束时间，也可以使用百分比来规定变化发生的时间，0% 是动画的开始，100% 是动画的完成。

下面定义一个动画规则，将实现网页背景从蓝色转换为红色的动画效果，代码如下：

```
@keyframes colorchange
{
    from {background:blue;}
    to {background: red;}
}

@-webkit-keyframes colorchange /* Safari 与 Chrome */
{
    from {background:blue;}
    to {background: red;}
}
```

动画规则定义完成后，就可以将其绑定到指定的选择器上，然后指定动画持续的时间即可。例如，将 colorchange 动画捆绑到 div 元素，动画持续时间设置为 10 秒，代码如下：

```
div
{
    animation:colorchange 10s;
    -webkit-animation:colorchange 10s; /* Safari与Chrome */
}
```

> **注意**：必须指定动画持续的时间，否则将无动画效果，因为动画默认的持续时间为 0。

### 实例 11.13：制作帧动画效果 ( 案例文件: ch11\11.13.html)

本实例制作的帧动画效果不仅能改变颜色，还可以改变元素的位置，主要是在 0%、50%、100% 三个时间上改变元素的样式和位置。

```
<!DOCTYPE html>
<html>
<head>
<title>帧动画效果</title>
<style>
div
{
    width:100px;
    height:100px;
    background:blue;
    position:relative;
    animation:mydh 10s;
     -webkit-animation:mydh 10s; /*
Safari and Chrome */
}

@keyframes mydh
{
      0%    {background:blue;
left:0px; top:0px;}
      50%   {background:red;
left:100px; top:200px;}
      100%  {background:yellow;
left:200px; top:0px;}
}
@-webkit-keyframes mydh
{
    0%  {background:blue; left:0px;
top:0px;}
      50%  {background:red;
left:100px; top:200px;}
      100%  {background:yellow;
left:200px; top:0px;}
}
</style>
</head>
<body>
<p><b>查看动画效果</b></p>
<div> </div>
```

```
</body>
</html>
```

运行效果如图 11-32 所示。动画过渡中的效果如图 11-33 所示。动画过渡后的效果如图 11-34 所示。

图 11-32　实例 11.13 的运行效果（过渡前的动画效果）

图 11-33　实例 11.13 的运行效果（过渡中的动画效果）

图 11-34　实例 11.13 的运行效果（过渡后的动画效果）

165

## 11.4.2　设置动画属性

在添加动画效果之前，用户需要了解有关动画的属性。表 11-9 中列出了动画属性及其说明。

表 11-9　动画属性

| 属　性 | 描　述 |
|---|---|
| @keyframes | 规定动画 |
| animation | 所有动画属性的简写属性 |
| animation-name | 规定 @keyframes 动画的名称 |
| animation-duration | 规定动画完成一个周期所花费的秒或毫秒。默认是 0 |
| animation-timing-function | 规定动画的速度曲线。默认是 ease |
| animation-fill-mode | 规定当动画不播放时（当动画完成时，或当动画有一个延迟未开始播放时），要应用到元素的样式 |
| animation-delay | 规定动画何时开始。默认是 0 |
| animation-iteration-count | 规定动画播放的次数。默认是 1 |
| animation-direction | 规定动画是否在下一周期逆地播放。默认是 normal |
| animation-play-state | 规定动画是否正在运行或暂停。默认是 running |

### 1. 定义动画名称

使用 animation-name 属性可以定义 CSS 动画的名称，语法格式如下：

```
animation-name: keyframename|none;
```

主要参数介绍如下。

- keyframename：指定要绑定到选择器的关键帧的名称。
- none：指定有没有动画（可用于覆盖级联的动画）。

### 2. 定义动画时间

使用 animation-duration 属性定义动画完成一个周期需要多少秒或毫秒。语法格式如下：

```
animation-duration: time;
```

指定动画播放完成花费的时间。默认值为 0，意味着没有动画效果。

### 3. 定义动画形态

使用 animation-timing-function 属性可以定义动画的形态，即指定动画将如何完成一个周期。速度曲线定义动画从一套 CSS 样式变为另一套所用的时间，速度曲线用于使变化更为平滑。语法格式如下：

```
animation-timing-function: value;
```

animation-timing-function 属性使用的数学函数称为三次贝塞尔曲线，或速度曲线。使用此函数，用户可以自定义值，或使用预先定义的值。

- linear：动画从头到尾的速度是相同的。
- ease：默认。动画以低速开始，然后加快，在结束前变慢。
- ease-in：动画以低速开始。

- ease-out：动画以低速结束。
- ease-in-out：动画以低速开始和结束。
- cubic-bezier(n,n,n,n)：在 cubic-bezier 函数中自定义值。可能值是从 0~1 的数值。

#### 4. 定义动画类型

使用 animation-fill-mode 属性定义动画外状态，即规定当动画不播放时（当动画完成时，或当动画有一个延迟未开始播放时），要应用到元素的样式。语法格式如下：

```
animation-fill-mode: none|forwards|backwards|both|initial|inherit;
```

主要参数介绍如下。

- none：默认值。动画在执行之前和之后不会应用任何样式到目标元素。
- forwards：动画结束后（由 animation-iteration-count 决定），将应用该属性值。
- backwards：动画将应用在 animation-delay 期间启动动画的第一次迭代的关键帧中定义的属性值。这些都是 from 关键帧中的值（当 animation-direction 为 normal 或 alternate 时）或 to 关键帧中的值（当 animation-direction 为 reverse 或 alternate-reverse 时）。
- both：动画遵循 forwards 和 backwards 的规则。也就是说，动画会在两个方向上扩展动画属性。
- initial：设置该属性为它的默认值。
- inherit：从父元素继承该属性。

#### 5. 定义延迟时间

使用 animation-delay 属性可以定义 CSS 动画延迟播放的时间，语法格式如下：

```
animation-delay: time;
```

time 定义动画开始前等待的时间，以秒或毫秒计，默认值为 0。

#### 6. 定义播放次数

使用 animation-iteration-count 属性定义 CSS 动画的播放次数，语法格式如下：

```
animation-iteration-count: infinite <number>;
```

默认值为 1，这意味着动画将从开始到结束播放一次。infinite 表示无限次，即 CSS 动画永远重复。如果取值为非整数，将导致动画结束于一个周期的一部分；如果取值为负值，则将导致动画在交替周期内反向播放。

#### 7. 定义播放方向

使用 animation-direction 属性定义是否循环交替反向播放动画，语法格式如下：

```
animation-direction : normal | alternate;
```

默认值为 normal。当为默认值时，动画的每次循环都向前播放。另一个值是 alternate，设置该值则表示在偶数次向前播放，在奇数次向反方向播放。

#### 8. 定义播放状态

使用 animation-play-state 属性指定动画是否正在运行或已暂停，语法格式如下：

```
animation-play-state: paused|running;
```

paused 指定暂停动画，running 指定正在运行的动画。

**实例 11.14：制作帧动画效果（案例文件：ch11\11.14.html）**

```html
<!DOCTYPE html>
<html>
<head>
<title>圆球运动动画</title>
<style>
div
{
    width:50px;
    height:50px;
    background:#93FB40;
    border-radius:100%;
    box-shadow: 2px 2px 2px #999;
    position:relative;
    animation-name:myfirst;
    animation-duration:5s;
    animation-timing-
function:linear;
    animation-delay:2s;
    animation-iteration-
count:infinite;
    animation-direction:alternate;
    animation-play-state:running;
    /* Safari and Chrome: */
    -webkit-animation-name:myfirst;
    -webkit-animation-duration:5s;
    -webkit-animation-timing-
function:linear;
    -webkit-animation-delay:2s;
    -webkit-animation-iteration-
count:infinite;
    -webkit-animation-direction:
alternate;
    -webkit-animation-play-state:
running;
    }
    @keyframes myfirst
    {
        0%    {background:red; left:0px;
top:0px;}
        25%   {background:yellow; left:
200px; top:0px;}
        50%   {background:blue; left:
```
```html
200px; top:200px;}
        75%   {background:green; left:0px;
top:200px;}
        100%  {background:red; left:0px;
top:0px;}
    }
    @-webkit-keyframes myfirst
    {
        0%    {background:red; left:0px;
top:0px;}
        25%   {background:yellow;
left:200px; top:0px;}
        50%   {background:blue;
left:200px; top:200px;}
        75%   {background:green; left:0px;
top:200px;}
        100%  {background:red; left:0px;
top:0px;}
    }
    </style>
    </head>
    <body>
    <div></div>
    </body>
    </html>
```

运行效果如图 11-35 所示。小球沿着设置的轨迹一直运动，其自身的颜色也在不断变化。

图 11-35　实例 11.14 的运行效果（帧动画运动效果）

## 11.5　新手常见疑难问题

**疑问 1：添加了动画效果后，为什么在 IE 浏览器中没有效果？**

首先需要仔细检查代码，在设置参数时有没有多余的空格。确认代码无误后，可以查看 IE 浏览器的版本，如果浏览器的版本为 IE 9.0 或者更低，则需要升级到 IE 10.0 或者更新的版本，才能查看到添加的动画效果。

**疑问2：定义动画的时间用百分比，还是用关键字 from 和 to？**

一般情况下，使用百分比和使用关键字 from 和 to 的效果是一样的，但是在以下两种情况下，用户需要考虑使用百分比来定义时间。

- 定义多于两种以上的动画状态时，需要使用百分比来定义动画时间。
- 考虑要在多种浏览器上查看动画效果时，使用百分比会获得更好的兼容效果。

# 11.6 实战技能训练营

**实战1：设计一个 3D 折叠翻转的文字动画**

结合所学知识，制作一个 3D 折叠翻转的文字动画。默认打开时文字为全部显示的立体效果，将鼠标放到任意一个文字上，该文字将出现折叠翻转的动画效果。运行结果如图 11-36 所示。

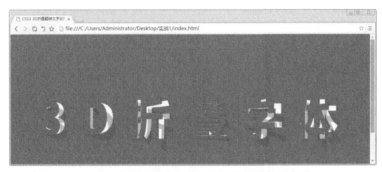

图 11-36　实战 1 要实现的 3D 折叠翻转的文字动画

**实战2：使用 CSS3 创建立体动画相册**

结合所学知识，制作一个立体动画相册。将鼠标放到任意一个图片上，将出现立体动画效果。运行结果如图 11-37 所示。

图 11-37　实战 2 要制作的立体动画相册

# 第12章 JavaScript和jQuery

**📖 本章导读**

JavaScript 作为一种可以给网页增加交互性的脚本语言，拥有近二十年的发展历史。它的简单、易学易用特性，使其立于不败之地。jQuery 是 JavaScript 的函数库，它简化了 HTML 与 JavaScript 之间复杂的处理程序，同时解决了浏览器兼容的问题。

**📖 知识导图**

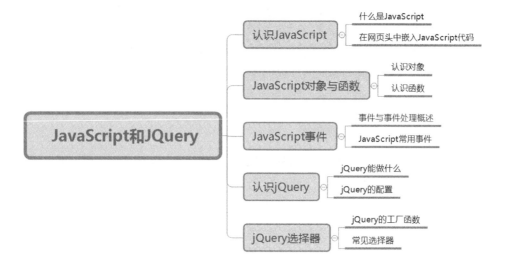

# 12.1　认识 JavaScript

JavaScript 是一种客户端的脚本程序语言，用于 HTML 网页制作，主要作用是为 HTML 网页增加动态效果。

## 12.1.1　什么是 JavaScript

JavaScript 最初由网景公司的 Brendan Eich 设计，它是一种动态、弱类型、基于原型的语言，内置支持类。经过近二十年的发展，它已经成为健壮的基于对象和事件驱动并具有相对安全性的客户端脚本语言，同时也是一种广泛用于客户端 Web 开发的脚本语言，常用来给 HTML 网页添加动态功能，比如响应用户的各种操作。

JavaScript 可以弥补 HTML 语言的缺陷，实现 Web 页面客户端动态效果，其主要作用如下。

（1）动态改变网页内容。

HTML 语言是静态的，一旦编写，内容是无法改变的。JavaScript 可以弥补这种不足，可以将内容动态地显示在网页中。

（2）动态改变网页的外观。

JavaScript 通过修改网页元素的 CSS 样式，可以动态地改变网页的外观。例如，修改文本的颜色、大小等属性，图片的位置动态地改变等。

（3）验证表单数据。

为了提高网页的效率，用户在填写表单时，可以在客户端对数据进行合法性验证，验证成功之后才能提交到服务器上，进而减少服务器的负担和网络带宽的压力。

（4）响应事件。

JavaScript 是基于事件的语言，因此可以影响用户或浏览器产生的事件。只有事件产生时才会执行某段 JavaScript 代码，如用户单击计算按钮时，程序才显示运行结果。

## 12.1.2　在网页头部嵌入 JavaScript 代码

JavaScript 脚本一般放在 HTML 网页头部的 \<head> 与 \</head> 标记之间。这样，不会因为 JavaScript 影响整个网页的显示结果。

在 HTML 网页头部的 \<head> 与 \</head> 标记之间嵌入 JavaScript 的格式如下：

```
<html>
<head>
<title>在HTML网页头嵌入JavaScript代码<title>
<script language="JavaScript" >
<!--
…
JavaScript脚本内容
…
//-->
</script>
</head>
<body>
```

```
...
</body>
</html>
```

在 <script> 与 </script> 标记中添加相应的 JavaScript 脚本，这样就可以直接在 HTML 文件中调用 JavaScript 代码，以实现相应的效果。

实例 12.1：在 HTML 网页头嵌入 JavaScript 代码（案例文件：ch12\12.1.html）

```
<!DOCTYPE html>
<html>
<head>
<script language ="javascript">
        document.write("欢迎来到
javascript动态世界");
</script>
</head>
<body>
   <p>学习javascript！！！
</body>
```

```
</html>
```

运行效果如图 12-1 所示，可以看到网页输出了两句话，其中第一句就是 JavaScript 代码输出语句。

图 12-1　实例 12.1 的运行效果（嵌入 JavaScript 代码）

注意：在 JavaScript 语法中，分号";"是 JavaScript 程序语句结束的标识。

## 12.2　JavaScript 对象与函数

下面介绍 JavaScript 对象与函数的使用方法。

### 12.2.1　认识对象

在 JavaScript 中，对象包括内置对象、自定义对象等多种类型，使用这些对象可大大简化 JavaScript 程序的设计，提供直观、模块化的方式进行脚本程序开发。

对象（object）是一件事、一个实体、一个名词，可以获得的东西，可以想象为自己标识的任何东西。

凡是能够提取一定度量数据，并能通过某种方式对度量数据实施操作的客观存在都可以构成一个对象。可以用属性来描述对象的状态，可以使用方法和事件来处理对象的各种行为。

- 属性：用来描述对象的状态，通过定义属性值来定义对象的状态。
- 方法：针对对象行为的复杂性，对象的某些行为可以用通用的代码来处理，这些代码就是方法。
- 事件：由于对象行为的复杂性，对象的某些行为不能使用通用的代码来处理，需要用户根据实际情况来编写处理该行为的代码，该代码称为事件。JavaScript 的常见内部对象如表 12-1 所示。

表 12-1 JavaScript 的常见内部对象

| 对 象 名 | 功　能 | 静态动态性 |
|---|---|---|
| Object 对象 | 使用该对象可以在程序运行时为 JavaScript 对象随意添加属性 | 动态对象 |
| String 对象 | 用于处理或格式化文本字符串以及确定和定位字符串中的子字符串 | 动态对象 |
| Date 对象 | 使用 Date 对象执行各种日期和时间操作 | 动态对象 |
| Event 对象 | 用来表示 JavaScript 的事件 | 静态对象 |
| FileSystemObiect 对象 | 主要用于实现文件操作功能 | 动态对象 |
| Drive 对象 | 主要用于收集系统中的物理或逻辑驱动器资源中的内容 | 动态对象 |
| File 对象 | 用于获取服务器端指定文件的相关属性 | 静态对象 |
| Folder 对象 | 用于获取服务器端指定文件类的相关属性 | 静态对象 |

## 12.2.2 认识函数

所谓函数，是指在程序设计中可以将一段经常使用的代码"封装"起来，在需要时直接调用的代码。JavaScript 可以使用函数来响应网页中的事件。

使用函数前，必须先定义函数，定义函数使用关键字 function。定义函数的语法格式如下：

```
function 函数名([参数1,参数2…]){
    //函数体语句
[return 表达式]
}
```

上述代码的含义如下：

● function 为关键字，用来定义函数。

● 函数名必须是唯一的，要通俗易懂，最好能看名知意。

● [ ] 括起来的是可选部分，可有可无。

● 可以使用 return 将值返回。

● 参数是可选的，可以一个参数不带，也可以带多个参数，多个参数之间用逗号隔开。即使不带参数也要在方法名后加一对圆括号。

编写函数 calcF，实现输入一个值，计算一元二次方程式的结果。$f(x)=4x^2+3x+2$，单击"计　算"按钮，使用户通过提示对话框输入 x 的值，并在对话框中显示相应的计算结果。

**实例 12.2: 计算一元二次方程式 (案例文件: ch12\12.2.html)**

**01** 创建 HTML 文档，结构如下：

```
<!DOCTYPE html>
<html>
<head>
<title>计算一元二次方程函数</title>
</head>
<body>
    <input type="button" value="计
```

算">
```
    </body>
    </html>
```

**02** 在 HTML 文档的 head 部分，增加如下 JavaScript 代码：

```
<script type="text/javascript">
  function calcF(x){
   var result;   //声明变量，存储计算结果
   result=4*x*x+3*x+2;   //计算一元二次
```

方程
```
        alert("计算结果: "+result);    //输
出运算结果
    }
    </script>
```

03为"计　算"判断按钮添加单击（onclick）事件，调用计算函数 calcF(x)。将 HTML 文件中，<input type="button" value=" 计　算 "> 这一行代码修改成如下代码：

```
    <input type="button" value="计　算" onClick="calcF(prompt('请输入一个数值: '))">
```

本例主要用到了参数，增加了参数之后，就可以计算任意数的一元二次方程的值。试想，如果没有该参数，函数的功能将会非常单一。prompt 方法是系统内置的一个调用输入对话框的方法，该方法可以带参数，也可以不带参数。

04运行代码即可得到如下页面效果，如图 12-2 所示。

05单击"计　算"按钮，弹出一个信息提示框，在其中输入一个数值，如图 12-3 所示。

图 12-2　实例 12.2 中加载网页的效果

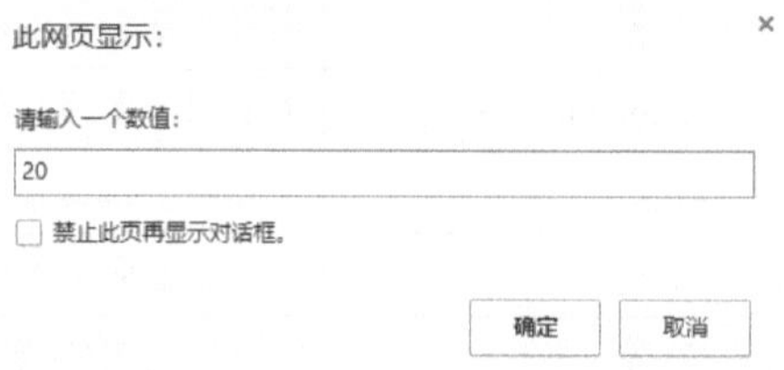

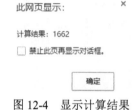

图 12-3　输入数值

06单击"确定"按钮，即可得出计算结果，如图 12-4 所示。

此网页显示:　　　　　　×

计算结果: 1662

☐ 禁止此页再显示对话框。

确定

图 12-4　显示计算结果

## 12.3　JavaScript 事件

JavaScript 是基于对象的语言，它的一个最基本的特征就是采用事件驱动，它可以使图形界面环境下的一切操作变得简单。通常鼠标或热键的动作称为事件。由鼠标或热键引发的一连串程序动作，称之为事件驱动，对事件进行处理的程序或函数，称之为事件处理程序。

### 12.3.1　事件与事件处理概述

事件由浏览器动作—浏览器载入文档或用户动作，诸如敲击键盘、滚动鼠标等触发，事件处理程序则说明一个对象如何响应事件。在早期支持 JavaScript 脚本的浏览器中，事件处理程序是作为 HTML 标记的附加属性加以定义的，其形式如下：

```
<input type="button" name="MyButton" value="Test Event" onclick="MyEvent()">
```

大部分事件的命名都是描述性的，如 click、submit、mouseover 等，通过名称就可以知道其含义。但是也有少数事件的名字不易理解，如 blur 的英文含义是模糊的，而在这里表示的是一个域或者一个表单失去焦点。一般情况下，为事件名称添加前缀，如对于 click 事件，其处理器名为 onclick。

事件不仅仅局限于鼠标和键盘操作，也包括浏览器状态的改变，如绝大部分浏览器支持类似 resize 和 load 事件等。load 事件在浏览器载入文档时触发，如果某事件要在文档载入时触发，一般应该在 <body> 标记中加入语句"onload=MyFunction()"。resize 事件在用户改变浏览器窗口大小时触发。当用户改变窗口大小时，需要改变文档页面的内容布局，以适应这种改变。

Event 对象包含其他对象使用的常量和方法。当事件发生后，会产生临时的 Event 对象实例，而且还附带当前事件的信息，如鼠标定位、事件类型等，然后将其传递给相关的事件处理器进行处理。待事件处理完毕，该临时 Event 对象实例所占据的内存空间被释放，浏览器等待其他事件出现并进行处理。如果短时间内发生的事件较多，浏览器按事件发生的顺序将这些事件排序，然后依次执行这些事件。

事件可以发生在很多场合，包括浏览器本身的状态和页面中的按钮、链接、图片、层等。根据 DOM 模型，文本也可以作为对象，并响应相关的动作，如单击鼠标、文本被选中等。事件的处理方法与浏览器也有很大的关系，浏览器的版本越新，所支持的事件处理器就越多，支持也越完善。在编写 JavaScript 脚本时，要充分考虑浏览器的兼容性，才可以编写出适合多数浏览器的安全脚本。

## 12.3.2 JavaScript 常用事件

JavaScript 的常用事件如表 12-2 所示。

表 12-2 常用事件

| 事 件 | 说 明 |
| --- | --- |
| onmousedown | 按下鼠标时触发此事件 |
| onclick | 鼠标单击时触发此事件 |
| onmouseover | 鼠标移到目标的上方触发此事件 |
| onmouseout | 鼠标移出目标的上方触发此事件 |
| onload | 网页载入时触发此事件 |
| onunload | 离开网页时触发此事件 |
| onfocus | 网页上的元素获得焦点时产生该事件 |
| onmove | 浏览器的窗口被移动时触发的事件 |
| onresize | 浏览器的窗口大小被改变时触发的事件 |
| onScroll | 浏览器的滚动条位置发生变化时触发的事件 |
| onsubmit | 提交表单时产生该事件 |

下面以鼠标的 onclick 事件为例进行讲解。

**实例 12.3：通过按钮变换背景颜色 ( 案例文件：ch12\12.3.html)**

```
<!DOCTYPE html >
<html>
<head>
<title>通过按钮变换背景颜</title>
</head>
<body>
```

```
<script language="javascript">
var Arraycolor=new Array("olive","teal","red","blue","maroon","navy","lime","fuschia","green","purple","gray","yellow","aqua","white","silver");
    var n=0;
    function turncolors(){
      if (n==(Arraycolor.length-1))
n=0;
      n++;
```

```
        document.bgColor = Arraycolor
[n];
    }
    </script>
    <form name="form1" method="post"
action="">
    <p>
        <input type="button"
name="Submit" value="变换背景"
onclick="turncolors()">
    </p>
    <p>用按钮随意变换背景颜色.</p>
    </form>
    </body>
    </html>
```

图 12-5　实例 12.3 的预览效果

图 12-6　改变背景颜色

运行上述代码，预览效果如图 12-5 所示。单击"变换背景"按钮，可以动态地改变页面的背景颜色。当用户再次单击按钮时，页面背景将以不同的颜色显示，如图 12-6 所示。

## 12.4　认识 jQuery

jQuery 是一套开放原始代码的 JavaScript 函数库，它的核心理念是写得更少，做得更多。如今，jQuery 已经成为最流行的 JavaScript 函数库。

### 12.4.1　jQuery 能做什么

最开始，jQuery 所提供的功能非常有限，仅仅能增强 CSS 的选择器功能，如今 jQuery 已经发展到集 JavaScript、CSS、DOM 和 Ajax 于一体的优秀框架，其模块化的使用方式使开发者可以轻松地开发出功能强大的静态或动态网页。目前，很多网站的动态效果就是利用 jQuery 脚本库制作出来的，如中国网络电视台、CCTV、京东商城等。

下面介绍京东商城应用的 jQuery 效果。访问京东商城的首页，在右侧有一个话费、旅行、彩票、游戏栏目，这里应用 jQuery 实现了标签页的效果。将鼠标移动到"话费"栏目上，标签页中将显示手机话费充值的相关内容，如图 12-7 所示；将鼠标移动到"游戏"栏目上，标签页中将显示游戏充值的相关内容，如图 12-8 所示。

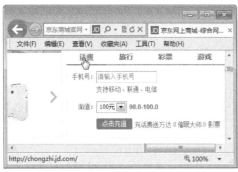

图 12-7　话费栏目

图 12-8　游戏栏目

## 12.4.2　jQuery 的配置

要想在开发网站的过程中应用 jQuery 库，需要先配置它。jQuery 是一个开源的脚本库，可以从官方网站（http://jquery.com）下载。将 jQuery 库下载到本地计算机后，还需要在项目中配置 jQuery 库，即将下载的 .JS 文件放置到项目的指定文件夹中。通常放置在 JS 文件夹中，然后根据需要应用到 jQuery 的页面中。使用下面的语句将其引用到文件中。

```
<script src="jquery.min.js"type="text/javascript" ></script>
或者
<script Language="javascript" src="jquery.min.js"></script>
```

> **注意：** 引用 jQuery 的 <script> 标记，必须放在所有的自定义脚本的 <script> 之前，否则在自定义的脚本代码中应用不到 jQuery 脚本库。

# 12.5　jQuery 选择器

在 JavaScript 中，要想获取对象的 DOM 元素，必须使用该对象的 ID 和 TagName。jQuery 库提供了许多功能强大的选择器，可以帮助开发人员获取页面上各对象的 DOM 元素，而且获取到的每个对象都以 jQuery 包装集的形式返回。

## 12.5.1　jQuery 工厂函数

$ 是 jQuery 中最常用的一个符号，用于声明 jQuery 对象。可以说，无论使用哪种类型的选择器都需要从一个 "$" 符号和一对 "()" 开始。在 "()" 中通常使用字符串参数，参数中可以包含任何 CSS 选择符表达式，其通用语法格式如下：

```
$(selector)
```

$ 的常用用法有以下几种：

- 在参数中使用标记名，如 $("div")，用于获取文档中全部的 <div>。
- 在参数中使用 ID，如 $("#usename")，用于获取文档中 ID 属性值为 usename 的一个元素。
- 在参数中使用 CSS 类名，如 $(".btn_grey")，用于获取文档中使用 CSS 类名为 btn_grey 的所有元素。

**实例 12.4：选择文本段落中的奇数行 ( 案例文件：ch12\12.4.html)**

```
<!DOCTYPE html>
<html>
<head>
<title>$符号的应用</title>
<script language="javascript"
src="jquery-1.11.0.min.js"></script>
<script language="javascript">
window.onload = function(){
```

```
    var oElements = $("p:odd");  //选
择匹配元素
    for(var i=0;i<oElements.
length;i++)
    oElements[i].innerHTML =
i.toString();
    }
    </script>
    </head>
    <body>
    <div id="body">
    <p>第一行</p>
```

```
<p>第二行</p>
<p>第三行</p>
<p>第四行</p>
<p>第五行</p>
</div>
</body>
</html>
```

运行结果如图 12-9 所示。

图 12-9　实例 12.4 的运行结果（"$" 符号的应用）

### 12.5.2　常见选择器

jQuery 中常见的选择器如下。

● 基本选择器：jQuery 的基本选择器是应用最广泛的选择器，它是其他类型选择器的基础，是 jQuery 选择器中最为重要的部分。jQuery 基本选择器包括 ID 选择器、元素选择器、类别选择器、复合选择器等。

● 层级选择器：层级选择器是根据 DOM 元素之间的层次关系来获取特定的元素，例如后代元素、子元素、相邻元素和兄弟元素等。

● 过滤选择器：jQuery 过滤选择器主要包括简单过滤器、内容过滤器、可见性过滤器、表单对象的属性选择器和子元素选择器等。

● 属性选择器：属性选择器是通过元素的属性作为过滤条件来进行筛选对象的选择器，常见的属性选择器主要有 [attribute]、[attribute=value]、[attribute!=value]、[attribute$=value] 等。

● 表单选择器：表单选择器用于选取经常在表单内出现的元素，不过，所选取的元素不一定在表单之中。jQuery 提供的表单选择器主要包括 input 选择器、text 选择器、password 选择器、password 选择器、radio 选择器、checkbox 选择器、submit 选择器、reset 选择器、button 选择器、image 选择器、file 选择器。

> **注意**：对于 jQuery 表单选择器，它并非包含 ":" 号，比如可以使用标记名代表网页对象，如 $("div")；使用 "#" 代表对象 ID，如 $("#username")；使用 "." 代表 CSS 类名，如 $(".btn_grey")；使用 ":" 代表表单元素，如 $(":file")；等等。

下面以表单选择器为例讲解选择器的用法。

**实例 12.5：为表单元素添加背景色 ( 案例文件：ch12\12.5.html)**

```
<!DOCTYPE html >
<html>
<head>
<script type="text/javascript"
src="jquery-1.11.0.min.js"></script>
<script type="text/javascript">
$(document).ready(function(){
        $(":file").css("background-
color","#B2E0FF");
    });
</script>
```

```
</head>
<body>
<form action="">
姓名: <input type="text" name="姓名"
/>
    <br />
    密码: <input type="password" name="
密码" />
    <br />
    <button type="button">按钮1</button>
    <input type="button" value="按钮2"
/>
    <br />
    <input type="reset" value="重置" />
    <input type="submit" value="提交"
/>
```

```
<br />
文件域: <input type="file">
</form>
</body>
</html>
```

运行结果如图 12-10 所示。可以看到,
网页中表单类型为 file 的元素被添加了背
景色。

图 12-10　实例 12.5 的运行结果（表单
选择器的应用）

## 12.6　新手常见疑难问题

### 疑问 1: JavaScript 支持的对象主要包括哪些?

JavaScript 支持的对象主要包括如下几种。

- JavaScript 核心对象: 包括同基本数据类型相关的对象（如 String、Boolean、Number）、用户自定义和组合类型的对象（如 Object、Array）和其他能简化 JavaScript 操作的对象（如 Math、Date、RegExp、Function）。
- 浏览器对象: 包括不属于 JavaScript 语言本身但被绝大多数浏览器所支持的对象, 如控制浏览器窗口和用户交互界面的 Window 对象以及提供客户端浏览器配置信息的 Navigator 对象。
- 用户自定义对象: Web 应用程序开发者用于完成特定任务而自定义的对象, 可自由设计对象的属性、方法和事件处理程序, 编程灵活性较大。
- 文本对象: 由文本域构成的对象。在 DOM 中定义, 同时赋予很多特定的处理方法, 如 insertData()、appendData() 等。

### 疑问 2: 如何检查浏览器的版本?

使用 JavaScript 代码可以轻松地检查浏览器的版本, 具体代码如下:

```
<script type="text/javascript">
  var browser=navigator.appName
  var b_version=navigator.appVersion
  var version=parseFloat(b_version)
  document.write("浏览器名称: "+ browser)
  document.write("<br />")
  document.write("浏览器版本: "+ version)
</script>
```

## 12.7　实战技能训练营

### 实战 1: 设计一个商城计算器

编写能对两个操作数进行加、减、乘、除运算的简易计算器, 效果如图 12-11 所示。加
法运算的界面如图 12-12 所示, 减法运算的界面如图 12-13 所示, 乘法运算的界面如图 12-14

所示，除法运算的界面如图 12-15 所示。

图 12-11　实战 1 要实现的程序效果图

图 12-12　加法运算的界面

图 12-13　减法运算的界面

图 12-14　乘法运算的界面

图 12-15　除法运算的界面

## 实战 2：设计动态显示当前时间的页面

结合运用所学知识制作一个动态时钟，实现动态显示当前时间。运行结果如图 12-16 所示。

图 12-16　实战 2 要实现的动态时钟

# 第13章　绘制图形

📖 **本章导读**

HTML5 有很多的新特性，其中一个值得提及的特性就是 HTML canvas，它可以对 2D 图形或位图进行动态、脚本的渲染。使用 canvas 可以绘制一个矩形区域，然后使用 JavaScript 可以控制其每一个像素，例如可以用它来画图、合成图像，或做简单的动画。本章就来介绍如何使用 HTML5 绘制图形。

📑 **知识导图**

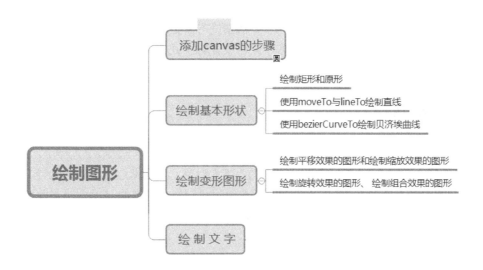

# 13.1 添加 canvas

canvas 标记将占据一个矩形区域，它包含两个属性 width 和 height，分别表示矩形区域的宽度和高度。这两个属性都是可选的，并且都可以通过 CSS 定义，其默认值是 300px 和 150px。

canvas 在网页中的常用形式如下：

```
<canvas id="myCanvas" width="300" height="200"
    style="border:1px solid #c3c3c3;">
    您的浏览器不支持 canvas!
</canvas>
```

示例代码中 id 表示画布对象名称，width 和 height 分别表示矩形的宽度和高度。最初的画布是不可见的，此处为了观察这个矩形区域使用了 CSS 样式，即 style 标记。style 表示画布的样式，如果浏览器不支持画布标记，会显示画布中间的提示信息。

画布 canvas 本身不具有绘制图形的功能，它只是一个容器，如果读者对 Java 语言非常了解，就会发现 HTML5 的画布和 Java 中的 Panel 面板非常相似，都是容器类对象。有了 canvas 画布，就可以使用脚本语言 JavaScript 绘制图形了。

使用 canvas 结合 JavaScript 绘制图形，一般情况下需要下面几个步骤。

**01** JavaScript 使用 id 来寻找 canvas 元素，即获取当前画布对象。

```
var c = document.getElementById("myCanvas");
```

**02** 创建 context 对象。

```
var cxt = c.getContext("2d");
```

getContext 方法返回一个指定 contextId 的上下文对象，如果指定的 id 不被支持，则返回 null。当前被强制支持的是 "2d"，也许在将来会有 "3d"。指定的 id 是大小写敏感的。对象 cxt 建立之后，就拥有了多种绘制路径、矩形、圆形、字符以及添加图像的方法。

**03** 绘制图形。

```
cxt.fillStyle = "#FF0000";
cxt.fillRect(0,0,150,75);
```

fillStyle 方法将其染成红色，fillRect 方法规定了形状、位置和尺寸。这两行代码将绘制一个红色的矩形。

# 13.2 绘制基本形状

画布 canvas 结合 JavaScript 可以绘制简单的矩形，还可以绘制一些其他常见图形，例如直线、圆等。

## 13.2.1　绘制矩形

用 canvas 和 JavaScript 绘制矩形时，涉及一个或多个方法，这些方法如表 13-1 所示。

表 13-1　绘制矩形的方法

| 方　法 | 功　能 |
|---|---|
| fillRect | 绘制一个矩形，这个矩形区域没有边框，只有填充色。这个方法有 4 个参数，前两个表示左上角的坐标位置，第三个参数为长度，第四个参数为高度 |
| strokeRect | 绘制一个带边框的矩形。该方法的 4 个参数的解释同上 |
| clearRect | 清除一个矩形区域，被清除的区域将没有任何线条。该方法的 4 个参数的解释同上 |

实例 13.1：绘制矩形（案例文件：ch13\13.1.html）

```
<!DOCTYPE html>
<html>
<title>绘制矩形</title>
<body>
<canvas id="myCanvas" width="300"
height="200"
      style="border:1px solid blue">
      您的浏览器不支持 canvas!
</canvas>
<script type="text/javascript">
      var c = document.
getElementById("myCanvas");
      var cxt = c.getContext("2d");
      cxt.fillStyle = "rgb(0,0,200)";
      cxt.fillRect(10,20,100,100);
</script>
</body>
</html>
```

上面的代码定义了一个画布对象，其 id 名称为 myCanvas，高度为 200 像素，宽度为 300 像素，并定义了画布边框的样式。代码中首先获取画布对象，然后使用 getContext 获取当前 2D 的上下文对象，并使用 fillRect 绘制一个矩形。其中涉及一个 fillStyle 属性，用于设定填充颜色、透明度等，如果设置为 "rgb(200,0,0)"，则表示一个不透明颜色；如果设置为 "rgba(0,0,200,0.5)"，则表示为一个透明度 50% 的颜色。

运行结果如图 13-1 所示。可以看到，网页在一个蓝色边框内显示了一个蓝色矩形。

图 13-1　实例 13.1 的运行结果（绘制矩形）

## 13.2.2　绘制圆

在画布中绘制圆，可能涉及下面几个方法，如表 13-2 所示。

表 13-2　绘制圆的方法

| 方　法 | 功　能 |
|---|---|
| beginPath() | 开始绘制路径 |
| arc(x,y,radius,startAngle, endAngle,anticlockwise) | x 和 y 定义的是圆心；radius 是圆的半径。startAngle 和 endAngle 是弧度，不是度数；anticlockwise 用来定义画圆的方向，值是 true 或 false |
| closePath() | 绘制结束路径 |
| fill() | 进行填充 |
| stroke() | 设置边框 |

路径是绘制自定义图形的好方法，在 canvas 中，通过 beginPath() 方法开始绘制路径。可以绘制直线、曲线等，绘制完成后，调用 fill() 和 stroke() 完成填充和设置边框，最后通过 closePath() 方法结束路径。

**实例 13.2：绘制圆（案例文件：ch13\ 13.2.html）**

```
<!DOCTYPE html>
<html>
<title>绘制圆形</title>
<body>
<canvas id="myCanvas" width="200"
height="200"
    style="border:1px solid blue">
    您的浏览器不支持 canvas!
</canvas>
<script type="text/javascript">
        var c = document.
getElementById("myCanvas");
        var cxt = c.getContext("2d");
        cxt.fillStyle = "#FFaa00";
        cxt.beginPath();
        cxt.arc(100,100,15,0,Math.
PI*2,true);
        cxt.closePath();
```

```
        cxt.fill();
</script>
</body>
</html>
```

在上面的 JavaScript 代码中，使用 **beginPath** 方法开启一个路径，然后绘制一个圆，最后关闭这个路径并填充。运行结果如图 13-2 所示。

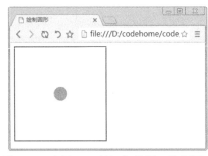

图 13-2　实例 13.2 的运行结果（绘制圆）

## 13.2.3　使用 moveTo 与 lineTo 绘制直线

绘制直线常用的方法是 moveTo 和 lineTo，其含义如表 13-3 所示。

表 13-3　绘制直线的方法

| 方法或属性 | 功　能 |
|---|---|
| moveTo(x,y) | 不绘制，只是将当前位置移动到目标坐标 (x,y)，并作为线条的开始点 |
| lineTo(x,y) | 绘制线条到指定的目标坐标 (x,y)，并且在两个坐标之间画一条直线。不管调用哪一个，都不会真正画出图形，因为还没有调用 stroke 和 fill 函数。当前只是在定义路径的位置，以便后面绘制时使用 |
| strokeStyle | 指定线条的颜色 |
| lineWidth | 设置线条的粗细 |

**实例 13.3：使用 moveTo 与 lineTo 绘制直线（案例文件：ch13\13.3.html）**

```
<!DOCTYPE html>
<html>
<title>绘制直线</title>
<body>
<canvas id="myCanvas" width="200"
height="200"
    style="border:1px solid blue">
    您的浏览器不支持 canvas!
```

```
</canvas>
<script type="text/javascript">
        var c = document.
getElementById("myCanvas");
        var cxt = c.getContext("2d");
        cxt.beginPath();
        cxt.strokeStyle =
"rgb(0,182,0)";
        cxt.moveTo(10,10);
        cxt.lineTo(250,50);
        cxt.lineTo(10,100);
        cxt.lineWidth = 14;
        cxt.stroke();
```

```
        cxt.closePath();
    </script>
    </body>
    </html>
```

上面的代码使用 moveTo 方法定义一个坐标位置为 (10,10)，然后以此坐标位置为起点，绘制了两条不同的直线，并用 lineWidth 设置了直线的宽度，用 strokeStyle 设置了直线的颜色，用 lineTo 设置了两条不同直线的结束位置。

运行结果如图 13-3 所示。可以看到，网页中绘制了两条直线，这两条直线在某一点交叉。

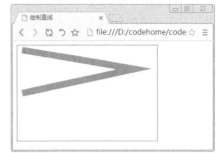

图 13-3　实例 13.3 的运行结果（绘制直线）

## 13.2.4　使用 bezierCurveTo 绘制贝济埃曲线

在数学的数值分析领域，贝济埃（Bézier，也译作贝塞尔）曲线是电脑图形学中相当重要的参数曲线。更高维度的广泛化贝济埃曲线称作贝济埃曲面，其中贝济埃三角是一种特例。

bezierCurveTo() 表示为一个画布的当前子路径添加一条三次贝济埃曲线。这条曲线的开始点是画布的当前点，而结束点是 (x,y)。两条贝济埃曲线的控制点 (cpX1,cpY1) 和 (cpX2,cpY2) 定义了曲线的形状。当这个方法返回的时候，当前的位置为 (x,y)。

方法 bezierCurveTo 的具体格式如下：

```
bezierCurveTo(cpX1, cpY1, cpX2, cpY2, x, y)
```

其参数的含义如表 13-4 所示。

表 13-4　绘制贝济埃曲线的参数

| 参　数 | 描　述 |
| --- | --- |
| cpX1, cpY1 | 与曲线的开始点（当前位置）相关联的控制点坐标 |
| cpX2, cpY2 | 与曲线的结束点相关联的控制点坐标 |
| x, y | 曲线的结束点坐标 |

实例 13.4：使用 bezierCurveTo 绘制贝济埃曲线 ( 案例文件: ch13\13.4. html)

```
<!DOCTYPE html>
<html>
<head>
<title>贝济埃曲线</title>
<script>
function draw(id)
{
    var canvas = document.
getElementById(id);
    if(canvas==null)
        return false;
    var context = canvas.
getContext('2d');
        context.fillStyle = "#eeeeff";
        context.fillRect(0,0,400,300);
        var n = 0;
        var dx = 150;
        var dy = 150;
        var s = 100;
        context.beginPath();
            context.
globalCompositeOperation = 'and';
        context.fillStyle = 'rgb
(100,255,100)';
        context.strokeStyle = 'rgb
(0,0,100)';
        var x = Math.sin(0);
        var y = Math.cos(0);
        var dig = Math.PI/15*11;
```

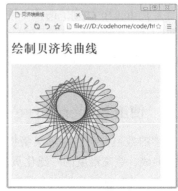

```
        for(var i=0; i<30; i++)
        {
            var x = Math.sin(i*dig);
            var y = Math.cos(i*dig);
            context.bezierCurveTo(
                dx+x*s,dy+y*s-100,dx+x*
s+100,dy+y*s,dx+x*s,dy+y*s);
        }
        context.closePath();
        context.fill();
        context.stroke();
        }
    </script>
    </head>
    <body onload="draw('canvas');">
    <h1>绘制贝济埃曲线</h1>
    <canvas id="canvas" width="400"
height="300" />
        您的浏览器不支持 canvas!
    </canvas>
    </body>
    </html>
```

上面的 draw 函数，首先使用 fillRect(0, 0,400,300) 语句绘制了一个矩形，其大小与画布相同，填充颜色为浅青色。然后定义了几个变量，用于设定曲线的坐标位置，并在 for 循环中使用 bezierCurveTo 绘制贝济埃曲线，运行结果如图 13-4 所示。可以看到，网页中显示了一个贝济埃曲线。

图 13-4　实例 13.4 的运行结果（绘制贝济埃曲线）

## 13.3　绘制变形图形

画布 canvas 不但可以使用 moveTo 方法来移动画笔，绘制图形和线条，还可以使用变换来调整画笔下的画布，变换的方法包括平移、缩放和旋转等。

### 13.3.1　绘制平移效果的图形

如果要对图形实现平移，需要使用 translate(x，y) 方法，该方法表示在平面上平移，即原来原点为参考，然后以偏移后的位置作为坐标原点。也就是说，原来在 (100，100)，然后 translate(1，1)，新的坐标原点在 (101，101) 而不是 (1，1)。

实例 13.5：绘制平移效果的图形 ( 案例文件：ch13\13.5.html)

```
<!DOCTYPE html>
<html>
<head>
<title>绘制坐标变换</title>
<script>
function draw(id)
{
    var canvas = document.getElementById
(id);
    if(canvas==null)
        return false;
    var context = canvas.
getContext('2d');
    context.fillStyle = "#eeeeff";
```

```
    context.fillRect(0,0,400,300);
    context.translate(200,50);
        context.fillStyle =
'rgba(255,0,0,0.25)';
        for(var i=0; i<50; i++){
            context.translate(25,25);
                context.fillRect(0,0,
100,50);
        }
    }
    </script>
    </head>
    <body onload="draw('canvas');">
    <h1>变换原点坐标</h1>
    <canvas id="canvas" width="400"
height="300" />
        您的浏览器不支持 canvas!
    </canvas>
    </body>
```

```
</html>
```

在 draw 函数中，使用 fillRect 方法绘制了一个矩形，然后使用 translate 方法平移到一个新位置，并从新位置开始，使用 for 循环连续移动多次坐标原点，即多次绘制矩形。

运行结果如图 13-5 所示。可以看到，网页中从坐标位置 (200,50) 开始绘制矩形，每次以指定的平移距离绘制矩形。

图 13-5　实例 13.5 的运行结果（变换原点坐标）

## 13.3.2　绘制缩放效果的图形

对变形图形来说，最常用的就是对图形进行缩放，即以原来的图形为参考，放大或者缩小图形，从而增加效果。

要实现图形缩放，需要使用 scale(x,y) 函数。该函数带有两个参数，分别代表在 x、y 两个方向上的值。每个参数在 canvas 中显示图像的时候，向其传递在本方向轴上图像要放大或者缩小的量。如果 x 值为 2，代表所绘制的图像中全部元素都会变成两倍宽。如果 y 值为 0.5，绘制出来的图像全部元素都会变成先前的一半高。

实例 13.6：绘制缩放效果的图形 ( 案例文件：ch13\13.6.html)

```
<!DOCTYPE html>
<html>
<head>
<title>绘制图形缩放</title>
<script>
function draw(id)
{
        var canvas = document.
getElementById(id);
        if(canvas==null)
            return false;
        var context = canvas.
getContext('2d');
        context.fillStyle = "#eeeeff";
        context.fillRect(0,0,400,300);
        context.translate(200,50);
            context.fillStyle =
'rgba(255,0,0,0.25)';
        for(var i=0; i<50; i++){
            context.scale(3,0.5);
                context.fillRect(0,0,
100,50);
        }
}
</script>
</head>
<body onload="draw('canvas');">
```

```
<h1>图形缩放</h1>
<canvas id="canvas" width="400"
height="300" />
            您的浏览器不支持 canvas!
</canvas>
</body>
</html>
```

上面的代码中，缩放操作是放在 for 循环中完成的。在此循环中，以原来图形为参考物，使其在 x 轴方向上增加为 3 倍宽，在 y 轴方向上变为原来的一半。

运行结果如图 13-6 所示。可以看到，在一个指定方向上绘制了多个矩形。

图 13-6　实例 13.6 的运行结果（图形缩放）

### 13.3.3 绘制旋转效果的图形

变换操作不限于平移和缩放，还可以使用函数 context.rotate(angle) 来旋转图像，甚至可以直接修改底层变换矩阵以完成一些高级操作，如剪裁图像的绘制路径。

例如，context.rotate(1.57) 表示旋转角度参数以弧度为单位。rotate() 方法默认从左上端的 (0,0) 开始旋转，通过指定一个角度，改变了画布坐标和 Web 浏览器中 <canvas> 元素的像素之间的映射，使得任意后续绘图在画布中都显示为旋转的。

**实例 13.7：绘制旋转效果的图形 ( 案例文件：ch13\13.7.html)**

```
<!DOCTYPE html>
<html>
<head>
<title>绘制旋转图像</title>
<script>
function draw(id)
{
    var canvas = document.
getElementById(id);
    if(canvas==null)
        return false;
    var context = canvas.
getContext('2d');
    context.fillStyle = "#eeeeff";
    context.fillRect(0,0,400,300);
    context.translate(200,50);
    context.fillStyle =
'rgba(255,0,0,0.25)';
    for(var i=0; i<50; i++){
    context.rotate(Math.PI/10);
    context.fillRect(0,0,100,50);
    }
}
</script>
</head>
```

```
<body onload="draw('canvas');">
<h1>旋转图形</h1>
<canvas id="canvas" width="400"
height="300" />
        您的浏览器不支持 canvas!
</canvas>
</body>
</html>
```

上面的代码中使用 rotate 方法在 for 循环中对多个图形进行了旋转，其旋转角度相同，运行结果如图 13-7 所示。在显示页面上，多个矩形以中心弧度为原点进行了旋转。

图 13-7　实例 13.7 的运行结果（旋转图形）

> **注意**：这个操作并没有旋转 <canvas> 元素本身，而且旋转的角度是用弧度指定的。

### 13.3.4 绘制组合效果的图形

在前面介绍的知识中，可以将一个图形画在另一个之上。大多数情况下，这样是不够的。例如，这样会受制于图形的绘制顺序。不过，我们可以利用 globalCompositeOperation 属性来改变这些做法，不仅可以在已有图形后面再画新图形，还可以用来遮盖、清除（比 clearRect 方法强劲得多）某些区域。其语法格式如下：

```
globalCompositeOperation = type
```

表示设置不同形状的组合类型，其中 type 表示方的图形是已经存在的 canvas 内容，圆的图形是新的形状，其默认值为 source-over，表示在 canvas 内容上面画新的形状。

type 具有 12 个属性值，具体说明如表 13-5 所示。

表 13-5　type 的属性值

| 属性值 | 说明 |
| --- | --- |
| source-over(default) | 默认设置，新图形会覆盖在原有内容之上 |
| destination-over | 会在原有内容之下绘制新图形 |
| source-in | 新图形仅仅出现在与原有内容重叠的部分，其他区域都变成透明的 |
| destination-in | 原有内容与新图形重叠的部分会被保留，其他区域都变成透明的 |
| source-out | 结果是只有新图形与原有内容不重叠的部分会被绘制出来 |
| destination-out | 原有内容与新图形不重叠的部分会被保留 |
| source-atop | 新图形中与原有内容重叠的部分会被绘制，并覆盖于原有内容之上 |
| destination-atop | 原有内容与新内容重叠的部分会被保留，并会在原有内容之下绘制新图形 |
| lighter | 两图形中重叠部分做加色处理 |
| darker | 两图形中重叠部分做减色处理 |
| xor | 重叠的部分会变成透明 |
| copy | 只有新图形会被保留，其他都被清除掉 |

**实例 13.8：绘制组合效果的图形 ( 案例文件：ch13\13.8.html)**

```
<!DOCTYPE html>
<html>
<head>
<title>绘制图形组合</title>
<script>
function draw(id)
{
    var canvas = document.
getElementById(id);
    if(canvas==null)
        return false;
    var context = canvas.
getContext('2d');
    var oprtns = new Array(
        "source-atop",
        "source-in",
        "source-out",
        "source-over",
        "destination-atop",
        "destination-in",
        "destination-out",
        "destination-over",
        "lighter",
        "copy",
        "xor"
);
    var i = 10;
    context.fillStyle = "blue";
    context.fillRect(10,10,60,60);
        context.globalComposite
Operation = oprtns[i];
        context.beginPath();
        context.fillStyle = "red";
        context.arc(60,60,30,0,Math.
PI*2,false);
        context.fill();
    }
    </script>
    </head>
    <body onload="draw('canvas');">
    <h1>图形组合</h1>
    <canvas id="canvas" width="400"
height="300" />
        您的浏览器不支持 canvas!
    </canvas>
    </body>
    </html>
```

在上面的代码中，首先创建了一个 oprtns 数组，用于存储 type 的 12 个值，然后绘制了一个矩形，并使用 content 上下文对象设置了图形的组合方式，即采用新图形显示，其他被清除的方式，最后使用 arc 绘制了一个圆。

运行结果如图 13-8 所示，在显示页面上绘制了一个矩形和圆，但矩形和圆接触的部分以空白显示。

图 13-8　实例 13.8 的运行结果（图形组合）

## 13.4　绘制文字

在画布中绘制字符串（文字）与操作其他路径对象相同，可以描绘文本轮廓和填充文本内部。同时，所有能够应用于其他图形的变换和样式都能用于文本。

文本绘制功能由两个函数实现，如表 13-6 所示。

表 13-6　绘制文本的方法

| 方　法 | 说　明 |
|---|---|
| fillText(text,x,y,maxwidth) | 绘制带 fillStyle 填充的文字，拥有文本参数以及用于指定文本位置坐标的参数。maxwidth 是可选参数，用于限制字体大小，它会将文本字体强制收缩到指定尺寸 |
| trokeText(text,x,y,maxwidth) | 绘制只有 strokeStyle 边框的文字，其参数含义与上一个方法相同 |
| measureText | 该函数会返回一个度量对象，它包含在当前 context 环境下指定文本的实际显示宽度 |

为了保证文本在各浏览器下都能正常显示，在绘制上下文里有以下字体属性。

- font：可以是 CSS 字体规则中的任何值，包括字体样式、字体变种、字体大小与粗细、行高和字体名称。
- textAlign：控制文本的对齐方式。它类似于（但不完全等同于）CSS 中的 text-align。可能的取值为 start、end、left、right 和 center。
- textBaseline：控制文本相对于起点的位置，可取值为 top、hanging、middle、alphabetic、ideographic 和 bottom。对于简单的英文字母，可以放心地使用 top、middle 或 bottom 作为文本基线。

实例 13.9：绘制文字（案例文件：ch13\13.9.html）

```
<!DOCTYPE html>
<html>
<head>
<title>Canvas</title>
</head>
<body>
```

```
<canvas id="my_canvas" width="200"
height="200"
        style="border:1px solid
#ff0000">
        您的浏览器不支持 canvas!
    </canvas>
    <script type="text/javascript">
        var elem = document.
getElementById("my_canvas");
        if (elem && elem.getContext) {
            var context = elem.
```

```
getContext("2d");
                context.fillStyle = '#00f';
                  //font: 文字字体, 同CSSfont-
family属性
                      context.font = 'italic
30px 微软雅黑';      //斜体, 30像素, 微软雅黑
字体
                //textAlign: 文字水平对齐方式
                //可取属性值: start,end,left,
right, center。默认值start
                context.textAlign = 'left';
                //文字竖直对齐方式
                //可取属性值: top,hanging,middle,
alphabetic,ideographic, bottom
                //默认值: alphabetic
                context.textBaseline = 'top';
                  //要输出的文字内容, 文字位置坐
标, 第四个参数为可选项——最大宽度
                  //如果需要的话, 浏览器会缩小文
字, 以让它适应指定宽度
                context.fillText('一往不复还
', 0, 0,50);        //有填充
                context.font = 'bold 30px
sans-serif';
                context.strokeText('一往不复
还', 0, 50,100);  //只有文字边框
        }
```

```
</script>
</body>
</html>
```

运行结果如图 13-9 所示, 在页面上显示一个画布边框, 画布中显示了两个不同的字符串。第一个字符串以斜体显示, 其颜色为蓝色。第二个字符串字体颜色为浅黑色, 加粗显示。

图 13-9　实例 13.9 的运行结果 (绘制文字)

## 13.5　新手常见疑难问题

**疑问 1: canvas 的宽度和高度是否可以在 CSS 属性中定义?**

添加 canvas 标签的时候, 会在 canvas 的属性里填写要初始化 canvas 的高度和宽度。

```
<canvas width="500" height="400">Not Supported!</canvas>
```

如果把高度和宽度写在 CSS 里面, 结果会发现, 在绘图的时候坐标获取出现差异, canvas.width 和 canvas.height 分别是 300 和 150, 与预期的不一样。这是因为 canvas 要求这两个属性必须随 canvas 标记一起出现。

**疑问 2: 画布中 Stroke 和 Fill 的区别是什么?**

HTML5 中将图形分为两大类: 第一类称作 Stroke, 就是轮廓、勾勒或者线条, 图形是由线条组成的; 第二类称作 Fill, 就是填充区域。上下文对象中有两个绘制矩形的方法, 可以让我们很好地理解这两大类图形的区别: 一个是 strokeRect, 还有一个是 fillRect。

## 13.6　实战技能训练营

**实战 1: 绘制绿色小房子**

综合所学的绘制直线的知识, 绘制一个绿色小房子, 效果如图 13-10 所示。

**实战 2：绘制企业商标**

综合所学绘制曲线的知识，绘制一个企业商标，效果如图 13-11 所示。

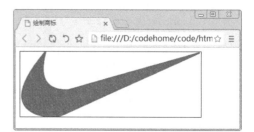

图 13-10　实战 1 要绘制的绿色小房子　　　　图 13-11　实战 2 要绘制的企业商标

# 第14章 文件与拖放

📖 **本章导读**

HTML5 专门提供了一个页面层调用的 API，通过调用这个 API 中的对象、方法和接口，可以方便地访问文件的属性或读取文件内容。另外，在 HTML5 中还可以将文件进行拖放，即抓取对象以后拖到另一个位置。任何元素都能够被拖放，常见的拖放元素为图片、文字等。

📖 **知识导图**

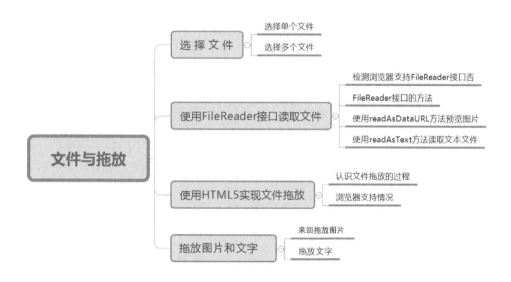

# 14.1 选择文件

在 HTML5 中，可以创建一个 file 类型的 <input> 元素来实现文件上传功能。该类型的 <input> 元素新添加了一个 multiple 属性，如果将该属性的值设置为 true，则可以在一个元素中实现多个文件的上传。

## 14.1.1 选择单个文件

在 HTML5 中，当需要创建一个 file 类型的 <input> 元素上传文件时，可以定义只选择一个文件。

实例 14.1：通过 file 对象选择单个文件（案例文件：ch14\14.1.html）

```
<!DOCTYPE html>
<html>
<head>
<title>文件</title>
</head>
<body>
    <form>
    <h3>请选择文件：</h3>
        </p><input type="file"
id="fileload" /></p><!--单个文件上传-->
    </form>
</body>
</html>
```

运行效果如图 14-1 所示。单击"浏览"按钮，弹出"打开"对话框。选择一个要加载的文件，如图 14-2 所示。

图 14-1 实例 14.1 的预览效果

图 14-2 选择一个要加载的文件

## 14.1.2 选择多个文件

在 HTML5 中，除了可以选择单个文件外，还可以通过添加元素的 multiple 属性实现选择、上传多个文件的功能。

实例 14.2：通过 file 对象选择多个文件（案例文件：ch14\14.2.html）

```
<!DOCTYPE HTML>
<html>
<body>
```

```
<form>
    选择文件：<input type="file"
multiple="multiple" />
    </form>
    <p>在浏览文件时可以选取多个文件。</p>
</body>
</html>
```

运行效果如图14-3所示。单击"浏览"按钮,弹出"打开"对话框。选择多个要加载的文件,如图14-4所示。

图 14-3  实例 14.2 的预览效果          图 14-4  选择多个要加载的文件

# 14.2  使用 FileReader 接口读取文件

使用 Blob 接口可以获取文件的相关信息,如文件名称、大小、类型,但如果想要读取或浏览文件,则需要用到 FileReader 接口。该接口不仅可以读取图片文件,还可以读取文本或二进制文件。根据该接口提供的事件与方法,还可以动态侦测文件读取时的详细状态。

## 14.2.1  检测浏览器支持 FileReader 接口否

FileReader 接口主要用来把文件读入内存,并且读取文件中的数据。FileReader 接口提供了一个异步 API,可以在浏览器主线程中异步访问文件系统,读取文件中的数据。截至目前,并不是所有浏览器都实现了 FileReader 接口。这里提供一种方法可以检查您的浏览器是否支持 FileReader 接口,具体代码如下:

```
if(typeof FileReader == 'undefined'){
    result.InnerHTML="<p>你的浏览器不支持FileReader接口! </p>";
    //使选择控件不可操作
    file.setAttribute("disabled","disabled");
}
```

## 14.2.2  FileReader 接口的方法

FileReader 接口有 4 个方法,其中 3 个用来读取文件,另一个用来中断读取。无论读取成功或失败,方法并不会返回读取结果。结果存储在 result 属性中。FileReader 接口的方法及描述如表 14-1 所示。

表 14-1  FileReader 接口的方法及描述

| 方 法 | 描 述 |
|---|---|
| readAsText (File,[encoding]) | 将文件以文本方式读取,结果即是这个文本文件的内容 |
| readAsBinaryString (File) | 将文件读取为二进制字符串,通常将它送到后端,后端可以通过这段字符串存储文件 |

续表

| 方 法 | 描 述 |
|---|---|
| readAsDataUrl (File) | 将文件读取为一串 Data URL 字符串，该方法事实上是将小文件以一种特殊格式的 URL 地址形式直接读入页面。这里的小文件通常指图像与 HTML 等格式的文件 |
| abort (none) | 终端读取操作 |

## 14.2.3　使用 readAsDataURL 方法预览图片

通过 fileReader 接口中的 readAsDataURL() 方法，可以获取 API 异步读取的文件数据，另存为数据 URL，将该 URL 绑定 <img> 元素的 src 属性值，就可以实现图片文件预览。如果读取的不是图片文件，将给出相应的提示信息。

**实例 14.3：使用 readAsDataURL 方法预览图片**（案例文件：ch14\14.3.html）

```
<!DOCTYPE html>
<html>
<head>
<title>使用readAsDataURL方法预览图片
</title>
</head>
<body>
<script type="text/javascript">
        var result=document.
getElementById("result");
        var file=document.
getElementById("file");

    //判断浏览器是否支持FileReader接口
        if(typeof FileReader ==
'undefined'){
            result.InnerHTML="<p>你的浏
览器不支持FileReader接口！</p>";
            //使选择控件不可用
            file.setAttribute("disabled"
,"disabled");
        }

    function readAsDataURL(){
        //检验是否为图像文件
            var file = document.
getElementById("file").files[0];
            if(!/image\/\w+/.test(file.
type)){
                alert("这个不是图片文件，
请重新选择！");
                return false;
            }
            var reader = new
FileReader();
```

```
    //将文件以Data URL形式读入页面
    reader.readAsDataURL(file);
    reader.onload=function(e){
            var result=document.
getElementById("result");
            //显示文件
            result.innerHTML='<img
src="' + this.result +'" alt="" />';
        }
    }
</script>
<p>
    <label>请选择一个文件：</label>
    <input type="file" id="file" />
    <input type="button" value="读
取图像" onclick="readAsDataURL()" />
</p>
<div id="result" name="result"></
div>
</body>
</html>
```

运行效果如图 14-5 所示。单击"浏览"按钮，弹出"打开"对话框。选择需要预览的图片文件，如图 14-6 所示。

图 14-5　实例 14.3 的预览效果

196

图 14-6 "打开"对话框

选择完毕，单击"打开"按钮，返回浏览器窗口，然后单击"读取图像"按钮，即可在页面下方显示图片，如图 14-7 所示。

如果选择的不是图片文件，单击"读取图像"按钮后，就会给出相应的提示信息，如图 14-8 所示。

图 14-7 显示图片

图 14-8 信息提示框

## 14.2.4 使用 readAsText 方法读取文本文件

使用 FileReader 接口的 readAsTextO 方法，可以将文件以文本编码的方式进行读取，即可以读取上传文本文件的内容，实现方法与读取图片基本相似，只是读取文件的方式不一样而已。

实例 14.4：使用 readAsText 方法读取文本文件 ( 案例文件：ch14\14.4.html)

```
<!DOCTYPE html>
<html>
<head>
<title>使用readAsText方法读取文本文件
</title>
</head>
<body>
<script type="text/javascript">
```

```
    var result=document.getElement
ById("result");
    var file=document.getElement
ById("file");

    //判断浏览器是否支持FileReader接口
    if(typeof FileReader == 'undefined')
{
        result.InnerHTML="<p>你的浏览器不
支持FileReader接口！</p>";
        //使选择控件不可操作
        file.setAttribute("disabled",
"disabled");
```

```
        }
    function readAsText(){
            var file = document.
getElementById("file").files[0];
        var reader = new FileReader();
        //将文件以文本形式读入页面
                    r e a d e r .
readAsText(file,"gb2312");
        reader.onload=function(f){
                var result=document.
getElementById("result");
            //显示文件
                result.innerHTML=this.
result;
        }
    }
    </script>
    <p>
        <label>请选择一个文件：</label>
        <input type="file" id="file" />
        <input type="button" value="读
取文本文件" onclick="readAsText()" />
    </p>
    <div id="result" name="result"></
div>
    </body>
    </html>
```

运行效果如图 14-9 所示。单击"浏览"按钮，弹出"打开"对话框。选择需要读取的文件，如图 14-10 所示。

选择完毕，单击"打开"按钮，返回 IE 11.0 浏览器窗口，然后单击"读取文本文件"按钮，即可在页面的下方显示文本文件中的信息，如图 14-11 所示。

图 14-9　实例 14.4 的预览效果

图 14-10　选择要读取的文本

图 14-11　读取文本信息

## 14.3　使用 HTML5 实现文件拖放

HTML5 实现拖放效果，常用的方法是利用 HTML5 新增加的事件 drag 和 drop。

### 14.3.1　认识文件拖放的过程

在 HTML5 中实现文件拖放主要有以下 4 个步骤。

第 1 步：设置元素为可拖放。

首先，为了使元素可拖动，把 draggable 属性设置为 true，具体代码如下：

```
<img draggable="true" />
```

第 2 步：确定拖动什么。

实现拖放的第二步就是设置拖动的元素，常见的元素有图片、文字、动画等。实现拖放功能的是 ondragstart 和 setData()，即规定当元素被拖动时，会发生什么。

在下面的例子中，ondragstart 属性调用了一个函数 drag(event)，它规定了被拖动的数据。dataTransfer.setData() 方法设置被拖数据的数据类型和值，具体代码如下：

```
function drag(ev)
{
ev.dataTransfer.setData("Text",ev.target.id);
}
```

在这个例子中，数据类型是 Text，值是可拖动元素的 id。

第 3 步：确定放到何处。

实现拖放功能的第三步就是将可拖放元素放到何处，实现该功能的事件是 ondragover。默认情况下，无法将数据 / 元素放置到其他元素中。如果需要设置允许放置，用户必须阻止对元素的默认处理方式。这就需要通过调用 ondragover 事件的 event.preventDefault() 方法，具体代码如下：

```
event.preventDefault()
```

第 4 步：进行放置。

当放置被拖数据时，就会发生 drop 事件。在下面的例子中，ondrop 属性调用了一个函数 drop(event)，具体代码如下：

```
function drop(ev)
{
    ev.preventDefault();
    var data=ev.dataTransfer.getData("Text");
    ev.target.appendChild(document.getElementById(data));
}
```

## 14.3.2　浏览器支持情况

不同的浏览器版本对拖放技术的支持情况是不同的，表 14-2 所示是常见浏览器对拖放技术的支持情况。

表 14-2　浏览器对拖放技术的支持情况

| 浏览器名称 | 支持 Web 存储技术的版本 |
|---|---|
| Internet Explorer | Internet Explorer 9 及更高版本 |
| Firefox | Firefox 3.6 及更高版本 |
| Opera | Opera 12.0 及更高版本 |
| Safari | Safari 5 及更高版本 |
| Chrome | Chrome 5 及更高版本 |

## 14.4　拖放图片和文字

下面给出一个简单的拖放实例，该实例主要实现的功能就是把一张图片拖放到一个矩形当中。对于文字的拖放，也有类似的操作。

**实例 14.5：将图片拖放至矩形当中（案例文件：ch14\14.5.html）**

```
<!DOCTYPE HTML>
<html>
<head>
<style type="text/css">
#div1 {width:150px;height:150px;pad
ding:10px;border:1px solid #aaaaaa;}
</style>
<script type="text/javascript">
    function allowDrop(ev)
    {
        ev.preventDefault();
    }
    function drag(ev)
    {
            ev.dataTransfer.
setData("Text",ev.target.id);
    }
    function drop(ev)
    {
        ev.preventDefault();
         var data=ev.dataTransfer.
getData("Text");
                    ev.target.
appendChild(document.
getElementById(data));
    }
</script>
</head>
<body>
    <p>请把图片拖放到矩形中：</p>
        <div id="div1"
ondrop="drop(event)"
ondragover="allowDrop(event)"></div>
        <br />
        <img id="drag1"
src="01.jpg" draggable="true"
ondragstart="drag(event)" />
</body>
</html>
```

调用 preventDefault() 来避免浏览器对数据的默认处理（drop 事件的默认行为是以链接形式打开）。通过 dataTransfer.getData("Text") 方法获得被拖的数据。该方法将返回在 setData() 方法中设置为相同类型的任何数据。

被拖数据是被拖元素的 id。

把被拖元素追加到放置元素（目标元素）中。

将上述代码保存为 HTML 格式，运行效果如图 14-12 所示。

可以看到，当选中图片后，在不释放鼠标的情况下，可以将其拖放到矩形框中，如图 14-13 所示。

图 14-12　实例 14.5 的预览效果

图 14-13　拖放图片

## 14.4.1　来回拖放图片

下面再给出一个具体实例，该实例实现的效果就是在网页中来回拖放图片。

**实例 14.6：在网页中来回拖放图片（案例文件：ch14\14.6.html）**

```
<!DOCTYPE HTML>
```

```
<html>
<head>
<style type="text/css">
#div1, #div2
    {float:left; width:100px;
height:35px; margin:10px;padding:10px;b
```

```
order:1px solid #aaaaaa;}
    </style>
    <script type="text/javascript">
        function allowDrop(ev)
        {
            ev.preventDefault();
        }
        function drag(ev)
        {
            ev.dataTransfer.
setData("Text",ev.target.id);
        }
        function drop(ev)
        {
            ev.preventDefault();
            var data=ev.dataTransfer.
getData("Text");
            ev.target.
appendChild(document.
getElementById(data));
        }
    </script>
    </head>
    <body>
    <div id="div1" ondrop="drop(event)"
ondragover="allowDrop(event)">
        <img src="02.jpg" draggable="true"
```

```
ondragstart="drag(event)" id="drag1" />
    </div>
    <div id="div2" ondrop="drop(event)"
ondragover="allowDrop(event)"></div>
    </body>
    </html>
```

在记事本中输入这些代码，然后将其保存为 HTML 格式的网页文件，然后运行网页文件查看效果。选中网页中的图片，即可在两个矩形当中来回拖放，如图 14-14 所示。

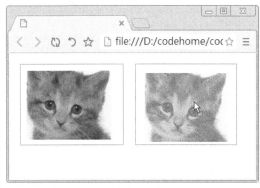

图 14-14　实例 14.6 的预览效果

## 14.4.2　拖放文字

了解 HTML5 的拖放技术后，下面给出一个具体实例，该实例实现的效果就是在网页中拖放文字。

实例 14.7：在网页中拖放文字 ( 案例文件：ch14\14.7.html)

```
<!DOCTYPE HTML>
<html>
<head>
<title>拖放文字</title>
<style>
body {
    font-family: 'Microsoft YaHei';
}
div.drag {
    background-color:#AACCFF;
    border:1px solid #666666;
    cursor:move;
    height:100px;
    width:100px;
    margin:10px;
    float:left;
}
div.drop {
    background-color:#EEEEEE;
```

```
    border:1px solid #666666;
    cursor: pointer;
    height:150px;
    width:150px;
    margin:10px;
    float:left;
}
</style>
</head>
<body>
<div draggable="true" class="drag"
    ondragstart="dragStartHandler
(event)">Drag me!</div>
<div class="drop"
    ondragenter="dragEnterHandler
(event)"
    ondragover="dragOverHandler
(event)"
    ondrop="dropHandler(event)">D
rop here!<ol /></div>
<script>
var internalDNDType = 'text';
function dragStartHandler(event) {
    event.dataTransfer.setData
```

```
(internalDNDType,
event.target.textContent);
        event.effectAllowed = 'move';
    }
    // dragEnter事件
    function dragEnterHandler(event) {
        if (event.dataTransfer.types.
contains(internalDNDType))
            if (event.preventDefault)
event.preventDefault();}
    // dragOver事件
    function dragOverHandler(event) {
        event.dataTransfer.dropEffect =
'copy';
        if (event.preventDefault)
event.preventDefault();
    }
    function dropHandler(event) {
        var data = event.dataTransfer.
getData(internalDNDType);
        var li = document.
createElement('li');
        li.textContent = data;
        event.target.lastChild.
appendChild(li);
    }
    </script>
    </body>
    </html>
```

下面介绍实现拖放的具体操作步骤。

01 将上述代码保存为 HTML 格式的文件，运行效果如图 14-15 所示。

02 选中左边矩形中的元素，将其拖曳到右边的方框中，如图 14-16 所示。

图 14-15　实例 14.7 的预览效果

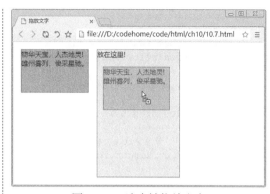

图 14-16　选中被拖放文字

03 释放鼠标，可以看到拖放之后的效果，如图 14-17 所示。

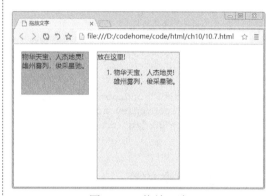

图 14-17　拖放一次

04 还可以多次拖放文字元素，效果如图 14-18 所示。

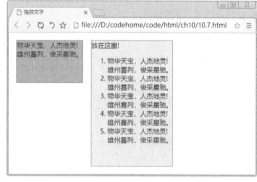

图 14-18　拖放多次

## 14.5　新手常见疑难问题

▎疑问 1：在 HTML5 中，实现拖放效果的方法是唯一的吗？

答：在 HTML5 中，实现拖放效果的方法并不是唯一的。除了可以使用事件 drag 和 drop 外，还可以利用 canvas 标签来实现。

▎疑问 2：在 HTML5 中，可拖放的对象只有文字和图像吗？

答：默认情况下，图像、链接和文本都可以拖动。也就是说，不用额外编写代码，用户就可以拖动它们。文本只有在被选中的情况下才能拖动，图像和链接在任何时候都可以拖动。

如果要让其他元素可以拖动也是可能的。HTML5 为所有 HTML 元素规定了一个 draggable 属性，表示元素是否可以拖动。图像和链接的 draggable 属性自动被设置成了 true，而其他元素这个属性的默认值都是 false。要想让其他元素可拖动，或者让图像或链接不能拖动，都可以设置这个属性。

▎疑问 3：在 HTML5 中，读取记事本文件中的中文内容时显示乱码怎么办？

读者需要特别注意，如果读取文件内容显示乱码，如图 14-19 所示。

图 14-19　读取文件内容显示乱码

原因是在读取文件时，没有设置读取的编码方式。例如下面的代码：

```
reader.readAsText(file);
```

设置读取的格式，如果是中文内容，修改如下：

```
reader.readAsText(file,"gb2312");
```

## 14.6　实战技能训练营

▎实战 1：制作一个商品选择器

通过所学的知识，制作一个商品选择器，运行效果如图 14-20 所示。拖放商品的图片到右侧的方框中，将提示信息"电冰箱已经被成功选取了！"，如图 14-21 所示。

图 14-20　实战 1 要实现的商品选择器预览效果　　　　图 14-21　提示信息

## 实战 2：制作一个图片上传预览器

通过所学的知识，制作一个图片上传预览器，运行效果如图 14-22 所示。单击"选择图片"按钮，然后在打开的对话框中选择需要上传的图片，接着单击"上传文件"按钮和"显示图片"按钮，即可查看所上传的图片。重复操作，可以上传多个图片，如图 14-23 所示。

图 14-22　实战 2 要制作的图片上传预览器　　　　图 14-23　多张图片的显示效果

# 第15章 地理位置技术

## 本章导读

　　地理位置（Geolocation）是 HTML5 的重要特性之一，它提供了确定用户位置的功能，借助这个特性能够开发基于位置信息的应用。本章将讲述 HTML5 地理位置定位的基本原理和如何利用 Geolocation API 获取地理位置。

## 知识导图

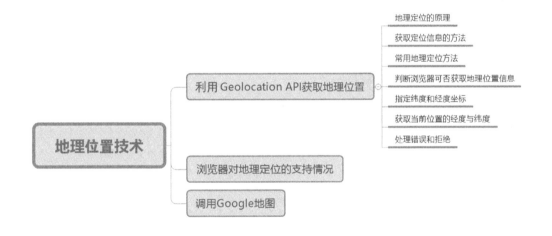

# 15.1 利用 Geolocation API 获取地理位置

在 HTML5 网页代码中，通过一些有用的 API，可以查找访问者当前的位置。

## 15.1.1 地理定位的原理

由于访问者浏览网站的方式不同，可以通过下列方式确定其位置。

- 如果网站浏览者使用电脑上网，通过获取浏览者的 IP 地址，从而确定其具体位置。
- 如果网站浏览者通过手机上网，通过获取浏览者的手机信号接收塔，从而确定其具体位置。
- 如果网站浏览者的设备上具有 GPS 硬件，通过获取 GPS 发出的载波信号，可以获取其具体位置。
- 如果网站浏览者通过无线上网，可以通过无线网络连接获取其具体位置。

> **提示**：API 是应用程序的编程接口，是一些预先定义的函数，目的是提供应用程序与开发人员基于某软件或硬件的以访问一组例程的能力，而无须访问源码，或理解内部工作机制的细节。

## 15.1.2 获取定位信息的方法

了解了地理定位的原理后，下面介绍获取定位信息的方法。根据访问者访问网站的方式，可以通过下列方法之一确定地理位置。

- 利用 IP 地址定位。
- 利用 GPS 功能定位。
- 利用 Wi-Fi 定位。
- 利用 Wi-Fi 和 GPRS 联合定位。
- 利用用户自定义定位数据定位。

具体使用哪种方法将取决于浏览器和设备的功能，然后浏览器确定位置并将其传输回地理位置。需要注意的是，无法保证返回的位置是设备的实际地理位置。因为，这涉及隐私问题，并不是每个人都想与您共享他的位置。

## 15.1.3 常用地理定位方法

通过地理定位，可以确定用户的当前位置，并获取用户地理位置的变化情况。其中，最常用的就是 API 中的 getCurrentposition 方法。

getCurrentPosition 方法的语法格式如下：

```
void getCurrentPosition(successCallback, errorCallback, options);
```

其中，successCallback 参数是指在位置被成功获取时用户想要调用的函数名称，

errorCallback 参数是指在位置获取失败时用户想要调用的函数名称，options 参数指出地理定位时的属性设置。

> **提示**：访问用户位置是耗时的操作，同时它又属于个人隐私，还需取得用户的同意。

如果地理定位成功，新的 Position 对象将调用 displayOnMap 函数，显示设备的当前位置。

那么 Position 对象的含义是什么呢？作为地理定位的 API，Position 对象包含位置确定时的时间戳（timestamp）和包含位置的坐标（coords），具体语法格式如下：

```
Interface position
{
    readonly attribute Coordinates cords;
    readonly attribute DOMTimeStamp timestamp;
};
```

## 15.1.4 判断浏览器可否获取地理位置信息

在用户试图使用地理定位之前，应该先确保浏览器支持 HTML5 获取地理位置信息。这里介绍判断的方法，具体代码如下：

```
function init()
    if (navigator.geolocation) {
    //获取当前地理位置信息
    navigator.geolocation.getCurrentPosition(onSuccess, onError, options);
    } else {
        alert("您的浏览器不支持HTML5来获取地理位置信息。");
    }
```

下面对代码中的函数参数做解释。

1）onSuccess

该函数是获取当前位置信息成功时执行的回调函数。

在 onSuccess 回调函数中，用到了参数 position，代表一个具体的 position 对象，表示当前位置，其具有如下属性。

- latitude：当前地理位置的纬度。
- longitude：当前地理位置的经度。
- altitude：当前位置的海拔高度（不能获取时为 null）。
- accuracy：获取的纬度和经度的精度（以米为单位）。
- altitudeAccurancy：获取的海拔高度的经度（以米为单位）。
- heading：设备的前进方向。用面朝正北方的顺时针旋转角度来表示（不能获取时为 null）。
- speed：设备的前进速度（以米/秒为单位，不能获取时为 null）。
- timestamp：获取地理位置信息时的时间。

2）onError

该函数是获取当前位置信息失败时执行的回调函数。

在 onError 回调函数中，用到了 error 参数，其具有如下属性。

- code：错误代码，有如下值，用户拒绝了位置服务（属性值为 1），获取不到位置信息（属性值为 2），获取信息超时错误（属性值为 3）。

● message：字符串，包含具体的错误信息。

3）options

options 是一些可选属性列表。在 options 参数中，可选属性如下。

● enableHighAccuracy：是否要求高精度的地理位置信息。

● timeout：设置超时时间（单位为毫秒）。

● maximumAge：对地理位置信息进行缓存的有效时间（单位为毫秒）。

## 15.1.5　指定纬度和经度坐标

地理定位成功后，将调用 displayOnMap 函数。

```
function displayOnMap(position)
{
    var latitude=position.coords.latitude;
    var longitude=postion.coords.longitude;
}
```

第一行函数从 Position 对象获取 coordinates 对象，主要由 API 传递给程序调用。第三行和第四行中定义了两个变量，latitude 和 longitude 属性存储在两个变量中。

为了在地图上显示用户的具体位置，可以利用地图网站的 API。下面以百度地图为例进行讲解，需要使用 Baidu Maps Javascript API。在使用此 API 前，需要在 HTML5 页面中添加一个引用，具体代码如下：

```
<!--baidu maps API-->
<script type="text/javascript"scr="http://api.map.baidu.com/api?key=*&v=
1.0&services=true">
</script>
```

其中"*"代码注册到 key。注册 key 的方法为：在 http://openapi.baidu.com/map/index.html"网页中注册百度地图 API，然后输入需要内置百度地图页面的 URL 地址，生成 API 密钥，最后将 key 文件复制、保存。

虽然已经包含了 Baidu Maps JavaScript，但是页面中还不能显示内置的百度地图，还需要添加 HTML 语言，让地图从程序转化为对象。需要加入以下代码：

```
<script type="text/javascript"scr="http://api.map.baidu.com/
api?key=*&v=1.0&services=true">
</script>
<div style="width:600px;height:220px;border:1px solid gary;margin-top:15px;"
id="container">
</div>
<script type="text/javascript">
    var map = new BMap.Map("container");
    map.centerAndZoom(new BMap.Point(***,***),17);
    map.addControl(new BMap.NavigationControl());
    map.addControl(new BMap.ScaleControl());
    map.addControl(new BMap.OverviewMapControl());
    var local = new BMap.LocalSearch(map,
    {
        enderOptions:{map: map}
    }
```

```
    );
    local.search("输入搜索地址");
</script>
```

上述代码分析如下：

- 前两行主要是把 baidu map API 程序植入源码中。
- 第三行在页面中设置一个标签，包括宽度和长度，用户可以自己调整。border=1px 是定义外框的宽度为 1 个像素，solid 为实线，gray 为边框显示颜色，margin-top 为该标签距离上部的距离。
- 第七行为地图中自己位置的坐标。
- 第八到第十行为植入地图缩放控制工具。
- 第十一到第十六行为地图中自己的位置，只需在 local search 后填入自己的位置名称即可。

## 15.1.6　获取当前位置的经度与纬度

如下代码为使用纬度和经度定位坐标的案例。

`01` 打开记事本，在其中输入如下代码：

```html
<!DOCTYPE html>
<html>
<head>
<title>纬度和经度坐标</title>
<style>
body {background-color:#fff;}
</style>
</head>
<body>
<p id="geo_loc"><p>
<script>
function getElem(id) {
        return typeof id === 'string' ? document.getElementById(id) : id;
 }

 function show_it(lat, lon) {
    var str = '您当前的位置, 纬度: ' + lat + ', 经度: ' + lon;
    getElem('geo_loc').innerHTML = str;
 }
if (navigator.geolocation) {
        navigator.geolocation.getCurrentPosition(function(position) {
            show_it(position.coords.latitude, position.coords.longitude);
        },
        function(err) {
            getElem('geo_loc').innerHTML = err.code + "|" + err.message;
        });
 } else {
    getElem('geo_loc').innerHTML = "您当前使用的浏览器不支持Geolocation服务";
 }
</script>
</body>
</html>
```

`02` 使用 IE 浏览器打开网页文件。使用 HTML5 定位功能首先要允许网页运行脚本，所以弹出如图 15-1 所示的提示框，单击"允许阻止的内容"按钮。

图 15-1　允许网页运行脚本

**03**▶弹出想要跟踪实际位置的提示信息，单击"允许一次"按钮，如图 15-2 所示。

图 15-2　允许跟踪实际位置

**04**▶在页面中显示当前页面打开时所处的地理位置，其位置为使用者的 IP 或 GPS 定位地址，如图 15-3 所示。

图 15-3　显示的地理位置

> **提示**：每次使用浏览器打开网页都会提醒是否允许跟踪实际位置，为了安全应当妥善使用地址共享功能。

### 15.1.7　处理错误和拒绝

getCurrentPosition() 方法的第二个参数用于处理错误，它规定当获取用户位置失败时运行的函数。例如以下代码：

```
function showError(error)
{
    switch(error.code)
    {
```

```
        case error.PERMISSION_DENIED:
            x.innerHTML="用户拒绝对获取地理位置的请求。"
            break;
        case error.POSITION_UNAVAILABLE:
            x.innerHTML="位置信息是不可用的。"
            break;
        case error.TIMEOUT:
            x.innerHTML="请求用户地理位置超时。"
            break;
        case error.UNKNOWN_ERROR:
            x.innerHTML="未知错误。"
            break;
    }
}
```

其中 PERMISSION_DENIED 表示用户不允许进行地理定位，POSITION_UNAVAILABLE 表示无法获取当前位置，TIMEOUT 表示操作超时，UNKNOWN_ERROR 表示未知的错误。针对不同的错误类型，将弹出不同的错误信息。

## 15.2 浏览器对地理定位的支持情况

不同的浏览器版本对地理定位技术的支持情况是不同的。表 15-1 是常见浏览器对地理定位的支持情况。

表 15-1　常见浏览器对地理定位的支持情况

| 浏览器名称 | 支持 Web 存储技术的版本 |
|---|---|
| Internet Explorer | Internet Explorer 9 及更高版本 |
| Firefox | Firefox 3.5 及更高版本 |
| Opera | Opera 10.6 及更高版本 |
| Safari | Safari 5 及更高版本 |
| Chrome | Chrome 5 及更高版本 |
| Android | Android 2.1 及更高版本 |

## 15.3 调用 Google 地图

本实例介绍如何在网页中调用 Google 地图，以获取当前设备物理地址的经度与纬度。具体操作步骤如下。

**01**　调用 Google Map，代码如下：

```
<!DOCTYPE html>
<head>
<title>获取当前位置并显示在Google地图上</title>
<script type="text/javascript" src="http://maps.google.com/maps/api/
js?sensor=false"></script>
<script type="text/javascript">
```

**02**　获取当前地理位置，代码如下：

```
navigator.geolocation.getCurrentPosition(function (position) {
var coords = position.coords;
console.log(position);
```

**03** 设定地图参数，代码如下：

```
var latlng = new google.maps.LatLng(coords.latitude, coords.longitude);
var myOptions = {
zoom: 14, //设定放大倍数
center: latlng, //将地图中心点设定为指定的坐标点
mapTypeId: google.maps.MapTypeId.ROADMAP //指定地图类型
};
```

**04** 创建地图，并在页面中显示，代码如下：

```
var map = new google.maps.Map(document.getElementById("map"), myOptions);
```

**05** 在地图上创建标记，代码如下：

```
var marker = new google.maps.Marker({
position: latlng, //将前面设定的坐标标注出来
map: map //将该标注设置在刚才创建的map中
});
```

**06** 创建窗体内的提示内容，代码如下：

```
var infoWindow = new google.maps.InfoWindow({
content: "当前位置: <br/>经度: " + latlng.lat() + "<br/>纬度: " + latlng.lng()
//提示窗体内的提示信息
});
```

**07** 打开提示窗口，代码如下：

```
infoWindow.open(map, marker);
```

**08** 根据需要再编写其他相关代码，如处理错误的方法和打开地图的大小等。查看此时页面
相应的 HTML 源代码如下：

```
<!DOCTYPE html>
<head>
<title>获取当前位置并显示在google地图上</title>
<script type="text/javascript" src="http://maps.google.com/maps/api/
js?sensor=false"></script>
<script type="text/javascript">
function init() {
if (navigator.geolocation) {
//获取当前地理位置
navigator.geolocation.getCurrentPosition(function (position) {
var coords = position.coords;
//console.log(position);
//指定一个Google地图上的坐标点，同时指定该坐标点的横坐标和纵坐标
var latlng = new google.maps.LatLng(coords.latitude, coords.longitude);
var myOptions = {
zoom: 14, //设定放大倍数
center: latlng, //将地图中心点设定为指定的坐标点
mapTypeId: google.maps.MapTypeId.ROADMAP //指定地图类型
};
//创建地图，并在页面map中显示
var map = new google.maps.Map(document.getElementById("map"), myOptions);
//在地图上创建标记
```

```
var marker = new google.maps.Marker({
position: latlng, //将前面设定的坐标标注出来
map: map //将该标注设置在刚才创建的map中
});
//标注提示窗口
var infoWindow = new google.maps.InfoWindow({
content: "当前位置: <br/>经度: " + latlng.lat() + "<br/>纬度: " + latlng.lng() //
提示窗体内的提示信息
});
//打开提示窗口
infoWindow.open(map, marker);
},
function (error) {
//处理错误
switch (error.code) {
case 1:
alert("位置服务被拒绝。");
break;
case 2:
alert("暂时获取不到位置信息。");
break;
case 3:
alert("获取信息超时。");
break;
default:
alert("未知错误。");
break;
}
});
} else {
alert("你的浏览器不支持HTML5来获取地理位置信息。");
}
}
</script>
</head>
<body onload="init()">
<div id="map" style="width: 800px; height: 600px"></div>
</body>
</html>
```

09 保存网页后，即可查看最终效果，如图 15-4 所示。

图 15-4　调用 Google 地图的运行效果

## 15.4  新手常见疑难问题

▌疑问 1：使用 HTML5 Geolocation API 获得的用户地理位置一定精准无误吗？

不一定精准，因为该特性可能侵犯用户的隐私，除非用户同意，否则用户位置信息是不可用的。

▌疑问 2：地理位置 API 可以在国际空间站上使用吗？可以在月球或者其他星球上用吗？

地理位置标准的阐述：地理坐标参考系的属性值来自大地测量系统（World Geodetic System （2d） [WGS84]），不支持其他参考系。国际空间站位于地球轨道上，所以宇航员可以使用经纬度和海拔来描述其位置。但是，大地测量系统是以地球为中心的，因此不能使用这个系统来描述月球或者其他星球的位置。

## 15.5  实战技能训练营

▌实战：设计一个简单的移动定位器

类似汽车上的 GPS 定位系统，在 HTML5 网页中，用户也可以持续获取移动设备的位置。这里使用了 watchPosition() 方法，可以返回用户的当前位置，并继续返回用户移动时的更新位置，从而实现类似 GPS 定位系统一样的功能。打开网页文件，如图 15-5 所示。单击"定位当前位置"按钮，即可获取目前的位置，如图 15-6 所示。用户移动位置后，再次单击"定位当前位置"按钮，即可重新获取用户移动后的位置信息。

图 15-5  实战的程序运行结果　　　　　　　　图 15-6  获取当前位置

# 第16章 离线Web应用程序

## 本章导读

离线 Web 应用程序是指当客户端与 Web 服务器没有建立连接时，也可以在客户端使用该 Web 应用程序进行有关操作。网页离线应用程序是实现离线 Web 应用的重要技术，目前的离线 Web 应用程序很多。通过本章的学习，读者能够掌握 HTML5 离线应用程序的基础知识，了解离线应用程序的实现方法。

## 知识导图

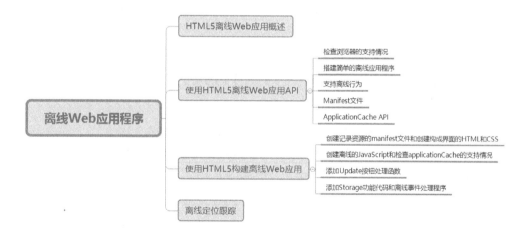

## 16.1　HTML5 离线 Web 应用概述

　　HTML5 中新增了本地缓存，也就是 HTML 离线 Web 应用，主要是通过应用程序缓存整个离线网站的 HTML、CSS、Javascript、网站图像和资源。当服务器没有和 Internet 建立连接的时候，也可以利用本地缓存中的资源文件来正常运行 Web 应用程序。

　　另外，如果网站发生了变化，应用程序缓存将重新加载变化的数据文件。

　　浏览器网页缓存与本地缓存的主要区别如下：

- 浏览器网页缓存主要是为了加快网页加载的速度，所以会对每一个打开的网页都进行缓存，而本地缓存是为整个 Web 应用程序服务的，只缓存那些指定缓存的网页。
- 在网络连接的情况下，浏览器网页缓存一个页面的所有文件，但是一旦离线，用户单击链接时，将会得到一个错误消息，而本地缓存在离线时仍然可以正常访问。
- 对网页浏览者而言，浏览器网页缓存了哪些内容和资源，这些内容是否安全可靠都不知道，而本地缓存的页面是编程人员指定的内容，所以在安全方面相对可靠了许多。

## 16.2　使用 HTML5 离线 Web 应用 API

　　离线 Web 应用较为普遍，下面来详细介绍离线 Web 应用的构成与实现方法。

### 16.2.1　检查浏览器的支持情况

　　不同的浏览器版本对 Web 离线应用技术的支持情况是不同的，表 16-1 所示是常见浏览器对 Web 离线应用的支持情况。

表 16-1　浏览器对 Web 离线应用的支持情况

| 浏览器名称 | 支持 Web 存储技术的版本情况 |
| --- | --- |
| Internet Explorer | Internet Explorer 9 及更低版本目前尚不支持 |
| Firefox | Firefox 3.5 及更高版本 |
| Opera | Opera 10.6 及更高版本 |
| Safari | Safari 4 及更高版本 |
| Chrome | Chrome 5 及更高版本 |
| Android | Android 2.0 及更高版本 |

　　使用离线 Web 应用 API 前最好先检查浏览器是否支持它。检查浏览器是否支持的代码如下：

```
if(windows.applicationcache){
//浏览器支持离线应用}
```

### 16.2.2　搭建简单的离线应用程序

　　为了使一个包含 HTML 文档、CSS 样式表和 JavaScript 脚本的单页面应用程序支持离线应用，需要在 HTML5 元素中加入 manifest 特性，具体实现代码如下：

```
<!doctype html>
<html manifest="123.manifest">

</html>
```

执行以上代码可以提供一个存储的缓存空间，但是还不能完成离线应用程序的使用，需要指明哪些资源可以享用这些缓存空间，即需要提供一个缓冲清单文件。具体实现代码如下：

```
CHCHE MANIFEST
index.html
123.js
123.css
123.gif
```

以上代码中指明了四种类型的资源对象文件构成了缓冲清单。

## 16.2.3　支持离线行为

要支持离线行为，首先要判断网络连接状态，HTML5 中引入了一些判断应用程序网络连接是否正常的新的事件。对应应用程序的在线状态和离线状态会有不同的行为模式。

用于实现在线状态监测的是 window.navigator 对象的属性。其中 navigator.online 属性是一个标明浏览器是否处于在线状态的布尔属性，当 online 值为 true 时并不能保证 Web 应用程序在用户的机器上一定能访问到相应的服务器；而当其值为 false 时，不管浏览器是否真正联网，应用程序都不会尝试进行网络连接。

监测页面状态是在线还是离线的具体代码如下：

```
//页面加载的时候，设置状态为online或offline
Function loaddemo(){
  If (navigator.online) {
    Log("online");
} else {
  Log("offline");
}
}
//添加事件监听器，在线状态发生变化时，触发相应动作
Window.addeventlistener("online",function€{
}, true);

Window.addeventlistener("offline",function(e) {
  Log("offline");
},true);
```

> **提示**：上述代码可以在 Internet Explorer 浏览器中使用。

## 16.2.4　Manifest 文件

客户端浏览器如何知道应该缓存哪些文件呢？这就需要依靠 Manifest 文件来管理。Manifest 文件是一个简单的文本文件，在该文件中以清单的形式列举了需要被缓存或不需要

缓存的资源文件的文件名称以及这些资源文件的访问路径。

Manifest 文件把指定的资源文件分为三类，分别是 CACHE、NETWORK 和 FALLBACK。这三类文件的含义分别如下：

- CACHE 类别。该类别指定需要被缓存在本地的资源文件。为某个页面指定需要本地缓存的资源文件，不需要把这个页面本身指定在 CACHE 类型中，因为如果一个页面具有 manifest 文件，浏览器会自动对这个页面进行本地缓存。
- NETWORK 类别。该类别为不进行本地缓存的资源文件，这些资源文件只有当客户端与服务器端建立连接的时候才能访问。
- FALLBACK 类别。该类别中指定两个资源文件，一个资源文件为能够在线访问时使用的资源文件，另一个资源文件为不能在线访问时使用的备用资源文件。

以下是一个简单的 manifest 文件的内容。

```
CACHE MANIFEST
#文件的开头必须是CACHE MANIFEST
CACHE:
123.html
myphoto.jpg
```

```
16.php
NETWORK:
http://www.baidu.com/xxx
feifei.php
FALLBACK:
online.js locale.js
```

上述代码含义分析如下：

- 指定资源文件，文件路径可以是相对路径，也可以是绝对路径。指定时每个资源文件独占的一行。
- 第一行必须是 CACHE MANIFEST，作用是告诉浏览器需要对本地缓存中的资源文件进行具体设置。
- 每一个类型都必须出现，而且同一个类别可以重复出现。如果文件开头没有指定类别而直接书写资源文件，浏览器将把这些资源文件视为 CACHE 类别。
- 在 manifest 文件中，注释行以 "#" 开始，主要用于一些必要的说明或解释。

为单个网页添加 manifest 文件时，需要在 Web 应用程序页面上的 html 元素的 manifest 属性中指定 manifest 文件的 URL 地址，具体的代码如下：

```
<html manifest="123.manifest">
</html>
```

添加上述代码后，浏览器就能够正常地阅读该文本文件。

> **提示：** 用户可以为每一个页面单独指定一个 manifest 文件，也可以对整个 Web 应用程序指定一个总的 manifest 文件。

上述操作完成后，即可实现将资源文件缓存到本地。当要对本地缓存区的内容进行修改时，只需要修改 manifest 文件。文件被修改后，浏览器可以自动检查 manifest 文件，并自动更新本地缓存区中的内容。

## 16.2.5　ApplicationCache API

传统 Web 程序中浏览器也会对资源文件进行 cache（高速缓存），但是并不是很可靠，有时起不到预期的效果。而 HTML5 中的 application cache 支持离线资源的访问，为离线

Web 应用的开发提供了可能。

使用 application cache API 的好处有以下几点：

● 用户可以在离线时继续使用。

● 缓存到本地，节省带宽，加速用户体验的反馈。

● 减轻服务器的负载。

Applicationcache API 是一个操作应用缓存的接口，是 Windows 对象的直接子对象 window.applicationcache。window.applicationcache 对象可触发一系列与缓存状态相关的事件，具体事件如表 16-2 所示。

表 16-2　window.applicationcache 对象事件

| 事　件 | 接　口 | 触发条件 | 后续事件 |
|---|---|---|---|
| checking | Event | 用户代理检查更新或者在第一次尝试下载 manifest 文件的时候，本事件往往是事件队列中第一个被触发的 | noupdate, downloading, ob-solete, error |
| noupdate | Event | 检测 manifest 文件有没有更新 | 无 |
| downloading | Event | 用户代理发现更新并且正在取资源，或者第一次下载 manifest 文件列表中列举的资源 | progress, error, cached, updateready |
| progress | ProgressEvent | 用户代理正在下载资源 manifest 文件中的需要缓存的资源 | progress, error, cached, updateready |
| cached | Event | manifest 中列举的资源已经下载完成，并且已经缓存 | 无 |
| updateready | Event | manifest 中列举的文件已经重新下载并更新成功，接下来可以使用 swapCache() 方法更新到应用程序中 | 无 |
| obsolete | Event | manifest 的请求出现 404 或者 410 错误，应用程序缓存被取消 | 无 |

此外，没有可用更新或者发生错误时，还有一些表示更新状态的事件，具体如下：

```
Onerror
Onnoupdate
onprogress
```

该对象有一个数值型属性 window.applicationcache.status，代表了缓存的状态。缓存状态共有 6 种，如表 16-3 所示。

表 16-3　缓存的状态

| 数值型属性 | 缓存状态 | 含　义 |
|---|---|---|
| 0 | UNCACHED | 未缓存 |
| 1 | IDLE | 空闲 |
| 2 | CHECKING | 检查中 |
| 3 | DOWNLOADING | 下载中 |
| 4 | UPDATEREADY | 更新就绪 |
| 5 | OBSOLETE | 过期 |

window.applicationcache 对象有 3 个方法，如表 16-4 所示。

**表 16-4　window.applicationcache 对象的方法**

| 方　法　名 | 描　　述 |
| --- | --- |
| update() | 发起应用程序缓存下载进程 |
| abort() | 取消正在进行的缓存下载 |
| swapcache() | 切换成本地最新的缓存环境 |

> **说明**：调用 update() 方法会请求浏览器更新缓存，包括检查新版本的 manifest 文件并下载必要的新资源。如果没有缓存或者缓存已过期，则会抛出错误。

# 16.3　使用 HTML5 构建离线 Web 应用

下面结合上述内容来构建一个离线 Web 应用程序。

## 16.3.1　创建记录资源的 manifest 文件

首先要创建一个缓冲清单文件 123.manifest，该文件中列出了应用程序需要缓存的资源。具体实现代码如下：

```
CACHE MANIFEST
# javascript
./offline.js
#./123.js
./log.js

#stylesheets
./CSS.css

#images
```

## 16.3.2　创建构成界面的 HTML 和 CSS

下面来实现网页结构，需要指明程序中用到的 JavaScript 文件和 CSS 文件，并且还要调用 manifest 文件。具体实现代码如下：

```
<!DOCTYPE html >
<html lang="en" manifest="123.manifest">
<head>
<title>创建构成界面的HTML和CSS</title>
<script src="log.js"></script>
<script src="offline.js"></script>
<script src="123.js"></script>
<link rel="stylesheet" href="CSS.css" />
</head>

<body>
 <header>
     <h1>Web 离线应用</h1>
     </header>
     <section>
      <article>
         <button id="installbutton">check for updates</button>
```

```
            <h3>log</h3>
            <div id="info">
            </div>
            </article>
        </section>
    </body>
</html>
```

> **注意**：上述代码中有两点需要注意。其一，因为使用了 manifest 特性，所以 HTML 元素不能省略（为了使代码简洁，HTML5 中允许省略不必要的 HTML 元素）。其二，代码中引入了按钮，其功能是允许用户手动安装 Web 应用程序，以支持离线情况。

## 16.3.3 创建离线的 JavaScript

在网页设计中经常会用到 JavaScript 文件，该文件通过 <script> 标签引入网页。在执行离线 Web 应用时，这些 JavaScript 文件也会一并存储到缓存中。

```
<offline.js>
/*
 *记录window.applicationcache触发的每一个事件
 */

window.applicationcache.onchecking =
function(e) {
 log("checking for application update");
    }
window.applicationcache.onupdateready =
function(e) {
 log("application update ready");
    }
window.applicationcache.onobsolete =
function(e) {
 log("application obsolete");
    }
window.applicationcache.onnoupdate =
function(e) {
 log("no application update found");
    }
window.applicationcache.oncached =
function(e) {
 log("application cached");
    }
window.applicationcache.ondownloading =
function(e) {
 log("downloading application update");
    }
window.applicationcache.onerror =
function(e) {
 log("online");
    }, true);
/*
 *将applicationcache状态代码转换成消息
 */
 showcachestatus = function(n) {
    statusmessages = ["uncached","idle","checking","downloading","update
```

```
ready","obsolete"];
        return statusmessages[n];
    }
    install = function(){
     log("checking for updates");
        try {
        window.applicationcache.update();
        } catch (e) {
        applicationcache.onerror();
        }
    }
    onload = function(e) {
    //检测所需功能的浏览器支持情况
        if(!window.applicationcache) {
        log("html5 offline applications are not supported in your browser.");
            return;
        }
        if(!window.localstorage) {
        log("html5 local storage not supported in your browser.");
            return;
        }
        if(!navigator.geolocation) {
        log("html5 geolocation is not supported in your browser.");
            return;
        }
          log("initial cache status: " + showcachestatus(window.applicationcache.
status));
        document.getelementbyid("installbutton").onclick = checkfor;
    }

    <log.js>
    log = function() {
     var p = document.createelement("p");
     var message = array.prototype.join.call(arguments," ");
        p.innerhtml = message
        document.getelementbyid("info").appendchild(p);
    }
```

## 16.3.4  检查 applicationCache 的支持情况

applicationCache 对象并非所有浏览器都支持，所以需要加入浏览器支持性检测功能，并提醒浏览者页面无法访问是浏览器兼容问题。具体实现代码如下：

```
onload = function(e) {
    // 检测所需功能的浏览器支持情况
    if (!window.applicationcache) {
        log("您的浏览器不支持HTML5 Offline Applications ");
        return;
    }
    if (!window.localStorage) {
        log("您的浏览器不支持HTML5 Local Storage  ");
        return;
    }
    if (!window.WebSocket) {
        log("您的浏览器不支持HTML5 WebSocket ");
        return;
```

```
    }
    if (!navigator.geolocation) {
        log("您的浏览器不支持HTML5 Geolocation ");
      return;
    }
        log("lnitial cache status:" + showCachestatus(window.applicationcache.
status));
    document.getelementbyld("installbutton").onclick = install;
    }
```

## 16.3.5 添加 Update 按钮处理函数

下面来设置 Update 按钮的行为函数，该函数执行更新应用缓存，具体代码如下：

```
Install = function() {
 Log("checking for updates");
 Try {
     Window.applicationcache.update();
 } catch (e) {
     Applicationcache.onerror():
 }
}
```

> **说明**：单击按钮后将检查缓存区，并更新需要更新的缓存资源。当所有可用更新都下载
> 完毕，将向用户界面返回一条应用程序安装成功的提示信息，接下来用户就可以在离线
> 模式下运行了。

## 16.3.6 添加 Storage 功能代码

当应用程序处于离线状态时，需要将数据更新并写入本地存储。本实例使用 Storage 实现该功能，当上传请求失败后可以通过 Storage 得到恢复。如果应用程序遇到某种原因导致网络错误，或者应用程序被关闭，数据会被存储以便下次再进行传输。

实现 Storage 功能的具体代码如下：

```
Var storelocation =function(latitude, longitude){
//加载localstorage的位置列表
Var locations = json.pares(localstorage.locations || "[]");
//添加地理位置数据
Locations.push({"latitude" : latitude, "longitude" : longitude});
//保存新的位置列表
Localstorage。Locations = json.stringify(locations);
```

由于 localstorage 可以将数据存储在本地浏览器中，特别适用于具有离线功能的应用程序，所以本实例中使用它来保存坐标。本地存储中的缓存数据在网络连接恢复正常后，应用程序会自动与远程服务器进行数据同步。

## 16.3.7 添加离线事件处理程序

对于离线 Web 应用程序，在使用时要结合当前状态执行特定的事件处理程序。本实例中的离线事件处理程序设计如下：

- 如果应用程序在线，事件处理函数会存储并上传当前坐标。
- 如果应用程序离线，事件处理函数只存储不上传。
- 当应用程序重新连接到网络后，事件处理函数会在 UI 上显示在线状态，并在后台上传之前存储的所有数据。

具体实现代码如下：

```
Window.addeventlistener("online", function(e){
    Log("online");
}, true);
Window.addeventlistener("offline", function(e) {
  Log("offline");
}, true);
```

网络连接状态在应用程序没有真正运行的时候可能会发生改变。例如，用户关闭了浏览器，刷新页面或跳转到其他网站。为了应对这些情况，离线应用程序在每次页面加载时都会检查与服务器的连接状况。如果连接正常，会尝试与远程服务器同步数据。

```
if(navigator.online){
  Uploadlocations();
}
```

# 16.4　离线定位跟踪

下面结合上述内容来构建一个离线 Web 应用程序，具体内容如下。

**01** 创建记录资源的 manifest 文件。

首先要创建一个缓冲清单文件 123.manifest，该文件中列出了应用程序需要缓存的资源。具体实现代码如下：

```
CACHE MANIFEST

# javascript                          #stylesheets
./offline.js                          ./CSS.css
#./123.js                             #images
./log.js
```

**02** 创建构成界面的 HTML 和 CSS。

下面来实现网页结构，需要指明程序中用到的 JavaScript 文件和 CSS 文件，并且还要调用 manifest 文件。具体实现代码如下：

```
<!DOCTYPE html >
<html lang="en" manifest="123.manifest">
<head>
<title>创建构成界面的HTML和CSS</title>
<script src="log.js"></script>
<script src="offline.js"></script>
<script src="123.js"></script>
<link rel="stylesheet" href="CSS.css" />
</head>
<body>
  <header>
      <h1>Web 离线应用</h1>
```

```
        </header>
        <section>
        <article>
            <button id="installbutton">check for updates</button>
            <h3>log</h3>
            <div id="info">
            </div>
            </article>
        </section>
    </body>
    </html>
```

**03** 创建离线的 JavaScript。

在网页设计中经常会用到 JavaScript 文件，该文件通过 <script> 标签引入网页。在执行离线 Web 应用时，这些 JavaScript 文件也会一并存储到缓存中。

```
<offline.js>
/*
 *记录window.applicationcache触发的每一个事件
 */
window.applicationcache.onchecking =
function(e) {
 log("checking for application update");
        }
window.applicationcache.onupdateready =
function(e) {
 log("application update ready");
        }
window.applicationcache.onobsolete =
function(e) {
 log("application obsolete");
        }
window.applicationcache.onnoupdate =
function(e) {
 log("no application update found");
        }
window.applicationcache.oncached =
function(e) {
 log("application cached");
        }
window.applicationcache.ondownloading =
function(e) {
 log("downloading application update");
        }
window.applicationcache.onerror =
function(e) {
 log("online");
        }, true);
 /*
  *将applicationcache状态代码转换成消息
  */
 showcachestatus = function(n) {
        statusmessages = ["uncached","idle","checking","downloading","update
ready","obsolete"];
        return statusmessages[n];
 }
 install = function(){
  log("checking for updates");
```

```
        try {
         window.applicationcache.update();
         } catch (e) {
         applicationcache.onerror();
         }
     }
    onload = function(e) {
    //检测所需功能的浏览器支持情况
        if(!window.applicationcache) {
        log("html5 offline applications are not supported in your browser.");
            return;
        }
        if(!window.localstorage) {
        log("html5 local storage not supported in your browser.");
            return;
        }
        if(!navigator.geolocation) {
        log("html5 geolocation is not supported in your browser.");
            return;
        }
          log("initial cache status: " + showcachestatus(window.applicationcache.
status));
        document.getelementbyid("installbutton").onclick = checkfor;
    }
    <log.js>
    log = function() {
     var p = document.createelement("p");
     var message = array.prototype.join.call(arguments," ");
        p.innerhtml = message
        document.getelementbyid("info").appendchild(p);
    }
```

04 检查 applicationCache 的支持情况。

applicationCache 对象并非所有浏览器都支持，所以需要加入浏览器支持性检测功能，并提醒浏览者页面无法访问是浏览器兼容问题。具体实现代码如下：

```
    onload = function(e) {
      // 检测所需功能的浏览器支持情况
      if (!window.applicationcache) {
        log("您的浏览器不支持HTML5 Offline Applications ");
        return;
      }
      if (!window.localStorage) {
        log("您的浏览器不支持HTML5 Local Storage  ");
        return;
      }
        if (!window.WebSocket) {
        log("您的浏览器不支持HTML5 WebSocket ");
        return;
      }
          if (!navigator.geolocation) {
        log("您的浏览器不支持HTML5 Geolocation ");
        return;
      }
          log("lnitial cache status:" + showCachestatus(window.applicationcache.
status));
      document.getelementbyld("installbutton").onclick = install;
    }
```

226

**05** 为 Update 按钮添加处理函数。

下面来设置 Update 按钮的行为函数，该函数为执行更新应用缓存，具体代码如下：

```
Install = function() {
Log("checking for updates");
Try {
    Window.applicationcache.update();
} catch (e) {
    Applicationcache.onerror():
}
}
```

> **说明：** 单击按钮后将检查缓存区，并更新需要更新的缓存资源。当所有可用更新都下载完毕，将向用户界面返回一条应用程序安装成功的提示信息，接下来用户就可以在离线模式下运行程序了。

**06** 添加 Storage 功能代码。

当应用程序处于离线状态时，需要将数据更新并写入本地存储，本实例使用 Storage 实现该功能，当上传请求失败后可以通过 Storage 得到恢复。如果应用程序遇到某种原因导致网络错误，或者应用程序被关闭，数据会被存储以便下次再进行传输。

实现 Storage 功能的具体代码如下。

```
Var storelocation =function(latitude, longitude){
//加载localstorage的位置列表
Var locations = json.pares(localstorage.locations || "[]");
//添加地理位置数据
Locations.push({"latitude" : latitude, "longitude" : longitude});
//保存新的位置列表
Localstorage。Locations = json.stringify(locations);
```

由于 localstorage 可以将数据存储在本地浏览器中，特别适用于具有离线功能的应用程序，所以本实例中使用它来保存坐标。本地存储中的缓存数据在网络连接恢复正常后，应用程序会自动与远程服务器进行数据同步。

**07** 添加离线事件处理程序。

对于离线 Web 应用程序，在使用时要结合当前状态执行特定的事件处理程序。本实例中的离线事件处理程序设计如下：

- 如果应用程序在线，事件处理函数会存储并上传当前坐标。
- 如果应用程序离线，事件处理函数只存储不上传。
- 当应用程序重新连接到网络后，事件处理函数会在 UI 上显示在线状态，并在后台上传之前存储的所有数据。

具体实现代码如下：

```
Window.addeventlistener("online", function(e){
    Log("online");
}, true);
Window.addeventlistener("offline", function(e) {
  Log("offline");
}, true);
```

网络连接状态在应用程序没有真正运行的时候可能会发生改变。例如，用户关闭了浏览器，刷新页面或跳转到其他网站。为了应对这些情况，离线应用程序在每次页面加载时都会检查与服务器的连接状况。如果连接正常，会尝试与远程服务器同步数据。

```
If(navigator.online){
    Uploadlocations();
}
```

**08** 运行效果如图 16-1 所示。

图 16-1　Web 离线应用的运行效果

## 16.5　新手常见疑难问题

▌ 疑问 1：不同的浏览器可以读取同一个 Web 存储的数据吗？

在 Web 存储时，不同的浏览器将存储在不同的 Web 存储库中。例如，如果用户使用的是 IE 浏览器，那么 Web 存储工作时将所有数据存储在 IE 的 Web 存储库中；如果用户再次使用火狐浏览器访问该站点，将不能读取 IE 浏览器存储的数据，可见每个浏览器的存储是独立工作的。

▌ 疑问 2：离线存储站点时是否需要浏览者同意？

和地理定位类似，网站使用 manifest 文件时，浏览器会提供一个权限提示，提示用户是否将离线设为可用，但不是每一个浏览器都支持这样的操作。

## 16.6　实战技能训练营

▌ 实战：设计一个简单的离线 Web 应用

设计一个离线 Web 应用程序。离线时，浏览页面仍可显示图片。为了对比使用离线和不使用离线的区别，该 Web 应用将显示两个图片：一个图片需要缓存，一个图片不需要缓存。在线时页面效果如图 16-2 所示，离线时页面效果如图 16-3 所示。

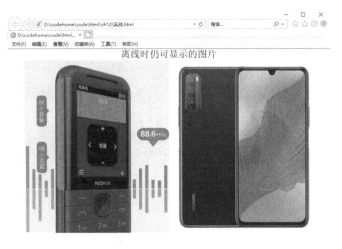

图 16-2　在线时的页面效果

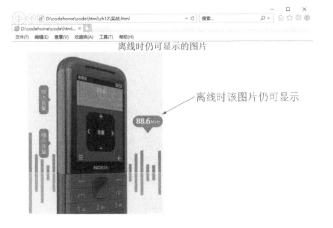

图 16-3　离线时仍可显示图片

# 第17章　处理线程和服务器事件

📖 **本章导读**

　　利用 Web Worker 技术，可以实现网页脚本程序多线程后台执行，而且不会影响其他脚本的执行。通过 Web Worker，可以将一些计算量大的代码或者耗时较长的处理交给 Web Worker 运行而不会冻结用户界面，从而为大型网站的顺畅运行提供了更好的实现方法。

📖 **知识导图**

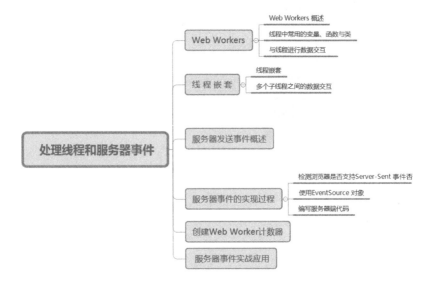

# 17.1 Web Workers

HTML5 中为了提供更好的后台程序执行，设计了 Web Worker 技术。Web Worker 的产生主要考虑到在 HTML4 中执行 JavaScript 程序都是以单线程的方式执行的，一旦前面的脚本花费时间过长，后面的程序就会因长期得不到响应而使用户页面操作出现异常。

## 17.1.1 Web Workers 概述

Web Worker 实现的是线程技术，可以使运行在后台的 JavaScript 独立于其他脚本，不会影响页面的性能。

Web Worker 创建后台线程的方法非常简单，只需要将在后台线程中执行的脚本文件以 URL 地址的方式创建在 Worker 类的构造器中就可以了，其代码格式如下：

```
var worker=new worker("worker.js");
```

目前大部分主流的浏览器都支持 Web Worker 技术。创建 Web Worker 之前，用户可以检测浏览器是否支持它，可以使用以下方法检测浏览器对 Web Worker 的支持情况。

```
if(typeof(Worker)!=="undefined")              else
  {                                             {
  // Yes! Web worker support!                   // Sorry! No Web Worker support..
  // Some code.....                             }
  }
```

如果浏览器不支持该技术，将会出现如图 17-1 所示的提示信息。

图 17-1  不支持 Web Worker 技术的提示信息

## 17.1.2 线程中常用的变量、函数与类

在进行 Web Worker 线程创建时会涉及一些变量、函数与类，其中 JavaScript 脚本文件用到的变量、函数与类如下。

● Self：Self 关键词用来表示本线程范围内的作用域。
● Imports：导入的脚本文件必须与使用该线程文件的页面在同一个域中，并在同一个端口中。
● ImportScripts(urls)：导入其他 JavaScript 脚本文件，参数为该脚本文件的 URL 地址。可以导入多个脚本文件。

- Onmessage：获取接收消息的事件句柄。
- Navigator 对象：与 window.navigator 对象类似，具有 appName、platform、userAgent、appVersion 属性。
- setTimeout()/setInterval()：可以在线程中实现定时处理。
- XMLHttpRequest：可以在线程中处理 Ajax 请求。
- Web Workers：可以在线程中嵌套线程。
- SessionStorage/localStorage：可以在线程中使用 Web Storage。
- Close：可以结束本线程。
- Eval()、isNaN()、escape() 等：可以使用所有 JavaScript 核心函数。
- Object：可以创建和使用本地对象。
- WebSockets：可以使用 WebSockets API 来向服务器发送和接收信息。
- postMessage(message)：向创建线程的源窗口发送消息。

## 17.1.3　与线程进行数据交互

后台执行的线程是不可以访问页面和窗口对象的，但这并不妨碍前台和后台线程进行数据交互。下面介绍一个前台和后台线程交互数据的案例。

案例中，后台执行的 JavaScript 脚本线程是从 0 ～ 200 整数中随机挑选一些整数，然后再在选出的整数中选择可以被 5 整除的整数，最后将这些选出的整数交给前台显示，以实现前台与后台线程的数据交互。

01 完成前台的网页 17.1.html，其代码内容如下：

```html
<!DOCTYPE html>
<html>
<head>
<title>前台与后台线程的数据交互</title>
<script type="text/javascript">
var intArray=new Array(200);        //随机数组
var intStr="";         //将随机数组用字符串进行连接
//生成200个随机数
for(var i=0;i<200;i++)
{
    intArray[i]=parseInt(Math.random()*200);
    if(i!=0)
        intStr+=";";            //用分号作随机数组的分隔符
    intStr+=intArray[i];
}
//向后台线程提交随机数组
var worker = new Worker("17.1.js");
worker.postMessage(intStr);
// 从线程中取得计算结果
worker.onmessage = function(event) {
    if(event.data!="")
    {
        var h;              //行号
        var l;              //列号
        var tr;
        var td;
        var intArray=event.data.split(";");
        var table=document.getElementById("table");
        for(var i=0;i<intArray.length;i++)
```

```
            {
                h=parseInt(i/15,0);
                l=i%15;
                //该行不存在
                if(l==0)
                {
                    //添加新行的判断
                    tr=document.createElement("tr");
                    tr.id="tr"+h;
                    table.appendChild(tr);
                }
                //该行已存在
                else
                {
                    //获取该行
                    tr=document.getElementById("tr"+h);
                }
                //添加列
                td=document.createElement("td");
                tr.appendChild(td);
                //设置该列的数字内容
                td.innerHTML=intArray[h*15+l];
                //设置该列对象的背景色
                td.style.backgroundColor="#f56848";
                //设置该列对象数字的颜色
                td.style.color="#000000";
                //设置对象数字的宽度
                td.width="30";
            }
        }
    };
    </script>
    </head>
    <body>
    <h2 style="text-shadow:0.1em 3px 6px blue">从随机生成的数字中抽取5的倍数的数并显示</h2>
    <table id="table">
    </table>
    </body>
    </html>
```

**02** 为了实现后台线程，需要编写后台执行的 JavaScript 脚本文件 17.1.js，其代码如下：

```
onmessage = function(event) {
    var data = event.data;
    var returnStr;            //将5的倍数的数组成字符串并返回
    var intArray=data.split(";");   //设置返回字符串中数字分隔符为";"号
    returnStr="";
    for(var i=0;i<intArray.length;i++)
    {
        if(parseInt(intArray[i])%5==0)    //判断能否被5整除
        {
            if(returnStr!="")
                returnStr+=";";
            returnStr+=intArray[i];
        }
    }
    postMessage(returnStr);          //返回由5的倍数组成的字符串
}
```

**03**▶运行效果如图 17-2 所示。

图 17-2　从随机生成的数字中抽取 5 的倍数并显示

> 提示：由于数字是随机产生的，所以每次生成的数据序列都是不同的。

## 17.2　线程嵌套

线程中可以嵌套子线程，这样就可以将后台较大的线程切割成多个子线程，每个子线程独立完成一份工作，从而提高程序的效率。下面介绍有关线程嵌套的内容。

### 17.2.1　线程嵌套

最简单的线程嵌套是单层嵌套。下面来介绍一个单线程嵌套的案例，该案例实现的效果和上节中案例的效果相似。

**01**▶完成网页前台页面 17.2.html，其具体代码如下：

```
<!DOCTYPE html>
<html>
<head>
<script type="text/javascript">
var worker = new Worker("17.2.js");
worker.postMessage("");
// 从线程中取得计算结果
worker.onmessage = function(event) {
    if(event.data!="")
    {
        var j; //行号
        var k; //列号
        var tr;
        var td;
        var intArray=event.data.split(";");
        var table=document.getElementById("table");
        for(var i=0;i<intArray.length;i++)
        {
            j=parseInt(i/10,0);
            k=i%10;
            if(k==0)    //该行不存在
            {
                //添加行
                tr=document.createElement("tr");
```

```
                    tr.id="tr"+j;
                    table.appendChild(tr);
                }
                else   //该行已存在
                {
                    //获取该行
                    tr=document.getElementById("tr"+j);
                }
                //添加列
                td=document.createElement("td");
                tr.appendChild(td);
                //设置该列的内容
                td.innerHTML=intArray[j*10+k];
                //设置该列的背景色
                td.style.backgroundColor="blue";
                //设置该列字体的颜色
                td.style.color="white";
                //设置列宽
                td.width="30";
            }
        }
    };
    </script>
    </head>
    <body>
    <h2  style="text-shadow:0.1em  3px  6px  blue">从随机生成的数字中抽取5的倍数的并显示</h2>
    <table id="table">
    </table>
    </body>
    </html>
```

02 下面需要编写程序 17.2.js，用于后台执行主线程的代码。该线程用于执行数据挑选，会在 0~200 整数中随机产生 200 个随机整数（数字可重复），并将其交与子线程，让子线程挑选可以被 5 整除的数字。

```
onmessage=function(event){
    var intArray=new Array(200);   //产生随机的数组
    //生成200个随机数
    for(var i=0;i<200;i++)        //数字范围0~200
        intArray[i]=parseInt(Math.random()*200);
    var worker;
    //调用子线程
    worker=new Worker("17.2-2.js");
    //将随机数组提交给子线程
    worker.postMessage(JSON.stringify(intArray));
    worker.onmessage = function(event) {
        //将挑选结果返回主页面
        postMessage(event.data);
    }
}
```

03 经过上一步主线程的数字挑选后，可以通过以下子线程将这些数字拼接成字符串，并返回主线程。下面需要编写程序 17.2-2.js，代码如下。

```
onmessage = function(event) {
    var intArray= JSON.parse(event.data);
```

```
        var returnStr;
        returnStr="";
        for(var i=0;i<intArray.length;i++)
        {
            //判断数字能否被5整除
            if(parseInt(intArray[i])%5==0)
            {
                if(returnStr!="")
                    returnStr+=";";
                //将所有可以被5整除的数字拼接成字符串
                returnStr+=intArray[i];
            }
        }
        //返回拼接后的字符串至主线程
        postMessage(returnStr);
        //关闭子线程
        close();
    }
```

04 运行前台页面 17.2.html，随机产生了一些可以被 5 整除的数字，如图 17-3 所示。

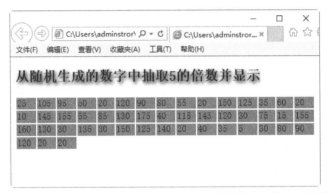

图 17-3　本小节线程嵌套案例的运行结果（从随机生成的数字中抽取 5 的倍数并显示）

## 17.2.2　多个子线程之间的数据交互

在实现上述案例时，也可以将子线程再次拆分，生成多个子线程，由多个子线程同时完成工作。这样可以提高处理速度，对较大的 JavaScript 脚本程序来说很实用。

下面将上述案例的程序改为多个子线程嵌套的数据交互案例。

01 网页前台文件不需要修改，主线程的脚本文件 17.3.js 的内容如下：

```
onmessage=function(event){
    var worker;
    //调用发送数据的子线程
    worker=new Worker("17.3-2.js");
    worker.postMessage("");
    worker.onmessage = function(event) {
        //接收子线程中的数据，本示例为创建好的随机数组
        var data=event.data;
        //创建接收数据的子线程
        worker=new Worker("17.2-2.js");
        //把从发送数据子线程中发回的消息传递给接收数据的子线程
        worker.postMessage(data);
        worker.onmessage = function(event) {
```

```
                    //获取接收数据子线程中传回的数据，即挑选结果
            var data=event.data;
                //把挑选结果发送回主页面
            postMessage(data);
                }
            }
        }
```

上述代码的主线程脚本中提到了两个子线程脚本，其中 17.3-2.js 负责创建随机数组，并发送给主线程，17.2-2.js 负责从主线程接收选好的数组，并进行处理。17.2-2.js 脚本沿用上节脚本文件。

**02** 17.3-2.js 脚本文件的详细代码如下：

```
onmessage = function(event) {
    var intArray=new Array(200);
    for(var i=0;i<200;i++)
        intArray[i]=parseInt(Math.random()*200);
    postMessage(JSON.stringify(intArray));
    close();
}
```

**03** 执行后的效果如图 17-4 所示。

图 17-4　本小节案例的运行效果（从随机产生的数组中选择可以被 5 整除的数）

> **提示**：通过以上几个案例的展示，其最终显示结构都是相同的，只是代码的编辑与线程的嵌套有所差异。在实际的应用中，合理地嵌套子线程虽然代码结构会变得复杂，但是能大幅度地提高程序的处理效率。

## 17.3　服务器事件概述

在网页客户端更新过程中，如果仍使用早期技术，网页不得不询问是否有可用的更新，这样将不能很好地实时获取服务器的信息，并且加大了资源的耗费。在 HTML5 中，通过服务器发送事件，可以让网页客户端自动获取来自服务器的更新。

服务器发送事件（Server-Sent Event）允许网页获得来自服务器的更新，这种数据的传递和前面章节讲述的 Web Socket 不同。服务器发送事件是单向传递信息，服务器将更新的信息自动发送到客户端，而 Web Socket 是双向通信技术。

目前，常见浏览器对 Server-Sent Event 的支持情况如表 17-1 所示。

表 17-1　常见浏览器对 Server-Sent Event 的支持情况

| 浏览器名称 | 支持 Server-Sent Event 的版本 |
|---|---|
| Internet Explorer | 不支持 |
| Firefox | Firefox 3.6 及更高版本 |
| Opera | Opera 12.0 及更高版本 |
| Safari | Safari 5 及更高版本 |
| Chrome | Chrome 5 及更高版本 |

# 17.4　服务器事件的实现过程

了解服务器发送事件的基本概念后，下面来学习其实现过程。

## 17.4.1　检测浏览器支持 Server-Sent 事件否

首先可以检查客户端浏览器是否支持 Server-Sent 事件，其代码如下：

```
if(typeof(EventSource)!=="undefin        else
ed")                                       {
  {                                            // 对不起，您的浏览器不支持……
    // 浏览器支持的情况                       }
  }
```

在代码中设置提示信息，如果浏览者的客户端不支持，将会显示提示信息。

## 17.4.2　使用 EventSource 对象

在 HTML5 的服务器发送事件中，使用 EventSource 对象接收服务器发送事件的通知。该对象的事件含义如表 17-2 所示。

表 17-2　EventSource 对象的事件

| 事件名称 | 含　义 |
|---|---|
| onopen | 当连接打开时触发该事件 |
| onmessage | 当收到信息时触发该事件 |
| onerror | 当连接关闭时触发该事件 |

在事件处理函数中，可以通过使用 readyState 属性检测连接状态，主要有三种状态，如表 17-3 所示。

表 17-3　EventSource 对象的事件状态

| 状态名称 | 值 | 含　义 |
|---|---|---|
| CONNECTING | 0 | 正在建立连接 |
| OPEN | 1 | 连接已经建立，正在委派事件 |
| CLOSED | 2 | 连接已经关闭 |

下面的代码就是使用了 onmessage 的实例。

```
var source=new EventSource("/123.php");
source.onmessage=function(event)
  {
  document.getElementById("result").innerHTML+=event.data + "<br />";
  };
```

该代码中创建一个新的 EventSource 对象，然后规定发送更新页面的 URL（本例中是 123.php）。每接收到一次更新，就会发生 onmessage 事件。当 onmessage 事件发生时，把已接收的数据推入 id 为 result 的元素中。

### 17.4.3 编写服务器端代码

为了让上面的例子可以运行，还需要能够发送数据更新的服务器（比如 PHP 和 ASP）。服务器端事件流的语法非常简单，把 Content-Type 报头设置为 text/event-stream，就可以开始发送事件流了。

如果服务器是 PHP，则服务器的代码如下：

```php
<?php
  header('Content-Type: text/event-stream');
  header('Cache-Control: no-cache');
  $time = date('r');
  echo "data: The server time is: {$time}\n\n";
  flush();
?>
```

如果服务器是 ASP，则服务器的代码如下：

```asp
<%
  Response.ContentType="text/event-stream"
  Response.Expires=-1
  Response.Write("data: " & now())
  Response.Flush()
%>
```

上面的代码把报头 Content-Type 设置为 text/event-stream，规定不对页面进行缓存，输出发送日期（始终以"data:"开头），向网页刷新输出数据。

## 17.5 创建 Web Worker 计数器

本实例主要创建一个简单的 Web Worker，实现在后台计数的功能。

**01** 首先创建一个外部的 JavaScript 文件 workers01.js，主要用于计数，代码如下：

```javascript
var i=0;

function timedCount()
{
    i=i+1;
    postMessage(i);
    setTimeout("timedCount()",500);
}

timedCount();
```

以上代码中重要的部分是 postMessage() 方法，主要用于向 HTML 页面传回一段消息。

**02** 创建 HTML 页面的代码如下：

```
<!DOCTYPE html>
<html>
<body>
<p>计数: <output id="result"></output></p>
<button onclick="startWorker()">开始 Worker</button>
<button onclick="stopWorker()">停止 Worker</button>
<br /><br />
<script>
    var w;
    function startWorker()
    {
    <!一首先判断浏览器是否支持Web Worker -->
        if(typeof(Worker)!=="undefined")
        {
            <!--检测是否存在Worker，如果不存在，它会创建一个新的Web  Worker对象，然后运行
"workers01.js" 中的代码-->
            if(typeof(w)=="undefined")
            {
                w=new Worker("workers01.js");
            }
            <!--向web worker添加一个onmessage事件监听器-->
            w.onmessage = function (event) {
                document.getElementById("result").innerHTML=event.data;
            };
        }
        else
        {
                document.getElementById("result").innerHTML="对不起，您的浏览器不支持
Web Workers...";
        }
    }
    function stopWorker()
    {
    <!--终止web worker，并释放浏览器/计算机资源-->
        w.terminate();
    }
</script>
</body>
</html>
```

03 运行结果如图 17-5 所示。

图 17-5　创建 Web Worker 计数器的运行结果

## 17.6　服务器事件实战应用

下面通过一个综合案例，详细介绍服务器发送事件的操作过程。

**01** 首先创建运行主页文件，代码如下：

```html
<!DOCTYPE html>
<html>
<head>
<meta charset=\"UTF-8\">
</head>
<body>
<h1>获得服务器更新</h1>
<div id="result">
</div>
<script>
if(typeof(EventSource)!=="undefined")
  {
  var source=new EventSource("/123.php");
  source.onmessage=function(event)
    {
    document.getElementById("result").innerHTML+=event.data + "<br />";
    };
  }
else
  {
    document.getElementById("result").innerHTML="对不起，您的浏览器不支持服务器发送事
件...";
  }
</script>
</body>
</html>
```

> **提示**：通信数据的编码这里规定为 UTF-8 格式，所有的页面编码要统一为 UTF-8，否则
> 会产生乱码或无数据。

**02** 编写服务器端文件 123.php，代码如下：

```php
<?php
error_reporting(E_ALL);
//注意：发送包头定义MIMIE类型(header部分)是实现服务器所必需的代码(MIMIE类型定义了事件框
架格式)
header(\"Content-Type:text/event-stream\");
echo 'data:服务器第一次发送数据'.\"\n\";
echo 'data:服务器第二次发送数据'.\"\n\";
?>
```

> **提示**：输出的格式必须为 data:value 格式，这是 text/event-stream 格式的规定。

**03** 在 IE 浏览器中运行主页文件，效果如图 17-6 所示。

**04** 在 Firefox 浏览器中的访问主页文件，效果如图 17-7 所示。服务器每隔一段时间推送一
个数据。

241

图 17-6　在 IE 浏览器中访问主页文件的效果　　　图 17-7　在 Firefox 浏览器中访问主页文件的效果

## 17.7　新手常见疑难问题

**疑问 1：工作线程 (Web Worker) 的主要应用场景有哪些？**

答：工作线程的主要应用场景有以下 3 个。

● 使用工作线程做后台数值（算法）计算。
● 使用共享线程处理多用户并发连接。
● HTML5 线程代理。

**疑问 2：目前浏览器对 Web Worker 的支持情况如何？**

答：目前大部分主流的浏览器都支持 Web Worker，但是 Internet Explorer 9 之前的版本并不支持。

**疑问 3：如何编写 JSP 的服务器端代码？**

答：如果服务器端是 JSP，服务器的代码段如下。

```
<%@ page contentType="text/event-stream; charset=UTF-8"%>
<%
    response.setHeader("Cache-Control", "no-cache");
    out.print("data: >> server Time" + new java.util.Date() );
    out.flush();
%>
```

其中，编码要采用统一的 UTF-8 格式。

**疑问 4：如何优化服务器端代码？**

EventSource 对象是一个不间歇运行的程序，时间一长会大量地消耗资源，甚至导致客户端浏览器崩溃，那么如何优化执行代码呢？

在 HTML5 中使用 Web Workers 优化 JavaScript 执行复杂运算、重复运算和多线程，对于执行时间长、消耗内存多的 JavaScript 程序代码最为有用。

# 17.8 实战技能训练营

## 实战1：设计一个简易的计数器

使用 Worker 对象设计一个简易的计数器，当单击"开始工作"按钮时，从1开始计数；单击"停止工作"按钮时，停止计数并停留在当前计数位置。再次单击"开始工作"按钮，重新开始计数，如图17-8所示。

图17-8 实战1要实现的简易的计数器

## 实战2：动态显示指定区间的所有素数

使用 Worker 对象处理线程的方法，动态显示指定区间的所有素数。例如指定区间为1~10000，运行结果如图17-9所示。

图17-9 动态显示指定区间的所有素数

# 第18章 数据存储和通信技术

**本章导读**

Web Storage 是 HTML5 引入的一个非常重要的功能，可以在客户端本地存储数据，类似 HTML4 的 Cookie，但实现的功能要比 Cookie 强大得多。Cookie 大小被限制在 4KB，Web Storage 官方建议为每个网站 5MB。另外，Web 通信技术可以更好地完成跨域数据的通信，以及 Web 即时通信应用的实现，如 Web QQ 等。

**知识导图**

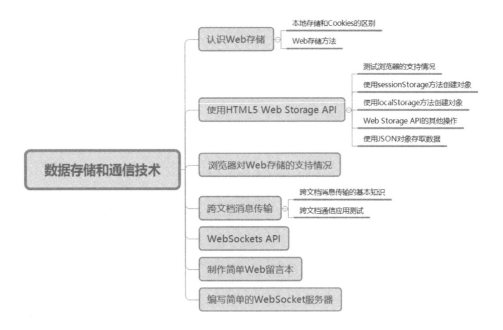

# 18.1  认识 Web 存储

在 HTML5 标准之前，Web 存储信息需要 Cookies 来完成，但是 Cookies 不适合大量数据的存储，因为它们由每个对服务器的请求来传递，所以 Cookies 速度很慢而且效率也不高。为此，在 THML5 中，Web 存储 API 为用户如何在计算机或设备上存储用户信息作了数据标准的定义。

## 18.1.1  本地存储和 Cookies 的区别

本地存储和 Cookies 扮演着类似的角色，但是它们有根本的区别。

- 本地存储仅存储在用户的硬盘上，并等待用户读取，而 Cookies 是在服务器上读取。
- 本地存储仅供客户端使用，如果需要服务器端根据存储数值做出反应，就应该使用 Cookies。
- 读取本地存储不会影响到网络带宽，但是使用 Cookies 将会发送到服务器，这样会影响到网络带宽，无形中增加了成本。
- 从存储容量上看，本地存储可存储多达 5MB 的数据，而 Cookies 最多只能存储 4KB 的数据信息。

## 18.1.2  Web 存储方法

HTML5 标准中提供了以下两种在客户端存储数据的新方法。

- sessionStorage：sessionStorage 是基于 session 的数据存储，在关闭或者离开网站后，数据将会被删除，被称为会话存储。
- localStorage：没有时间限制的数据存储，也称为本地存储。

与会话存储不用，本地存储将在用户计算机上永久保持数据信息。关闭浏览器窗口后，如果再次打开该站点，可以检索所有存储在本地的数据。

在 HTML5 中，数据不是由每个服务器请求传递的，只有在请求时使用数据，这样，存储大量数据不会影响网站性能。对于不同的网站，数据被存储于不同的区域，并且一个网站只能访问其自身的数据。

> **提示**：HTML5 使用 JavaScript 来存储和访问数据，为此，建议用户多了解 JavaScript 的基本知识。

# 18.2  使用 HTML5 Web Storage API

使用 HTML5 Web Storage API 技术可以实现很好的本地存储。

## 18.2.1  测试浏览器的支持情况

Web Storage 在各大主流浏览器中都支持，但是为了兼容旧的浏览器，还是要检查一下浏览器是否可以使用这项技术，主要有两种方法。

（1）检查 Storage 对象是否存在。

第一种方式：通过检查 Storage 对象是否存在，以检查浏览器是否支持 Web Storage，代码如下。

```
if(typeof(Storage)!=="undefined"){
    //是的! 支持 localStorage  sessionStorage 对象
    //一些代码......
} else {
    //抱歉! 不支持 Web 存储
}
```

（2）分别检查各自的对象。

第二种方式：分别检查各自的对象。例如检查 localStorage 是否支持，代码如下。

```
if (typeof(localStorage) == 'undefined' ) {
alert('Your browser does not support HTML5 localStorage. Try upgrading.');
} else {
//是的! 支持 localStorage  sessionStorage 对象
//一些代码......
}
```

或者

```
if('localStorage' in window && window['localStorage'] !== null){
//是的! 支持 localStorage  sessionStorage 对象
//一些代码......
} else {
alert('Your browser does not support HTML5 localStorage. Try upgrading.');
}
```

或者

```
if (!!localStorage) {
//是的! 支持 localStorage  sessionStorage 对象
//一些代码......
} else {
alert('您的浏览器不支持localStorage  sessionStorage 对象');
}
```

## 18.2.2　使用 sessionStorage 方法创建对象

sessionStorage 方法针对一个 session 进行数据存储。用户关闭浏览器窗口后，数据会被自动删除。

创建一个 sessionStorage 方法的基本语法格式如下：

```
<script type="text/javascript">
sessionStorage.abc="  ";
</script>
```

### 1. 创建对象

实例 18.1：使用 sessionStorage 方法创建对象 ( 案例文件：ch18\18.1.html)

```
<!DOCTYPE HTML>
<html>
```

```
<body>
<script type="text/javascript">
sessionStorage.name="努力过好每一天! ";
document.write(sessionStorage.
name);
```

246

```
</script>
</body>
</html>
```

运行效果如图 18-1 所示。可以看到，使用 sessionStorage 方法创建的对象内容显示在网页中。

图 18-1　实例 18.1 的运行效果（使用 sessionStorage 方法创建对象）

### 2. 制作网站访问记录计数器

下面继续使用 sessionStorage 方法来做一个实例，主要制作记录用户访问网站次数的计数器。

**实例 18.2：制作网站访问记录计数器（案例文件：ch18\18.2.html）**

```
<!DOCTYPE HTML>
<html>
<body>
<script type="text/javascript">
if (sessionStorage. count)
{
        sessionStorage.count=Number
(sessionStorage.count)+1;
}
else
{
    sessionStorage. count=1;
}
document.write("您访问该网站的次数为：
" + sessionStorage.count);
</script>
</body>
</html>
```

运行效果如图 18-2 所示。如果用户刷新一次页面，计数器的数值将进行加 1。

图 18-2　实例 18.2 的运行效果（使用 sessionStorage 方法创建计数器）

> **提示**：如果用户关闭浏览器窗口，再次打开该网页，计数器将重置为 1。

## 18.2.3　使用 localStorage 方法创建对象

与 seessionStorage 方法不同，localStorage 方法存储的数据没有时间限制。也就是说，网页浏览者关闭网页很长一段时间后，再次打开此网页时，数据依然可用。

创建一个 localStorage 方法的基本语法格式如下：

```
<script type="text/javascript">
localStorage.abc="  ";
</script>
```

### 1. 创建对象

**实例 18.3：使用 localStorage 方法创建对象（案例文件：ch18\18.3.html）**

```
<!DOCTYPE HTML>
<html>
<body>
```

```
<script type="text/javascript">
localStorage.name="学习HTML5最新的技
术：Web存储";
document.write(localStorage.name);
</script>
</body>
</html>
```

运行效果如图 18-3 所示。可以看到，使用 localStorage 方法创建的对象内容显示在网页中。

图 18-3　实例 18.3 的运行效果（使用 localStorage 方法创建对象）

### 2. 制作网站访问记录计数器

下面仍然使用 localStorage 方法来制作记录用户访问网站次数的计数器。用户可以清楚地看到 localStorage 方法和 sessionStorage 方法的区别。

实例 18.4：制作网站访问记录计数器（案例文件：ch18\18.4.html）

```
<!DOCTYPE HTML>
<html>
<body>
<script type="text/javascript">
if (localStorage.count)
{
        localStorage.count=Number
(localStorage.count)+1;
}
else
{
    localStorage.count=1;
 }
document.write("您访问该网站的次数为：
" + localStorage.count);
</script>
```

```
</body>
</html>
```

运行效果如图 18-4 所示。可以看到，如果用户刷新一次页面，计数器的数值将进行加 1；如果用户关闭浏览器窗口，再次打开该网页，计数器会继续上一次计数，而不会重置为 1。

图 18-4　实例 18.4 的运行效果（使用 localStorage 方法创建计数器）

## 18.2.4　Web Storage API 的其他操作

Web Storage API 的 localStorage 和 sessionStorage 对象除了以上基本应用外，还有以下两个应用。

（1）清空 localStorage 数据。

localStorage 的 clear() 函数用于清空同源的本地存储数据，比如 localStorage.clear()，它将删除所有本地存储的 localStorage 数据。而 Web Storage 的另外一部分 sessionStorage 中的 clear() 函数只清空当前会话存储的数据。

（2）遍历 localStorage 数据。

遍历 localStorage 数据可以查看 localStrage 对象保存的全部数据信息。在遍历过程中，需要访问 localStorage 对象的另外两个属性 length 与 key。length 表示 localStorage 对象中保存数据的总量；key 表示保存数据时的键名项，该属性常与索引号（index）配合使用，表示第几条键名对应的数据记录。其中，索引号以 0 开始，如果取第三条键名对应的数据，index 的值应该为 2。

取出数据并显示数据的代码如下：

```
functino showInfo(){
    var array=new Array();
    for(var i=0;i<Storage. Length;i++){
    //调用key方法获取localStorage中数据对应的键名
    //这里键名是从test1开始递增到testN的，那么localStorage.key(0)对应test1
    var getKey=localStorage.key(i);
    //通过键名获取值，这里的值包括内容和日期
    var getVal=localStorage.getItem(getKey);
    //array[0]就是内容，array[1]是日期
    array=getVal.split(",");
    }
}
```

获取并保存数据的代码如下：

```
var storage = window.localStorage;
for(var i=0, len = storage.length; i<len; i++){
var key = storage.key(i);
var value = storage.getItem(key);
console.log(key + "=" + value); }
```

> **注意**：由于localStorage不仅仅存储了这里所添加的信息，可能还存在其他信息，但是那些信息的键名也是以递增数字形式表示的，这样，如果这里也用纯数字就可能覆盖另外一部分信息，所以建议键名都用独特的字符区分开，这里在每个ID前加上test以示区别。

## 18.2.5  使用JSON对象存取数据

在HTML5中可以使用JSON对象来存取一组相关的对象。使用JSON对象可以收集一组用户输入信息，然后创建一个Object来囊括这些信息，之后用一个JSON字符串来表示这个Object，再把JSON字符串存放在localStorage中。当用户检索指定名称时，会自动用该名称去localStorage中取得对应的JSON字符串，将字符串解析到Object对象，然后依次提取对应的信息，并构造HTML文本输出显示。

**实例18.5**：使用JSON对象存取数据（案例文件：ch18\18.5.html）

下面就来列举一个简单的案例，介绍如何使用JSON对象存取数据。

**01** 新建一个网页文件，具体代码如下。

```
<!DOCTYPE html>
<html>
<head>
<meta charset="UTF-8">
<title>使用JSON对象存取数据</title>
<script type="text/javascript"
src="objectStorage.js"></script>
</head>
<body>
<h3>使用JSON对象存取数据</h3>
<h4>填写待存取信息到表格中</h4>
<table>
<tr><td>用户名:</td><td><input
type="text" id="name"></td></tr>
<tr><td>E-mail:</td><td><input
type="text" id="email"></td></tr>
<tr><td>联系电话:</td><td><input
type="text" id="phone"></td></tr>
<tr><td></td><td><input
type="button"  value="保存"
onclick="saveStorage();"> </td></tr>
</table>
<hr>
<h4>  检索已经存入localStorage的JSON对
象，并且展示原始信息</h4>
<p>
<input type="text" id="find">
```

```
<input type="button" value="检索"
onclick="findStorage('msg');">
    </p>
    <!-- 下面这块用于显示被检索到的信息文本
-->
    <p id ="msg"></p>
    </body>
    </html>
```

<input type="button" value="02"> 浏览保存的 HTML 文件，页面显示效果如图 18-5 所示。

图 18-5　创建存取对象表格

**03** 案例中用到了 JavaScript 脚本，其中包含两个函数：一个是存数据，一个是取数据，具体的 JavaScript 脚本代码如下。

```
function saveStorage(){
        //创建一个JS对象，用于存放当前从表
单中获得的数据
        var data = new Object;
//将对象的属性值名依次和用户输入的属性值关联
起来
        data.user=document.
getElementById("user").value;
        data.mail=document.
getElementById("mail").value;
        data.tel=document.
getElementById("tel").value;
        //创建一个JSON对象，让其对应HTML文
件中创建的对象的字符串数据形式
        var str = JSON.stringify(data);
        //将JSON对象存放到localStorage
上，key为用户输入的NAME，value为这个JSON字
符串
        localStorage.setItem(data.
user,str);
        console.log("数据已经保存！被保存
的用户名为："+data.user);
```

```
}
    //从localStorage中检索用户输入的名称对
应的JSON字符串，然后把JSON字符串解析为一组信
息，并且打印到指定位置
    function findStorage(id){    //获得用户
的输入，是用户希望检索的名字
        var requiredPersonName =
document.getElementById("find").value;
        //以这个检索名字来查找
localStorage,得到了JSON字符串
        var str=localStorage.
getItem(requiredPersonName);
        //解析这个JSON字符串得到Object对象
        var data= JSON.parse(str);
        //从Object对象中分离出相关属性值，
然后构造要输出的HTML内容
        var result="用户名:"+data.
user+'<br>';
        result+="E-mail:"+data.
mail+'<br>';
        result+="联系电话:"+data.
tel+'<br>';    //取得页面上要输出的容器
        var target = document.
getElementById(id);    //用刚才创建的HTML
内容来填充这个容器
        target.innerHTML = result;
    }
```

**04** 将 JS 文件和 HTML 文件放在同一目录下，再次打开网页，在表单中依次输入相关内容，单击"保存"按钮，如图 18-6 所示。

**05** 在"检索"文本框中输入已经保存信息的用户名，单击"检索"按钮，则在页面下方显示保存的用户信息，如图 18-7 所示。

图 18-6　输入表格内容

![图18-7 检索数据信息]

图 18-7　检索数据信息

# 18.3　浏览器对 Web 存储的支持情况

不同的浏览器版本对 Web 存储技术的支持情况是不同的，表 18-1 是常见浏览器对 Web 存储的支持情况。

**表 18-1　常见浏览器对 Web 存储的支持情况**

| 浏览器名称 | 支持 Web 存储技术的版本 |
|---|---|
| Internet Explorer | Internet Explorer 8 及更高版本 |
| Firefox | Firefox 3.6 及更高版本 |
| Opera | Opera 10.0 及更高版本 |
| Safari | Safari 4 及更高版本 |
| Chrome | Chrome 5 及更高版本 |
| Android | Android 2.1 及更高版本 |

# 18.4　跨文档消息传输

利用跨文档消息传输功能，可以在不同域、端口或网页文档之间进行消息传递。

## 18.4.1　跨文档消息传输的基本知识

利用跨文档消息传输功能可以实现跨域数据推送，使服务器端不再被动地等待客户端的请求，只要客户端与服务器端建立了一次链接之后，服务器端就可以在需要的时候主动地将数据推送到客户端，直到客户端显示关闭这个链接。

HTML5 提供了在网页文档之间互相接收与发送消息的功能。使用这个功能，只要获取网页所在页面对象的实例即可。不仅同域的 Web 网页之间可以互相通信，甚至可以实现跨域通信。

想要接收从其他文档发过来的消息，就必须对文档对象的 message 事件进行监视，实现代码如下：

```
window.addEventListener("message", function(){…}, false)
```

想要发送消息，可以使用 window 对象的 postMessage 方法来实现，该方法的实现代码如下：

```
otherWindow.postMessage(message, targetOrigin)
```

> **说明**：postMessage 是 HTML5 为了解决跨文档通信特别引入的一个新的 API，目前支持这个 API 的浏览器有 IE(8.0 以上 )、Firefox、Opera、Safari 和 Chrome。

postMessage 允许页面中的多个 iframe/window 的通信，postMessage 也可以实现 Ajax 直接跨域，不通过服务器端代理。

## 18.4.2　跨文档通信应用测试

下面介绍一个跨文档通信的应用案例，主要使用 postMessage 方法来实现，具体操作方法如下。

需要创建两个文档来实现跨文档访问，名称分别为 18.6.html 和 18.7.html。

**01** 创建用于实现信息发送的 18.6.html 文档，具体代码如下。

```html
<!DOCTYPE HTML>
<html>
<head>
  <title>跨域文档通信1</title>
</head>
<script type="text/javascript">
  window.onload = function() {
     document.getElementById('title').innerHTML = '页面在' + document.location.
host + '域中，且每过1秒向18.7.html文档发送一个消息！';
     //定时向另外一个不确定域的文件发送消息
     setInterval(function(){
        var message = '消息发送测试！   ' + (new Date().getTime());
        window.parent.frames[0].postMessage(message, '*');
     },1000);
  };
</script>
<body>
<div id="title"></div>
</body>
</html>
```

**02** 运行效果如图 18-8 所示。

图 18-8　程序运行结果

**03** 创建用于实现信息监听的 18.7.html 文档，具体代码如下。

```
<!DOCTYPE HTML>
<html>
<head>
  <title>跨域文档通信2</title>
</head>

<script type="text/javascript">
  window.onload = function() {

       document.getElementById('title').innerHTML = '页面在' + document.location.
host + '域中，且每过1秒向18.6.html文档发送一个消息！';
      //定时向另外一个不同域的iframe发送消息
      setInterval(function(){
          var message = '消息发送测试！   ' + (new Date().getTime());
          window.parent.frames[0].postMessage(message, '*');
      },1000);

      var onmessage = function(e) {
         var data = e.data,p = document.createElement('p');
         p.innerHTML = data;
         document.getElementById('display').appendChild(p);
      };
      //监听postMessage消息事件
      if (typeof window.addEventListener != 'undefined') {
        window.addEventListener('message', onmessage, false);
      } else if (typeof window.attachEvent != 'undefined') {
        window.attachEvent('onmessage', onmessage);
      }

  };

</script>

<body>
<div id="title"></div>
<br>
<div id="display"></div>
</body>
</html>
```

**04** 运行 18.7.html 文档，效果如图 18-9 所示。

图 18-9　程序运行结果

18.6.html 文 档 的 "window.parent.frames[0].postMessage(message, '*');" 语 句 中 的 "*"
表示不对访问的域进行判断。如果要加入特定域的限制，可以将代码改为 "window.parent.
frames[0].postMessage(message,'url');"。其中的 url 必须为完整的网站域名格式。在信息监听

接收方的 onmessage 中需要追加一个判断语句"if(event.origin !=='url') return;"。

> **提示**：在实际通信时，应当实现双向通信，所以，每一个文档中都应该具有发送信息和监听接收信息的模块。

## 18.5  WebSocket API

HTML5 中有一个很实用的新特性 WebSocket，使用 WebSocket 可以在没有 Ajax 请求的情况下与服务器端对话。

### 18.5.1  什么是 WebSocket API

WebSocket API 是下一代客户端 - 服务器的异步通信方法。该通信取代了单个 TCP 套接字，使用 WS 或 WSS 协议，可用于任意的客户端和服务器程序。WebSocket 目前由 W3C 进行标准化。WebSocket 已经受到 Firefox 4、Chrome 4、Opera 10.70 及 Safari 5 等浏览器的支持。

利用 WebSocket API，服务器和客户端可以在给定的时间范围内的任意时刻相互推送信息。WebSocket 并不局限于以 Ajax（或 XHR）方式通信，因为 Ajax 技术需要客户端发起请求，而 WebSocket 服务器和客户端可以彼此相互推送信息。XHR 受到域的限制，而 WebSocket 允许跨域通信。

Ajax 技术没有设计要使用的方式。WebSocket 为指定目标而创建，用于双向推送消息。

### 18.5.2  WebSocket 通信基础

#### 1. 产生 WebSocket 的背景

随着即时通信系统的普及，基于 Web 的实时通信也变得普及，如新浪微博的评论、私信的通知，腾讯的 Web QQ 等。

在 WebSocket 出现之前，一般通过两种方式来实现 Web 实时应用：轮询机制和流技术。轮询机制又可分为普通轮询和长轮询（Coment）。

（1）轮询。

这是最早的一种实现实时 Web 应用的方案。客户端以一定的时间间隔向服务端发出请求，以频繁请求的方式来保持客户端和服务器端的同步。这种同步方案的缺点是，当客户端以固定频率向服务器发起请求的时候，服务器端的数据可能并没有更新，这样会带来很多无谓的网络传输，所以这是一种非常低效的实时方案。

（2）长轮询。

这是对定时轮询的改进和提高，目的是降低无效的网络传输。当服务器端没有数据更新的时候，连接会保持一段时间直到数据或状态改变或者时间过期，从而减少无效的客户端和服务器间的交互。当然，如果服务端的数据变更非常频繁，这种机制和定时轮询比较起来没有本质上的性能的提高。

（3）流。

就是在客户端的页面使用一个隐藏的窗口向服务端发出一个长连接的请求。服务器端接到这个请求后做出回应并不断更新连接状态以保证客户端和服务器端的连接不过期。通过这种机制可以将服务器端的信息源源不断地推向客户端。这种机制在用户体验上有一点问题，需要针对不同的浏览器设计不同的方案来改进用户体验，同时这种机制在并发比较大的情况下，对服务器端的资源是一个极大的考验。

上述三种方式都不是真正的实时通信技术，只是相对地模拟了实时的效果。这种效果的实现对编程人员来说无疑增加了复杂性，对客户端和服务器端的实现都需要复杂的 HTTP 链接设计来模拟双向的实时通信。这种复杂的实现方法制约了应用系统的扩展性。

基于上述弊端，在 HTML5 中增加了实现 Web 实时应用的技术 WebSocket。WebSocket 通过浏览器提供的 API 真正实现了具备像 C/S 架构下的桌面系统的实时通信能力。其原理是使用 JavaScript 调用浏览器的 API 发出一个 WebSocket 请求至服务器，经过一次握手，和服务器建立了 TCP 通信。因为它本质上是一个 TCP 连接，所以数据传输的稳定性强，数据传输量比较小。因此 WebSockets 具备了 Web TCP 的称号。

### 2.WebSocket 技术的实现方法

WebSocket 技术本质上是一个基于 TCP 的协议技术，其建立通信链接的操作步骤如下。

**01** 为了建立一个 WebSocket 连接，客户端的浏览器首先要向服务器发起一个 HTTP 请求。这个请求和通常的 HTTP 请求有所差异，除了包含一般的头信息外，还有一个附加的信息 "Upgrade: WebSocket"，表明这是一个申请协议升级的 HTTP 请求。

**02** 服务器端解析这些附加的头信息，经过验证后，产生应答信息返回给客户端。

**03** 客户端接收返回的应答信息，建立与服务器端的 WebSocket 连接，之后双方就可以通过这个连接通道自由地传递信息，并且这个连接会持续存在直到客户端或者服务器端的某一方主动关闭了连接。

WebSocket 技术目前属于比较新的技术，其版本更新较快，目前的最新版本基本上可以被 Chrome、FireFox、Opera 和 IE（9.0 以上）等浏览器支持。

在建立实时通信时，客户端发到服务器的内容如下：

```
GET /chat HTTP/1.1
Host: server.example.com
Upgrade: websocket
Connection: Upgrade
Sec-WebSocket-Key: dGhlIHNhbXBsZSBub25jZQ==
Origin: http://example.com
Sec-WebSocket-Protocol: chat, superchat8.Sec-WebSocket-Version: 13
```

从服务器返回到客户端的内容如下：

```
HTTP/1.1 101 Switching Protocols
Upgrade: websocket
Connection: Upgrade
Sec-WebSocket-Accept: s3pPLMBiTxaQ9kYGzzhZRbK+xOo=
Sec-WebSocket-Protocol: chat
```

> **说明**：其中的 "Upgrade:WebSocket" 表示这是一个特殊的 HTTP 请求，请求的目的就是要将客户端和服务器端的通信协议从 HTTP 协议升级到 WebSocket 协议。客户端的 Sec-WebSocket-Key 和服务器端的 Sec-WebSocket-Accept 就是重要的握手认证信息，实现握手后双方才可进一步进行信息发送和接收。

### 18.5.3 服务器端使用 WebSocket API

在实现 WebSocket 实时通信时，需要使客户端和服务器端建立链接，也需要配置相应的内容。一般构建链接握手时，客户端的内容浏览器都可以代劳完成，主要实现的是服务器端的内容。下面来看一下 WebSocket API 的具体使用方法。

服务器端需要编程人员自己来实现，目前市场上可直接使用的开源方法比较多，主要有以下 5 种。

- Kaazing WebSocket Gateway：一个 Java 实现的 WebSocket Server。
- mod_pywebsocket：一个 Python 实现的 WebSocket Server。
- Netty：一个 Java 实现的网络框架，其中包括对 WebSocket 的支持。
- node.js：一个 Server 端的 JavaScript 框架，它提供了对 WebSocket 的支持。
- WebSocket4Net：一个 .NET 的服务器端实现。

除了使用以上开源方法外，自己编写一个简单的服务器端也是可以的。服务器端需要实现握手、接收和发送三个内容。

下面就来详细介绍操作方法。

#### 1. 握手

在实现握手时需要通过 Sec-WebSocket 信息来实现验证。使用 Sec-WebSocket-Key 和一个随机值构成一个新的 key 串，然后将新的 key 串进行 SHA1 编码，生成一个由多组两位 16 进制数构成的加密串。最后把加密串进行 base64 编码生成最终的 key，这个 key 就是 Sec-WebSocket- Accept。

实现 Sec-WebSocket-Key 运算的实例代码如下：

```
/// <summary>
/// 生成Sec-WebSocket-Accept
/// </summary>
/// <param name="handShakeText">客户端握手信息</param>
/// <returns>Sec-WebSocket-Accept</returns>
private static string GetSecKeyAccetp(byte[] handShakeBytes,int bytesLength)
{
    string handShakeText = Encoding.UTF8.GetString(handShakeBytes, 0,
bytesLength);
    string key = string.Empty;
    Regex r = new Regex(@"Sec\-WebSocket\-Key:(.*?)\r\n");
    Match m = r.Match(handShakeText);
    if (m.Groups.Count != 0)
    {
      key = Regex.Replace(m.Value, @"Sec\-WebSocket\-Key:(.*?)\r\n", "$1").
Trim();
    }
    byte[] encryptionString = SHA1.Create().ComputeHash(Encoding.ASCII.
GetBytes(key + "258EAFA5-E914-47DA-95CA-C5AB0DC85B11"));
    return Convert.ToBase64String(encryptionString);
}
```

#### 2. 接收

如果握手成功，将会触发客户端的 onOpen 事件，进而解析接收的客户端信息。在进行数据信息解析时，会将数据以字节和比特的方式拆分，并按照以下规则进行解析。

1）第一字节

- 1bit: frame-fin，x0 表示该 message 后续还有帧；x1 表示是 message 的最后一个帧。

- 3bit: 分别是 frame-rsv1、frame-rsv2 和 frame-rsv3，通常都是 x0。
- 4bit: frame-opcode，x0 表示延续帧，x1 表示文本帧，x2 表示二进制帧，x3-x7 保留给非控制帧，x8 表示关闭连接，x9 表示 ping，xA 表示 pong，xB-xF 保留给控制帧。

2）第二字节
- 1bit: Mask，1 表示该帧包含掩码，0 表示无掩码。
- 7bit、7bit+2byte、7bit+8byte: 7bit 取整数值，若在 0~145 范围，则是负载数据长度；若是 146 表示，后两个字节取无符号 16 位整数值，是负载长度；147 表示后 8 字节，取 64 位无符号整数值，是负载长度。

3）第三至第六字节
这里假定负载长度在 0 ～ 145 范围，并且 Mask 为 1，则这 4 个字节是掩码。

4）第七至末字节
长度是上面取出的负载长度，包括扩展数据和应用数据两个部分，通常没有扩展数据。
若 Mask 为 1，则此数据需要解码，解码规则为 1~4 字节掩码循环与数据字节做异或操作。
实现数据解析的代码如下：

```
/// <summary>
/// 解析客户端数据包
/// </summary>
/// <param name="recBytes">服务器接收的数据包</param>
/// <param name="recByteLength">有效数据长度</param>
/// <returns></returns>
private static string AnalyticData(byte[] recBytes, int recByteLength)
{
    if (recByteLength < 2) { return string.Empty; }
    bool fin = (recBytes[0] & 0x80) == 0x80; // 1bit, 1表示最后一帧
    if (!fin){
    return string.Empty;// 超过一帧暂不处理
    }
    bool mask_flag = (recBytes[1] & 0x80) == 0x80; // 是否包含掩码
    if (!mask_flag){
    return string.Empty;// 不包含掩码的暂不处理
    }
    int payload_len = recBytes[1] & 0x7F; // 数据长度
    byte[] masks = new byte[4];
    byte[] payload_data;
    if (payload_len == 146){
    Array.Copy(recBytes, 4, masks, 0, 4);
    payload_len = (UInt16)(recBytes[2] << 8 | recBytes[3]);
    payload_data = new byte[payload_len];
    Array.Copy(recBytes, 8, payload_data, 0, payload_len);
    }else if (payload_len == 147){
    Array.Copy(recBytes, 10, masks, 0, 4);
    byte[] uInt64Bytes = new byte[8];
    for (int i = 0; i < 8; i++){
        uInt64Bytes[i] = recBytes[9 - i];
    }
    UInt64 len = BitConverter.ToUInt64(uInt64Bytes, 0);
    payload_data = new byte[len];
    for (UInt64 i = 0; i < len; i++){
        payload_data[i] = recBytes[i + 14];
    }
        }else{
    Array.Copy(recBytes, 2, masks, 0, 4);
```

```
    payload_data = new byte[payload_len];
    Array.Copy(recBytes, 6, payload_data, 0, payload_len);
        }
        for (var i = 0; i < payload_len; i++){
    payload_data[i] = (byte)(payload_data[i] ^ masks[i % 4]);
        }
        return Encoding.UTF8.GetString(payload_data);56.}
```

### 3. 发送

服务器端接收并解析客户端发来的信息后，要返回回应信息。服务器发送的数据以 0x81 开头，紧接发送内容的长度，最后是内容的字节数组。

实现数据发送的代码如下：

```
/// <summary>
/// 打包服务器数据
/// </summary>
/// <param name="message">数据</param>
/// <returns>数据包</returns>
private static byte[] PackData(string message)
{
    byte[] contentBytes = null;
    byte[] temp = Encoding.UTF8.GetBytes(message);
    if (temp.Length < 146){
    contentBytes = new byte[temp.Length + 2];
    contentBytes[0] = 0x81;
    contentBytes[1] = (byte)temp.Length;
    Array.Copy(temp, 0, contentBytes, 2, temp.Length);
    }else if (temp.Length < 0xFFFF){
    contentBytes = new byte[temp.Length + 4];
    contentBytes[0] = 0x81;
    contentBytes[1] = 146;
    contentBytes[2] = (byte)(temp.Length & 0xFF);
    contentBytes[3] = (byte)(temp.Length >> 8 & 0xFF);
    Array.Copy(temp, 0, contentBytes, 4, temp.Length);
    }else{
// 暂不处理超长内容
    }
    return contentBytes;
}
```

## 18.5.4 客户端使用 WebSocket API

一般浏览器提供的 API 就可以直接用来实现客户端的握手操作了，应用时直接使用 JavaScript 来调用即可。

客户端调用浏览器 API，实现握手操作的 JavaScript 代码如下：

```
var wsServer = 'ws://localhost:8888/Demo';      //服务器地址
var websocket = new WebSocket(wsServer);         //创建WebSocket对象
websocket.send("hello");                         //向服务器发送消息
alert(websocket.readyState);                     //查看WebSocket当前状态
websocket.onopen = function (evt) {      //已经建立连接
};
websocket.onclose = function (evt) {     //已经关闭连接
};
```

```
websocket.onmessage = function (evt) {      //收到服务器消息，使用evt.data提取
};
websocket.onerror = function (evt) {        //产生异常
};
```

## 18.6　制作简单的 Web 留言本

使用 WebStorage 的功能可以制作 Web 留言本，具体制作方法如下。

**01** 构建页面框架，代码如下：

```
<!DOCTYPE html>
<html>
<head>
<title>本地存储技术之Web留言本</title>
</head>
<body onload="init()">
</body>
</html>
```

**02** 添加页面文件，主要由表单构成，包括单行文字表单和多行文本表单，代码如下：

```
<h1>Web留言本</h1>
<table>
    <tr>
        <td>用户名</td>
        <td><input type="text" name="name" id="name" /></td>
    </tr>
    <tr>
        <td>留言</td>
            <td><textarea name="memo" id="memo" cols ="50" rows = "5"> </
textarea></td>
    </tr>
    <tr>
        <td></td>
        <td>
            <input type="submit" value="提交" onclick="saveData()" />
        </td>
    </tr>
</table>
<ht>
<table id="datatable" border="1"></table>
<p id="msg"></p>
```

**03** 为了执行本地数据库的保存及调用功能，需要插入数据库的脚本代码，具体内容如下：

```
<script>
var datatable = null;
var db = openDatabase("MyData","1.0","My Database",2*1024*1024);
function init()
{
    datatable = document.getElementById("datatable");
    showAllData();
}
function removeAllData(){
    for(var i = datatable.childNodes.length-1;i>=0;i--){
        datatable.removeChild(datatable.childNodes[i]);
```

```
            }
        var tr = document.createElement('tr');
        var th1 = document.createElement('th');
        var th2 = document.createElement('th');
        var th3 = document.createElement('th');
        th1.innerHTML = "用户名";
        th2.innerHTML = "留言";
        th3.innerHTML = "时间";
        tr.appendChild(th1);
        tr.appendChild(th2);
        tr.appendChild(th3);
        datatable.appendChild(tr);
    }
    function showAllData()
    {
        db.transaction(function(tx){
            tx.executeSql('create table if not exists MsgData(name TEXT,message
TEXT,time INTEGER)',[]);
            tx.executeSql('select * from MsgData',[],function(tx,rs){
                removeAllData();
                for(var i=0;i<rs.rows.length;i++){
                    showData(rs.rows.item(i));
                }
            });
        });
    }
    function showData(row){
        var tr=document.createElement('tr');
        var td1 = document.createElement('td');
        td1.innerHTML = row.name;
        var td2 = document.createElement('td');
        td2.innerHTML = row.message;
        var td3 = document.createElement('td');
        var t = new Date();
        t.setTime(row.time);
        ttd3.innerHTML = t.toLocaleDateString() + " " + t.toLocaleTimeString();
        tr.appendChild(td1);
        tr.appendChild(td2);
        tr.appendChild(td3);
        datatable.appendChild(tr);
    }
    function addData(name,message,time) {
        db.transaction(function(tx){
            tx.executeSql('insert into MsgData values(?,?,?)',[name,message,
time],functionx,rs){
                alert("提交成功。");
            },function(tx,error){
                alert(error.source+"::"+error.message);
            });
        });
    } // End of addData
    function saveData() {
        var name = document.getElementById('name').value;
        var memo = document.getElementById('memo').value;
        var time = new Date().getTime();
        addData(name,memo,time);
        showAllData();
    } // End of saveData
</script>
```

```html
    </head>
    <body onload="init()">
        <h1>Web留言本</h1>
        <table>
            <tr>
                <td>用户名</td>
                <td><input type="text" name="name" id="name" /></td>
            </tr>
            <tr>
                <td>留言</td>
                    <td><textarea name="memo" id="memo" cols ="50" rows = "5"> </
textarea></td>
            </tr>
            <tr>
                <td></td>
                <td>
                    <input type="submit" value="提交" onclick="saveData()" />
                </td>
            </tr>
        </table>
        <ht>
        <table id="datatable" border="1"></table>
        <p id="msg"></p>
    </body>
    </html>
```

**04** 文件保存后，运行效果如图 18-10 所示。

图 18-10　Web 留言本的运行效果

# 18.7　编写简单的 WebSocket 服务器

前面学习了 WebSocket API 的原理及基本使用方法，提到在实现通信时关键是要配置 WebSocket 服务器，下面就来介绍一个简单的 WebSocket 服务器编写方法。

为了实现操作，这里配合编写一个客户端文件，以测试服务器的实现效果。

**01** 首先编写客户端文件，代码如下：

```html
<!DOCTYPE HTML>
<html>
<head>
    <meta charset="UTF-8">
    <title>Web sockets test</title>
```

```
<script src="jquery-min.js" type="text/javascript"></script>
<script type="text/javascript">
    var ws;
    function ToggleConnectionClicked() {
        try {
        ws = new WebSocket("ws://192.168.1.101:1818/chat");//连接服务器
            ws.onopen = function(event){alert("已经与服务器建立了连接\r\n当前连接状
态: "+this.readyState);};
                    ws.onmessage = function(event){alert("接收到服务器发送的数据: \r\
n"+event.data);};
                ws.onclose = function(event){alert("已经与服务器断开连接\r\n当前连接状
态: "+this.readyState);};
            ws.onerror = function(event){alert("WebSocket异常！");};
                } catch (ex) {
            alert(ex.message);
            }
    };
    function SendData() {
    try{
    ws.send("jane");
    }catch(ex){
    alert(ex.message);
    }
    };
    function seestate(){
    alert(ws.readyState);
    }
</script>
</head>
<body>
    <button id='ToggleConnection' type="button" onclick='ToggleConnectionClicked(
); '>与服务器建立连接</button><br /><br />
        <button id='ToggleConnection' type="button" onclick='SendData();'>发送信息:
我的名字是jane</button><br /><br />
        <button id='ToggleConnection' type="button" onclick='seestate();'>查看当前状
态</button><br /><br />
</body>
</html>
```

在 Opera 浏览器中预览，效果如图 18-11 所示。

图 18-11　程序运行结果

提示：其中 ws.onopen、ws.onmessage、ws.onclose 和 ws.onerror 对应四种状态的提示信息。连接服务器时，需要在代码中指定服务器的地址，测试时将 IP 地址改为本机 IP 即可。

02 服务器程序可以使用 .NET 等实现，服务器端的主程序代码如下：

```csharp
using System;
using System.Net;
using System.Net.Sockets;
using System.Security.Cryptography;
using System.Text;
using System.Text.RegularExpressions;
namespace WebSocket
{
    class Program
    {
        static void Main(string[] args)
        {
            int port = 2828;
            byte[] buffer = new byte[1024];
            IPEndPoint localEP = new IPEndPoint(IPAddress.Any, port);
            Socket listener = new Socket(localEP.Address.AddressFamily,SocketType.
        Stream,ProtocolType.Tcp);
            try{
                listener.Bind(localEP);
                listener.Listen(10);
                Console.WriteLine("等待客户端连接....");
                Socket sc = listener.Accept();//接受一个连接
                        Console.WriteLine("接收到了客户端: "+sc.RemoteEndPoint.
ToString()+"连接....");
                //握手
                int length = sc.Receive(buffer);//接收客户端握手信息
                sc.Send(PackHandShakeData(GetSecKeyAccetp(buffer,length)));
                Console.WriteLine("已经发送握手协议了....");
                //接收客户端数据
                Console.WriteLine("等待客户端数据....");
                length = sc.Receive(buffer);//接收客户端信息
                string clientMsg=AnalyticData(buffer, length);
                Console.WriteLine("接收到客户端数据: " + clientMsg);
                //发送数据
                string sendMsg = "您好, " + clientMsg;
                Console.WriteLine("发送数据: ""+sendMsg+"" 至客户端....");
                sc.Send(PackData(sendMsg));
                Console.WriteLine("演示Over!");
            }
            catch (Exception e)
            {
                Console.WriteLine(e.ToString());
            }
        }
        ...
        ...
        ...
        /// <summary>
        /// 打包服务器数据
        /// </summary>
        /// <param name="message">数据</param>
        /// <returns>数据包</returns>
        private static byte[] PackData(string message)
        {
            byte[] contentBytes = null;
            byte[] temp = Encoding.UTF8.GetBytes(message);
            if (temp.Length < 146){
                contentBytes = new byte[temp.Length + 2];
                contentBytes[0] = 0x81;
```

```
                    contentBytes[1] = (byte)temp.Length;
                  Array.Copy(temp, 0, contentBytes, 2, temp.Length);
                }else if (temp.Length < 0xFFFF){
                    contentBytes = new byte[temp.Length + 4];
                    contentBytes[0] = 0x81;
                    contentBytes[1] = 146;
                    contentBytes[2] = (byte)(temp.Length & 0xFF);
                    contentBytes[3] = (byte)(temp.Length >> 8 & 0xFF);
                    Array.Copy(temp, 0, contentBytes, 4, temp.Length);
                }else{
                    // 暂不处理超长内容
                }
                return contentBytes;
            }
        }
    }
```

内容较多，中间部分内容省略，编辑后保存服务器文件目录。

03 测试服务器和客户端的连接通信，首先打开服务器，运行 "源代码 \ch18\WebSocket-Server\WebSocket\obj\x86\Debug\WebSocket.exe"文件，提示等待客户端连接，效果如图 18-12 所示。

04 使用运行客户端文件 ( 源代码 \ch18\WebSocket-Client\index.html)，效果如图 18-13 所示。

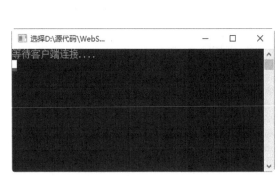

图 18-12　等待客户端连接

图 18-13　运行客户端文件

05 单击"与服务器连接"按钮，服务器端显示已经建立连接，客户端提示连接建立，状态为 1，效果如图 18-14 所示。

图 18-14　与服务器建立连接

06 单击"发送消息"按钮，自服务器端返回信息，提示"您好，jane"。如图 18-15 所示。

图 18-15　服务器端返回的信息

## 18.8　新手常见疑难问题

**疑问 1：不同的浏览器可以读取同一个 Web 中存储的数据吗？**

在 Web 存储时，不同的浏览器将存储在不同的 Web 存储库中。例如，如果用户使用的是 IE 浏览器，那么 Web 存储工作时将所有数据存储在 IE 的 Web 存储库中；如果用户再次使用火狐浏览器访问该站点，将不能读取 IE 浏览器存储的数据，可见每个浏览器的存储是独立工作的。

**疑问 2：离线存储站点时是否需要浏览者同意？**

和地理定位类似，在网站使用 manifest 文件时，浏览器会提供一个权限提示，提示用户是否将离线设为可用，但是不是每一个浏览器都支持这样的操作。

**疑问 3：WebSocket 将会替代什么？**

WebSocket 可以替代 Long Polling（PHP 服务端推送技术）。客户端发送一个请求到服务器，服务器端并不会响应还没准备好的数据，它会保持连接的打开状态直到最新的数据准备就绪发送，之后客户端收到数据，然后发送另一个请求。好处在于减少任一连接的延迟，当一个连接已经打开时就不需要创建另一个新的连接。但是 Long-Polling 并不是什么花哨技术，它仍有可能发生请求暂停，因此需要建立新的连接。

**疑问 4：WebSocket 的优势在哪里？**

它可以实现真正的实时数据通信。众所周知，B/S 模式下应用的是 HTTP 协议，是无状态的，所以不能保持持续的连接。数据交换是通过客户端提交一个 Request 到服务器端，然后服务器端返回一个 Response 到客户端来实现。而 WebSocket 通过 HTTP 协议的初始握手阶段，然后升级到 WebSocket 协议以支持实时数据通信。

WebSocket 可以支持服务器主动向客户端推送数据。一旦服务器和客户端通过

WebSocket 建立起连接，服务器便可以主动向客户端推送数据，而不像普通的 Web 传输方式需要先由客户端发送 Request 才能返回数据，从而增强了服务器的能力。

WebSocket 协议设计了更为轻量级的 Header，除了首次建立连接的时候需要发送头部和普通 Web 连接类似的数据之外，建立 WebSocket 链接后，相互沟通的 Header 就会非常简洁，大大减少了冗余的数据传输。

WebSocket 提供了更为强大的通信能力和更为简洁的数据传输平台，能更方便地完成 Web 开发中的双向通信功能。

# 18.9 实战技能训练营

▎实战：使用 WebStorage 设计一个页面计数器

通过 WebStorage 中的 sessionStorage 和 localStorage 两种方法存储和读取页面的数据并记录页面被打开的次数，运行结果如图 18-16 所示。输入要保存的数据后，单击"session 保存"按钮，然后反复刷新几次页面。单击按钮，页面就会显示用户输入的内容和刷新页面的次数。

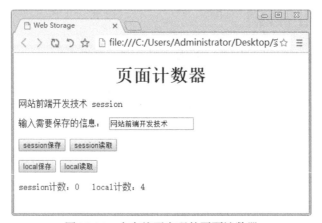

图 18-16　本实战要实现的页面计数器

# 第19章　设计流行的响应式网页

📖 **本章导读**

响应式网站设计是目前非常流行的一种网络页面设计布局。主要优势是设计布局可以智能地根据用户行为以及不同的设备（台式电脑，平板电脑或智能手机）让内容自适应展示，从而让用户在不同的设备上能够友好地浏览网页的内容。本章将重点学习响应式网页设计的原理和设计方法。

📑 **知识导图**

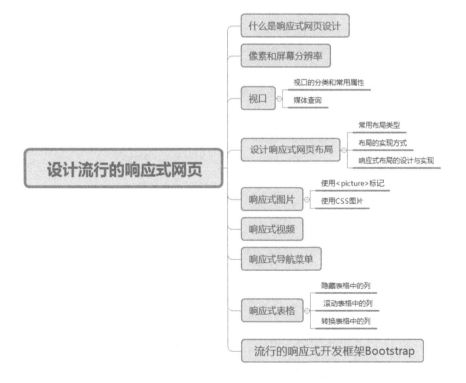

## 19.1　什么是响应式网页设计

随着移动用户量越来越大，智能手机和平板电脑等移动上网方式已经非常流行。普通开发的电脑端的网站在移动端浏览时页面内容会变形，从而影响预览效果。解决上述问题常见的方法有以下三种。

● 创建一个单独的移动版网站，然后配备独立的域名。移动用户需要用移动网站的域名进行访问。

● 在当前的域名内创建一个单独的网站，专门服务于移动用户。

● 利用响应式网页设计技术，能够使页面自动切换分辨率、图片尺寸等，以适应不同的设备，以便在不同浏览终端实现网站数据的同步更新，从而为不同终端的用户提供更加美好的用户体验。

例如清华大学出版社的官网，通过电脑端访问该网站主页时，预览效果如图 19-1 所示。通过手机端访问该网站主页时，预览效果如图 19-2 所示。

图 19-1　电脑端浏览主页效果　　　　图 19-2　手机端浏览主页的效果

响应式网页设计技术的原理如下：

● 通过 <meta> 标记来实现。该标签可以涉足页面格式、内容、关键字和刷新页面等，从而帮助浏览器精准地显示网页的内容。

● 通过媒体查询适配对应的样式。通过不同的媒体类型和条件定义样式表规则，获取的值可以设置设备的手持方向是水平方向还是垂直方向，以及设备的分辨率等。

- 通过第三方框架来实现。例如目前比较流行的 Boostrap 和 Vue 框架，可以高效地实现网页的响应式设计。

## 19.2 像素和屏幕分辨率

在响应式网页设计中，像素是一个非常重要的概念。像素是计算机屏幕显示特定颜色的最小区域。屏幕中的像素越多，同一范围内能看到的内容就越多。或者说，当设备尺寸相同时，像素越密集，画面就越精细。

在设计网页元素的属性时，通常通过 width 属性来设置宽度。当不同的设备显示同一个设定宽度时，到底显示的宽度是多少像素呢？

要解决这个问题，首先须理解两个基本概念，那就是设备像素和 CSS 像素。

### 1. 设备像素

设备像素指的是设备屏幕的物理像素，任何设备的物理像素数量都是固定的。

### 2. CSS 像素

CSS 像素是 CSS 的一个抽象概念，它和物理像素之间的比例取决于屏幕的特性以及用户的缩放操作，由浏览器自行换算。

由此可知，具体显示像素的数目是和设备像素密切相关的。

屏幕分辨率是指纵横方向上的像素个数。屏幕分辨率确定计算机屏幕上显示信息的多少，以水平和垂直像素来衡量。就相同大小的屏幕而言，当屏幕分辨率低时（例如 640×480），在屏幕上显示的像素少，单个像素尺寸比较大。屏幕分辨率高时（例如 1600×1200），在屏幕上显示的像素多，单个像素尺寸比较小。

显示分辨率就是屏幕上显示的像素个数，分辨率 160×128 的意思是水平方向含有像素数为 160 个，垂直方向像素数 128 个。屏幕尺寸相同的情况下，分辨率越高，显示效果越精细和细腻。

## 19.3 视口

视口（viewport）和窗口（window）是两个不同的概念。在电脑端，视口指的是浏览器的可视区域，其宽度和浏览器窗口的宽度保持一致。在移动端，视口较为复杂，它是与移动设备相关的一个矩形区域，坐标单位与设备有关。

### 19.3.1 视口的分类和常用属性

移动端浏览器的宽度通常是 240~640 像素，大多数为电脑端设计的网站宽度至少为 800 像素，如果仍以浏览器窗口作为视口，网站内容在手机上看起来会非常窄。因此引入了布局视口、视觉视口和理想视口三个概念，使得移动端的视口与浏览器宽度不再相关联。

### 1. 布局视口

一般移动设备的浏览器都默认设置了一个 viewport 元标签，定义一个虚拟的布局视口，用于解决早期页面在手机上显示的问题。iOS 和 Android 都将视口分辨率设置为 980 像素，所以 PC 上的网页基本能在手机上呈现，只不过元素看上去很小，一般可以通过手动缩放网页。

布局视口使视口与移动端浏览器屏幕宽度各自独立。CSS 布局将会根据它来进行计算，并被它约束。

### 2. 视觉视口

视觉视口是用户当前看到的区域，用户可以缩放视觉视口，却不会影响布局视口。

### 3. 理想视口

布局视口的默认宽度并不是一个理想的宽度，于是浏览器厂商引入了理想视口的概念，它对设备而言是最理想的布局视口尺寸。显示在理想视口中的网页具有最理想的宽度，用户无须进行缩放。

理想视口的值其实就是屏幕分辨率的值，它对应的像素叫作设备逻辑像素。设备逻辑像素和设备的物理像素无关，一个设备逻辑像素在任意像素密度的屏幕上都占据相同的空间。如果用户没有进行缩放，那么一个 CSS 像素就等于一个设备逻辑像素。

用下面的方法可以使布局视口与理想视口的宽度一致，代码如下：

```
<meta name="viewport" content="width=device-width">
```

这里的 viewport 属性对响应式网页设计起了非常重要的作用。该属性中常用的属性值和含义如表 19-1 所示。

表 19-1　viewport 属性的属性值

| 属性值 | 说　明 |
| --- | --- |
| with | 设置布局视口的宽度。该属性可以设置为数字值或 device-width，单位为像素 |
| height | 设置布局视口的高度。该属性可以设置为数字值或 device- height，单位为像素 |
| initial-scale | 设置页面初始缩放比例 |
| minimum-scale | 设置页面最小缩放比例 |
| maximum-scale | 设置页面最大缩放比例 |
| user-scalable | 设置用户是否可以缩放。yes 表示可以缩放，no 表示禁止缩放 |

## 19.3.2　媒体查询

媒体查询的核心就是根据设备显示器的特征（视口宽度、屏幕比例和设备方向）来设定 CSS 的样式。媒体查询由媒体类型和一个或多个检测媒体特性的条件表达式组成。通过媒体查询，实现同一个 HTML 页面可以根据不同的输出设备显示不同的外观效果。

媒体查询的使用方法是在 <head> 标签中添加 viewport 属性，具体代码如下：

```
<meta name="viewport" content="width=device-width",initial-scale=1,maxinum-scale=1.0,user-scalable="no">
```

然后使用 @media 关键字编写 CSS 媒体查询内容，例如以下代码：

```
/*当设备宽度在450像素和650像素之间时，显示背景图片为m1.gif*/
@media screen and (max-width:650px) and (min-width:450px){
    header{
        background-image: url(m1.gif);
    }
}
/*当设备宽度小于或等于450像素时，显示背景图片为m2.gif*/
@media screen and (max-width:450px){
```

```
header{
    background-image: url(m2.gif);
    }
}
```

上述代码实现的功能是根据屏幕不同大小显示不同的背景图片。当设备屏幕宽度在450像素和650像素之间时，媒体查询中设置背景图片为m1.gif；当设备屏幕宽度小于或等于450像素时，媒体查询中设置背景图片为m2.gif。

# 19.4 设计响应式网页布局

响应式网页的布局设计主要根据不同的设备显示不同的页面布局效果。

## 19.4.1 常用布局类型

根据网页的列数可以将网页布局类型分为单列或多列布局。多列布局又可以分为均分多列布局和不均分多列布局。

### 1. 单列布局

网页单列布局模式是最简单的一种布局形式，也称为"网页1-1-1型布局模式"。图19-3所示为网页单列布局模式示意图。

### 2. 均分多列布局

列数大于或等于2列的布局类型。每列宽度相同，列与列间距也相同，如图19-4所示。

图19-3 网页单列布局　　　　　图19-4 均分多列布局

### 3. 不均分多列布局

列数大于或等于2列的布局类型。每列宽度不相同，但列与列间距不同，如图19-5所示。

图19-5 不均分多列布局

## 19.4.2 布局的实现方式

采用何种方式实现布局设计，也有不同的方式，这里基于页面的实现单位（像素或百分比）而言，分为四种类型：固定布局、可切换的固定布局、弹性布局和混合布局。

（1）固定布局。

以像素作为页面的基本单位，不管设备屏幕及浏览器宽度，只设计一套固定宽度的页面布局，如图 19-6 所示。

（2）可切换的固定布局。

同样以像素作为页面单位，参考主流设备尺寸，设计几套不同宽度的布局。通过媒体查询技术识别不同的屏幕尺寸或浏览器宽度，选择最合适的宽度布局，如图 19-7 所示。

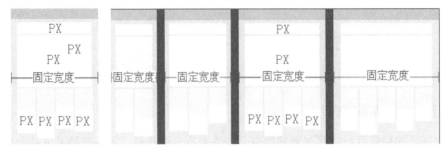

图 19-6　固定布局　　　　　　　　图 19-7　可切换的固定布局

（3）弹性布局。

以百分比作为页面的基本单位，可以适应一定范围内所有尺寸的设备屏幕及浏览器宽度，并能完美利用有效空间展现最佳效果，如图 19-8 所示。

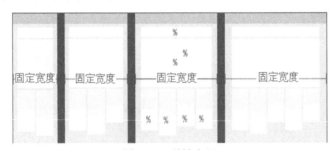

图 19-8　弹性布局

（4）混合布局。

同弹性布局类似，可以适应一定范围内所有尺寸的设备屏幕及浏览器宽度，并能完美利用有效空间展现最佳效果。只是混合了像素和百分比两种单位作为页面单位，如图 19-9 所示。

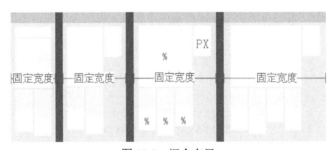

图 19-9　混合布局

可切换的固定布局、弹性布局、混合布局都是目前采用的响应式布局方式。其中可切换的固定布局的实现成本最低，但拓展性比较差；而弹性布局与混合布局效果具响应性，都是比较理想的响应式布局实现方式，只是对不同类型的页面排版布局实现响应式设计，需要采用不用的实现方式。通栏、等分结构的适合采用弹性布局方式，对于非等分的多栏结构往往需要采用混合布局的实现方式。

### 19.4.3 响应式布局的设计与实现

对页面进行响应式设计实现，需要对相同内容进行不同宽度的布局设计，有两种方式：桌面电脑端优先（从桌面电脑端开始设计）和移动端优先（首先从移动端开始设计）。无论是基于哪种模式的设计，都要兼容所有设备，布局响应时不可避免地需要对模块布局做一些变化。

通过 JavaScript 获取设备的屏幕宽度来改变网页的布局。常见的响应式布局方式有以下两种。

#### 1. 模块内容不变

页面中整体模块内容不发生变化，通过调整模块看宽度，可以将模块内容从挤压调整到拉伸，从平铺调整到换行，如图 19-10 所示。

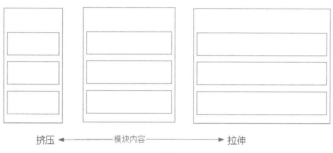

图 19-10　模块内容不变

#### 2. 模块内容改变

页面中整体模块内容发生变化，通过媒体查询，检测当前设备的宽度，动态隐藏或显示模块内容，增加或减少模块的数量，如图 19-11 所示。

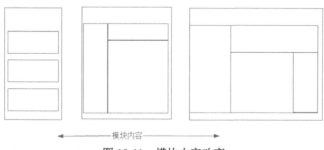

图 19-11　模块内容改变

## 19.5　响应式图片

实现响应式图片效果的常见方法有两种，包括使用 <picture> 标记和 CSS 图片。

### 19.5.1　使用 <picture> 标记

<picture> 标记可以实现在不同的设备上显示不同的图片，从而实现响应式图片的效果。语法格式如下：

```
<picture>
  <source media="(max-width: 600px)" srcset="m1.jpg">
  <img src="m2.jpg">
</picture>
```

<picture> 标记又包含 <source> 标记和 <img> 标记，根据不同设备屏幕的宽度，显示不同的图片。上述代码的功能是，当屏幕的宽度小于 600 像素时，将显示 m1.jpg 图片，否则显示默认图片 m2.jpg。

> **提示：** 根据屏幕匹配的不同尺寸显示不同图片，如果没有匹配到或浏览器不支持 <picture> 标签则使用 <img> 标签内的图片。

**实例 19.1：使用 <picture> 标记实现响应式图片布局（案例文件：ch19\19.1.html）**

本实例将通过使用 <picture> 标签、<source> 标签和 <img> 标签，根据不同设备屏幕的宽度显示不同的图片。当屏幕的宽度大于 800 像素时，将显示 m1.jpg 图片，否则显示默认图片 m2.jpg。

```
<!DOCTYPE html>
<html>
<head>
<title>使用<picture>标记</title>
</head>
<body>
<h1>使用<picture>标记实现响应式图片</h1>
<picture>
    <source media="(min-width:800px)" srcset="m1.jpg">
    <img src="m2.jpg">
</picture>
</body>
</html>
```

电脑端运行效果如图 19-12 所示。使用 Opera Mobile Emulator 模拟手机端运行效果如图 19-13 所示。

图 19-12　实例 19.1 的电脑端预览效果

图 19-13　实例 19.1 的模拟手机端预览效果

## 19.5.2　使用 CSS 图片

大尺寸图片可以显示在大屏幕上，但在小屏幕上却不能很好地显示。因此，没有必要在小屏幕上加载大图片，影响加载速度。可以利用媒体查询技术，使用 CSS 中的 media 关键字，根据不同的设备显示不同的图片。

语法格式如下：

```
@media screen and (min-width: 600px) {
CSS样式信息
}
```

上述代码的功能是，当屏幕大于 600 像素时，将应用大括号内的 CSS 样式。

## 实例 19.2：使用 CSS 样式实现响应式图片布局(案例文件：ch19\19.2.html)

本实例使用媒体查询技术中的 media 关键字实现响应式图片布局。当屏幕宽度大于 800 像素时，显示图片 m3.jpg；当屏幕宽度小于 799 像素时，显示图片 m4.jpg。

```
<!DOCTYPE html>
<html>
<head>
<meta name="viewport"
content="width=device-width",initial-
scale=1,maximum-scale=1.0,user-
scalable="no">
<!--指定页头信息-->
<title>使用CSS图片</title>
<style>
    /*当屏幕宽度大于800像素时*/
    @media screen and (min-width:
800px) {
        .bcImg {
            background-
image:url(m3.jpg);
            background-repeat: no-
repeat;
            height: 500px;
        }
    }
    /*当屏幕宽度小于799像素时*/
    @media screen and (max-width:
799px) {
        .bcImg {
            background-
image:url(m4.jpg);
            background-repeat: no-
repeat;
            height: 500px;
        }
    }
</style>
</head>
<body>
<div class="bcImg"></div>
</body>
</html>
```

电脑端运行效果如图 19-14 所示。使用 Opera Mobile Emulator 模拟手机端运行效果如图 19-15 所示。

图 19-14　实例 19.2 的电脑端预览效果

图 19-15　实例 19.2 的模拟手机端预览效果

# 19.6　响应式视频

相较于响应式图片，响应式视频的处理稍微复杂一点。响应式视频不仅仅要处理视频播放器的尺寸，还要兼顾视频播放器的整体效果和体验问题。下面讲述如何使用 <meta> 标签处理响应式视频。

<meta> 标签中的 viewport 属性可以设置网页的宽度和实际屏幕宽度的大小关系。语法格式如下：

```
<meta name="viewport" content="width=device-width",initial-scale=1,maximum-scale=1,user-scalable="no">
```

**实例 19.3：使用 <meta> 标记播放手机视频 (案例文件：ch19\19.3.html)**

本实例使用 <meta> 标记实现视频在手机端正常播放。首先使用 <iframe> 标记引入测试视频，然后通过 <meta> 标记中的 viewport 属性设置网页的宽度和实际屏幕的宽度的大小关系。

```
<!DOCTYPE html>
<html>
<head>
<!--通过meta元标记，使网页宽度与设备宽
度一致 -->
<meta name="viewport" content=
"width=device-width,initial-scale=1"
maximum-scale=1,user-scalable="no">
<!--指定页头信息-->
<title>使用<meta>标记播放手机视频</
title>
</head>
<body>
<div align="center">
    <!--使用iframe标签，引入视频-->
```

```
        <iframe   src="精品课程.mp4"
frameborder="0" allowfullscreen></
iframe>
    </div>
</body>
</html>
```

使用 Opera Mobile Emulator 模拟手机端运行效果如图 19-16 所示。

图 19-16　实例 19.3 的模拟手机端预览视频的效果

# 19.7　响应式导航菜单

导航菜单是网站中常用的元素。下面讲述响应式导航菜单的实现方法。利用媒体查询技术中的 media 关键字，获取当前设备屏幕的宽度，根据不同的设备显示不同的 CSS 样式。

**实例 19.4：使用 media 关键字设计网上商城的响应式菜单 (案例文件：ch19\19.4.html)**

本实例使用媒体查询技术中的 media 关键字，实现网上商城的响应式菜单。代码如下：

```
<!DOCTYPE HTML>
<html>
<head>
<meta name="viewport" content=
"width=device-width, initial-scale=1">
<title>CSS3响应式菜单</title>
<style>
        .nav ul {
            margin: 0;
            padding: 0;
```

```
            }
        .nav li {
            margin: 0 5px 10px 0;
            padding: 0;
            list-style: none;
            display: inline-block;
            *display:inline; /* ie7
*/
        }
        .nav a {
            padding: 3px 12px;
            text-decoration: none;
            color: #999;
            line-height: 100%;
        }
        .nav a:hover {
            color: #000;
        }
        .nav .current a {
            background: #999;
            color: #fff;
            border-radius: 5px;
        }

        /* right nav */
        .nav.right ul {
            text-align: right;
        }

        /* center nav */
        .nav.center ul {
            text-align: center;
        }

        @media screen and (max-
width: 600px) {
            .nav {
                position: relative;
                min-height: 40px;
            }
            .nav ul {
                width: 180px;
                padding: 5px 0;
                position: absolute;
                top: 0;
                left: 0;
                border: solid 1px
#aaa;
                border-radius: 5px;
                box-shadow: 0 1px
2px rgba(0,0,0,0.3);
            }
            .nav li {
                display: none; /*
hide all <li> items */
                margin: 0;
            }
            .nav .current {
                display: block; /*
show only current <li> item */
            }
            .nav a {
                display: block;
                    padding: 5px 5px
5px 32px;

                text-align: left;
            }
            .nav .current a {
                background: none;
                color: #666;
            }
            /* on nav hover */
            .nav ul:hover {
                    background-image:
none;
                    background-color:
#fff;
            }
            .nav ul:hover li {
                display: block;
                margin: 0 0 5px;
            }

            /* right nav */
            .nav.right ul {
                left: auto;
                right: 0;
            }
            /* center nav */
            .nav.center ul {
                left: 50%;
                margin-left: -90px;
            }

        }
    </style>
</head>

<body>
<h2>风云网上商城</h2>
<!--导航菜单区域-->
<nav class="nav">
    <ul>
        <li class="current"><a
href="#">家用电器</a></li>
        <li><a href="#">电脑</a></
li>
        <li><a href="#">手机</a></
li>
        <li><a href="#">化妆品</a></
li>
        <li><a href="#">服装</a></
li>
        <li><a href="#">食品</a></
li>
    </ul>
</nav>
<p>风云网上商城-专业的综合网上购物商城,
销售超数万品牌、4020万种商品,囊括家电、手
```

机、电脑、化妆品、服装等6大品类。秉承客户为先的理念，商城所售商品为正品行货、全国联保、机打发票。</p>
</body>
</html>

电脑端运行效果如图 19-17 所示。使用 Opera Mobile Emulator 模拟手机端运行效果如图 19-18 所示。

图 19-17　实例 19.4 的电脑端预览导航菜单的效果

图 19-18　实例 19.4 的模拟手机端预览导航菜单的效果

## 19.8　响应式表格

表格在网页设计中非常重要。例如，网站中的商品采购信息表就是使用了表格。响应式表格通常通过隐藏表格中的列、滚动表格中的列和转换表格中的列来实现。

### 19.8.1　隐藏表格中的列

为了适配移动端的布局效果，可以隐藏表格中暂时没有用到的列。通过利用媒体查询技术中的 media 关键字获取当前设备屏幕的宽度，根据不同的设备将不重要的列设置为"display:none"，从而隐藏指定的列。

> **实例 19.5：隐藏商品采购信息表中不重要的列 (案例文件：ch19\19.5.html)**

利用媒体查询技术中的 media 关键字，在移动端隐藏表格的第 4 列和第 6 列。

```
<!DOCTYPE html>
<html >
<head>
        <meta name="viewport"
content="width=device-width, initial-
scale=1">
        <title>隐藏表格中的列</title>
        <style>
                @media only screen and
(max-width: 600px) {
                table td:nth-child(4),
                table th:nth-child(4),
                table td:nth-child(6),
                        table th:nth-child(6)
{display: none;}
```

```
                }
        </style>
</head>
<body>
<h1 align="center">商品采购信息表</
h1>
    <table width="100%" cellspacing="1"
cellpadding="5" border="1">
        <thead>
        <tr>
                <th>编号</th>
                <th>产品名称</th>
                <th>价格</th>
                <th>产地</th>
                <th>库存</th>
                <th>级别</th>
        </tr>
        </thead>
        <tbody align="center">
        <tr>
                <td>1001</td>
                <td>冰箱</td>
```

```
        <td>6800元</td>
        <td>上海</td>
        <td>4999</td>
        <td>1级</td>
    </tr>
    <tr>
        <td>1002</td>
        <td>空调</td>
        <td>5800元</td>
        <td>上海</td>
        <td>6999</td>
        <td>1级</td>
    </tr>
    <tr>
        <td>1003</td>
        <td>洗衣机</td>
        <td>4800元</td>
        <td>北京</td>
        <td>3999</td>
        <td>2级</td>
    </tr>
    <tr>
        <td>1004</td>
        <td>电视机</td>
        <td>2800元</td>
        <td>上海</td>
        <td>8999</td>
        <td>2级</td>
    </tr>
    <tr>
        <td>1005</td>
        <td>热水器</td>
        <td>320元</td>
        <td>上海</td>
        <td>9999</td>
        <td>1级</td>
    </tr>
    <tr>
        <td>1006</td>
        <td>手机</td>
        <td>1800元</td>
        <td>上海</td>
        <td>9999</td>
```

```
        <td>1级</td>
    </tr>
    </tbody>
</table>
</body>
</html>
```

电脑端运行效果如图 19-19 所示。使用 Opera Mobile Emulator 模拟手机端运行效果如图 19-20 所示。

图 19-19  实例 19.5 的电脑端预览效果

图 19-20  实例 19.5 的模拟手机端效果（隐藏表格中的列）

## 19.8.2  滚动表格中的列

通过滚动条，可以将手机端看不到的信息进行滚动查看。实现此效果主要是利用媒体查询技术中的 media 关键字，获取当前设备屏幕的宽度，根据不同的设备宽度，改变表格的样式，将表头由横向排列变成纵向排列。

**实例 19.6：滚动表格中的列 ( 案例文件：ch19\19.6.html)**

本案例不改变表格的内容，通过滚动方式查看表格中的所有信息。

```
<!DOCTYPE html>
<html>
<head>
        <meta name="viewport"
content="width=device-width, initial-
scale=1">
```

```
        <title>滚动表格中的列</title>

        <style>
                @media only screen and
(max-width: 650px) {
                    *:first-child+html .cf
{ zoom: 1; }
                    table { width: 100%;
border-collapse: collapse; border-
spacing: 0; }
                    th,
                        td { margin: 0;
vertical-align: top; }
                    th { text-align: left;
}
                    table { display:
block; position: relative; width: 100%;
}
                    thead { display:
block; float: left; }
                    tbody { display:
block; width: auto; position: relative;
overflow-x: auto; white-space: nowrap; }
                    thead tr { display:
block; }
                    th { display: block;
text-align: right; }
                    tbody tr { display:
inline-block; vertical-align: top; }
                    td { display: block;
min-height: 1.25em; text-align: left; }
                    th { border-bottom: 0;
border-left: 0; }
                    td { border-left: 0;
border-right: 0; border-bottom: 0; }
                    tbody tr { border-
left: 1px solid #babcbf; }
                    th:last-child,
                        td:last-child {
border-bottom: 1px solid #babcbf; }
                }
        </style>
    </head>
    <body>
    <h1 align="center">商品采购信息表</
h1>
    <table width="100%" cellspacing="1"
cellpadding="5" border="1">
        <thead>
        <tr>
            <th>编号</th>
            <th>产品名称</th>
            <th>价格</th>
            <th>产地</th>
            <th>库存</th>
            <th>级别</th>
        </tr>
        </thead>
        <tbody align="center">
        <tr>
            <td>1001</td>
            <td>冰箱</td>
            <td>6800元</td>
            <td>上海</td>
            <td>4999</td>
            <td>1级</td>
        </tr>
        <tr>
            <td>1002</td>
            <td>空调</td>
            <td>5800元</td>
            <td>上海</td>
            <td>6999</td>
            <td>1级</td>
        </tr>
        <tr>
            <td>1003</td>
            <td>洗衣机</td>
            <td>4800元</td>
            <td>北京</td>
            <td>3999</td>
            <td>2级</td>
        </tr>
        <tr>
            <td>1004</td>
            <td>电视机</td>
            <td>2800元</td>
            <td>上海</td>
            <td>8999</td>
            <td>2级</td>
        </tr>
        <tr>
            <td>1005</td>
            <td>热水器</td>
            <td>320元</td>
            <td>上海</td>
            <td>9999</td>
            <td>1级</td>
        </tr>
        <tr>
            <td>1006</td>
            <td>手机</td>
            <td>1800元</td>
            <td>上海</td>
            <td>9999</td>
            <td>1级</td>
        </tr>
        </tbody>
    </table>
    </body>
</html>
```

电脑端运行效果如图 19-21 所示。使用 Opera Mobile Emulator 模拟手机端运行效果如图 19-22 所示。

图 19-21 实例 19.6 的电脑端预览效果　　图 19-22 实例 19.6 的模拟手机端预览
　　　　　　　　　　　　　　　　　　　　　效果（滚动表格中的列）

## 19.8.3 转换表格中的列

　　转换表格中的列就是将表格转化为列表。利用媒体查询技术中的 media 关键字，获取当前设备屏幕的宽度，然后利用 CSS 技术将表格转化为列表。

**实例 19.7：转换表格中的列 ( 案例文件：ch19\19.7.html)**

　　本实例将学生考试成绩表转化为列表。

```
<!DOCTYPE html>
<html>
<head>
        <meta name="viewport"
content="width=device-width, initial-
scale=1">
        <title>转换表格中的列</title>
        <style>
                @media only screen and
(max-width: 800px) {
                /* 强制表格为块状布局 */
                table, thead, tbody,
th, td, tr {
                    display: block;
                }
                /* 隐藏表格头部信息 */
                thead tr {
                    position: absolute;
                    top: -9999px;
                    left: -9999px;
                }
                tr { border: 1px solid
#ccc; }
                td {
                    /* 显示列 */
```

```
                    border: none;
                     border-bottom: 1px
solid #eee;
                    position: relative;
                    padding-left: 50%;
                           white-space:
normal;
                    text-align:left;
                }
                 td:before {
                    position: absolute;
                    top: 6px;
                    left: 6px;
                    width: 45%;
                         padding-right:
10px;
                         white-space:
nowrap;
                    text-align:left;
                    font-weight: bold;
                }
                /*显示数据*/
                td:before { content:
attr(data-title); }
                }
        </style>
    </head>
    <body>
    <h1 align="center">学生考试成绩表</
h1>
    <table width="100%" cellspacing="1"
```

```
cellpadding="5" border="1">
    <thead>
    <tr>
        <th>学号</th>
        <th>姓名</th>
        <th>语文成绩</th>
        <th>数学成绩</th>
        <th>英语成绩</th>
        <th>文综成绩</th>
        <th>理综成绩</th>
    </tr>
    </thead>
    <tbody align="center">
    <tr>
        <td>1001</td>
        <td>张飞</td>
        <td>126</td>
        <td>146</td>
        <td>124</td>
        <td>146</td>
        <td>106</td>
    </tr>
    <tr>
        <td>1002</td>
        <td>王小明</td>
        <td>106</td>
        <td>136</td>
        <td>114</td>
        <td>136</td>
        <td>126</td>
    </tr>
    <tr>
        <td>1003</td>
        <td>蒙华</td>
        <td>125</td>
        <td>142</td>
        <td>125</td>
        <td>141</td>
        <td>109</td>
    </tr>
    <tr>
        <td>1004</td>
        <td>刘蓓</td>
        <td>126</td>
        <td>136</td>
        <td>124</td>
        <td>116</td>
        <td>146</td>
    </tr>
    <tr>
        <td>1005</td>
        <td>李华</td>
        <td>121</td>
        <td>141</td>
        <td>122</td>
        <td>142</td>
        <td>103</td>
    </tr>
    <tr>
        <td>1006</td>
        <td>赵晓</td>
        <td>116</td>
        <td>126</td>
        <td>134</td>
        <td>146</td>
        <td>116</td>
    </tr>
    </tbody>
</table>
</body>
</html>
```

电脑端运行效果如图 19-23 所示。使用 Opera Mobile Emulator 模拟手机端运行效果如图 19-24 所示。

图 19-23　实例 19.7 的电脑端预览效果

图 19-24　实例 19.7 的模拟手机端预览效果（转换表格中的列）

## 19.9  流行的响应式开发框架 Bootstrap

Bootstrap 是一款用于快速开发 Web 应用程序和网站的前端框架，它基于 HTML、CSS 和 JavaScript 等技术。Bootstrap4 是 Bootstrap 的最新版本，与之前的版本相比，拥有更强大的功能。

Bootstrap 全部托管于 GitHub，借助 GitHub 平台实现社区化的开发和共建，所以可以到 GitHub 上下载 Bootstrap 压缩包。使用谷歌浏览器访问 https://github.com/twbs/bootstrap/ 页面，单击"Download ZIP"按钮，下载最新版的 bootstrap 压缩包，如图 19-25 所示。

图 19-25　在 GitHub 上下载源码文件

Bootstrap4 源码下载完成后解压，其目录结构如图 19-26 所示。

图 19-26　源码文件的目录结构

Bootstrap 是本着移动设备优先的策略开发的，所以优先为移动设备优化代码，根据每个组件的情况，利用 CSS 媒体查询技术为组件设置合适的样式。为了确保在所有设备上都能够正确渲染并支持触控缩放，需要将 viewport 属性的 <meta> 标签添加到 <head> 中。具体如下面代码：

```
<meta name="viewport" content="width=device-width, initial-scale=1, shrink-to-
fit=no">
```

使用 Bootstrap 框架比较简单，大致可以分为以下两步：

**01** 安装 Bootstrap 的基本样式，使用 <link> 标签引入 Bootstrap.css 样式表文件，放在所有其他的样式表之前。

```
<link rel="stylesheet" href="bootstrap-4.1.3/css/bootstrap.css">
```

**02** 调用 Bootstrap 的 JS 文件以及 jQuery 框架。要注意 Bootstrap 中的许多组件需要依赖 JavaScript 才能运行，它们依赖的是 jQuery、Popper.js，Popper.js 包含在我们引入的 bootstrap. bundle.js 中。具体引入顺序是 jQuery.js 必须放在最前面，然后是 bundle.js，最后是 Bootstrap. js，如下面的代码所示。

```
<script src="jquery.js"></script>
<script src="bootstrap-4.1.3/js/bootstrap.bundle.js"></script>
<script src="bootstrap-4.1.3/js/bootstrap.js"></script>
```

Bootstrap 提供了大量可复用的组件，由于内容比较多，这里不再详细讲述，感兴趣的读者可以参考官方文档。

# 19.10　新手常见疑难问题

**▍疑问 1：设计移动设备端网站时需要考虑的因素有哪些？**

不管选择什么技术来设计移动网站，都需要考虑以下因素。

**1. 屏幕尺寸小**

需要了解常见的手机屏幕的尺寸，包括 320×240、320×480、480×800、640×960 以及 1136×640 等。

**2. 流量问题**

虽然 5G 网络已经开始广泛应用，但是很多用户仍然为流量付出不菲的费用，所有图片的大小在设计时仍然需要考虑。对于不必要的图片，可以进行舍弃。

**3. 字体、颜色与媒体问题**

移动设备上安装的字体数量可能很有限，因此请用 em 单位或百分比来设置字号，并选择常见字体。部分早期的移动设备支持的颜色数量不多，在选择颜色时也要注意尽量提高对比度。此外，还有许多移动设备并不支持 Adobe Flash 媒体。

**▍疑问 2：响应式网页的优缺点是什么？**

响应式网页的优点如下：

- 跨平台友好显示。无论是电脑、平板或手机，响应式网页都可以适应并显示友好的网页界面。
- 数据同步更新。由于数据库是统一的，所以当后台数据库更新后，电脑端或移动端都将同步更新，这样数据管理起来比较及时和方便。
- 减少成本。通过响应式网页设计，不用再开发独立的电脑端网站和移动端的网站，从而减低了开发成本，同时也降低了维护成本。

响应式网页的缺点如下：

- 前期开发考虑的因素较多，需要考虑不同设备的宽度和分辨率等因素，以及图片、视频等媒体是否能在不同的设备上优化地展示。
- 由于网页需要提前判断设备的特征，同时要下载多套 CSS 样式代码，在加载页面时就会增加读取时间和加载时间。

## 19.11 实战技能训练营

**▍实战 1：使用 <picture> 标签实现响应式图片布局**

本实例将通过使用 <picture> 标签、<source> 标签和 <img> 标签，根据不同设备屏幕的宽度，显示不同的图片。当屏幕的宽度大于 600 像素时，将显示 x1.jpg 图片，否则显示默认图片 x2.jpg。

电脑端运行效果如图 19-27 所示。使用 Opera Mobile Emulator 模拟手机端运行的效果如图 19-28 所示。

图 19-27　实战 1 的电脑端预览效果　　　　图 19-28　实战 1 的模拟手机端预览效果

**▍实战 2：隐藏招聘信息表中指定的列**

利用媒体查询技术中的 media 关键字，在移动端隐藏表格的第 4 列和第 5 列。

电脑端运行效果如图 19-29 所示。使用 Opera Mobile Emulator 模拟手机端运行的效果如图 19-30 所示。

图 19-29　实战 2 的电脑端预览效果　　　　图 19-30　实战 2 的模拟手机端预览效果
（隐藏招聘信息表中指定的列）

# 第20章 项目实训1——开发在线购物网站

📖 **本章导读**

在线购物网站是当前比较流行的一类网站。随着网络购物、互联网交易的普及，如淘宝、阿里巴巴、亚马逊等类型的在线购物网站在近几年风靡，越来越多的公司企业都在着手架设在线购物网站平台。

📑 **知识导图**

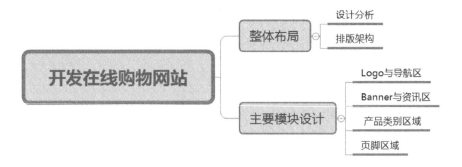

## 20.1 整体布局

在线购物类网站主要实现网络购物、交易等功能，因此所要体现的组件相对较多，主要包括产品搜索、账户登录、广告推广、产品推荐、产品分类等内容。本实例最终的网站效果图如图 20-1 所示。

图 20-1　网站效果图

### 20.1.1 设计分析

购物网站一个重要的特点就是突出产品，突出购物流程、优惠活动、促销活动等信息。首先要用逼真的产品图片吸引用户，结合各种吸引人的优惠活动、促销活动增强用户的购买欲望。最后在购物流程上，要方便快捷，比如货款支付情况，要给用户多种选择，让各种情况的用户都能在网上顺利支付。

在线购物类网站的主要特性体现在如下几个方面。

● 商品检索方便：要有商品搜索功能，有详细的商品分类。

● 有产品推广功能：增加广告活动位，帮助特色产品推广。

● 热门产品推荐：消费者的搜索很多带有盲目性，所以可以设置热门产品推荐位。

● 对于产品要有简单准确的展示信息。

页面整体布局要清晰有条理，让浏览者知道在网页中如何快速地找到自己需要的信息。

### 20.1.2 排版架构

本实例的在线购物网站整体布局是上下架构。上部为网页头部、导航栏，中间为网页主要内容，包括 Banner、产品类别区域，下部为页脚信息。网页整体架构如图 20-2 所示。

图 20-2　网页架构

## 20.2　主要模块设计

当页面整体架构完成后，就可以动手制作不同的模块区域。制作流程采用自上而下，从左到右的顺序。本实例模块主要包括 4 个部分，分别为导航区、Banner 资讯区、产品类别和页脚。

### 20.2.1　Logo 与导航区

导航使用水平结构，与其他类别网站相比，前边有一个购物车，把购物车放到这里用户能方便快捷地查看购物情况。本实例中网页头部的效果如图 20-3 所示。

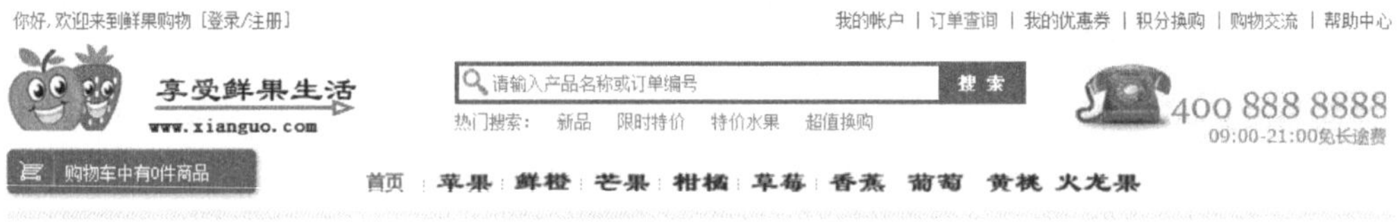

图 20-3　页面 Logo 和导航菜单

具体的 HTML 框架代码如下：

```
<!--------------------------------------------NAV-------------------------------
--------------->
<div id="nav"><span><a href="#">我的账户</a> | <a href="#"
style="color:#5CA100;">订单查询</a> | <a href="#">我的优惠券</a> | <a href="#">积分换购
</a> | <a href="#">购物交流</a> | <a href="#">帮助中心</a></span> 你好,欢迎来到鲜果购物
[<a href="#">登录</a>/<a href="#">注册</a>] </div>
<!--------------------------------------------logo------------------------------
--------------->
<div id="logo">
  <div class="logo_left"><a href="#"><img src="images/logo.gif" border="0" /></
a></div>
    <div class="logo_center">
      <div class="search"><form action="" method="get">
    <div class="search_text">
    <input type="text" value="请输入产品名称或订单编号"  class="input_text"/>
    </div>
        <div class="search_btn"><a href="#"><img src="images/search-btn.jpg"
border="0" /></a></div>
      </form></div>
      <div class="hottext">热门搜索:   <a href="#">新品</a>   <a
```

```
href="#">限时特价</a>   <a  href="#">特价水果</a>   <a
href="#">超值换购</a> </div>
    </div>
     <div class="logo_right"><img src="images/telephone.jpg" width="228"
height="70" /></div>
  </div>
  <!---------------------------------------------MENU--------------------------
---------------->
  <div id="menu">
    <div class="shopingcar"><a href="#">购物车中有0件商品</a></div>
    <div class="menu_box">
     <ul>
     <li><a href="#"><img src="images/menu1.jpg" border="0" /></a></li>
     <li><a href="#"><img src="images/menu2.jpg" border="0" /></a></li>
     <li><a href="#"><img src="images/menu3.jpg" border="0" /></a></li>
     <li><a href="#"><img src="images/menu4.jpg" border="0" /></a></li>
     <li><a href="#"><img src="images/menu5.jpg" border="0" /></a></li>
     <li><a href="#"><img src="images/menu6.jpg" border="0" /></a></li>
      <li style="background:none;"><a href="#"><img src="images/menu7.jpg"
border="0" /></a></li>
      <li style="background:none;"><a href="#"><img src="images/menu8.jpg"
border="0" /></a></li>
      <li style="background:none;"><a href="#"><img src="images/menu9.jpg"
border="0" /></a></li>
      <li style="background:none;"><a href="#"><img src="images/menu10.jpg"
border="0" /></a></li>
    </ul>
    </div>
  </div>
```

上述代码主要包括三个部分，分别是 NAV、Logo、MENU。其中，NAV 区域主要用于定义购物网站当中的账户、订单、注册、帮助中心等信息，Logo 部分主要用于定义网站的 Logo、搜索框信息、热门搜索信息以及相关的电话等，MENU 区域主要用于定义网页的导航菜单。

在 CSS 样式文件中，对应上述代码的 CSS 代码如下所示。

```
#menu{ margin-top:10px; margin:auto; width:980px; height:41px; overflow:hidden;}
.shopingcar{ float:left; width:140px; height:35px; background:url(../images/
shopingcar.jpg) no-repeat;
color:#fff; padding:10px 0 0 42px;}
.shopingcar a{ color:#fff;}
.menu_box{ float:left; margin-left:60px;}
.menu_box li{ float:left; width:55px; margin-top:17px; text-align:center;
background:url(../images/menu_fgx.
jpg) right center no-repeat;}
```

上面代码中，#menu 选择器定义了导航菜单的对齐方式、高度、宽度、背景图片等信息。

## 20.2.2 Banner 与资讯区

购物网站的 banner 区域与企业型网站比较起来差别很大，企业型网站的 banner 区多是突出企业文化，而购物网站 banner 区主要放置主推产品、优惠活动、促销活动等。本实例中网页 Banner 与资讯区的效果如图 20-4 所示。

图 20-4　页面 Banner 和资讯区

具体的 HTML 代码如下：

```html
<div id="banner">
  <div class="banner_box">
  <div class="banner_pic"><img src="images/banner.jpg" border="0" /></div>
  <div class="banner_right">
     <div class="banner_right_top"><a href="#"><img src="images/event_banner.
jpg" border="0" /></a></div>
    <div class="banner_right_down">
      <div class="moving_title"><img src="images/news_title.jpg" /></div>
      <ul>
        <li><a href="#"><span>国庆大促5宗最，进口车厘子免费换! </span></a></li>
    <li><a href="#">火龙果系列产品满199加1元换购芒果! </a></li>
    <li><a href="#"><span>大青芒九月新起点，价值99元免费送! </span></a></li>
    <li><a href="#">喜迎国庆，鲜果百元红包大派送! </a></li>
      </ul>
    </div>
  </div>
  </div>
</div>
```

在上述代码中，banner 分为两个部分，左边放大尺寸图，右侧放小尺寸图和文字消息。
在 CSS 样式文件中，对应上述代码的 CSS 代码如下所示。

```css
#banner{ background:url(../images/banner_top_bg.jpg) repeat-x; padding-
top:12px;}
  .banner_box{ width:980px; height:369px; margin:auto;}
  .banner_pic{ float:left; width:726px; height:369px; text-align:left;}
  .banner_right{ float:right; width:247px;}
  .banner_right_top{ margin-top:15px;}
  .banner_right_down{ margin-top:12px;}
  .banner_right_down ul{ margin-top:10px; width:243px; height:89px;}
  .banner_right_down li{ margin-left:10px; padding-left:12px; background:url(../
images/icon_green.jpg) left
  no-repeat center; line-height:21px;}
  .banner_right_down li a{ color:#444;}
  .banner_right_down li a span{ color:#A10288;}
```

上面代码中，# banner 选择器定义了背景图片、背景图片的对齐方式、链接样式等信息。

### 20.2.3　产品类别区域

产品类别也是图文混排的效果，购物网站大量运用了图文混排方式，效果如图 20-5 所示为"福利轰炸省钱大招"类别区域，图 20-6 所示为"多吃鲜果鼠你好看"类别区域。

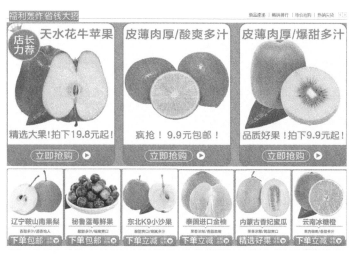

图 20-5　"福利轰炸省钱大招"类别区域

图 20-6　"多吃鲜果鼠你好看"类别区域

具体的 HTML 代码如下：

```
<div class="clean"></div>
<div id="content2">
    <div class="con2_title"><b><a href="#"><img src="images/ico_jt.jpg"
border="0" /></a></b><span><a href="#">新品速递</a> | <a href="#">畅销排行</a> | <a
href="#">特价抢购</a> | <a href="#">热销尖货</a>  </span><img src="images/
con2_title.jpg" /></div>
    <div class="line1"></div>
    <div class="con2_content"><a href="#"><img src="images/con2_content.jpg"
width="981" height="405" border="0" /></a></div>
    <div class="scroll_brand"><a href="#"><img src="images/scroll_brand.jpg"
border="0" /></a></div>
    <div class="gray_line"></div>
</div>

<div id="content4">
    <div class="con2_title"><b><a href="#"><img src="images/ico_jt.jpg"
border="0" /></a></b><span><a href="#">新品速递</a> | <a href="#">畅销排行</a> | <a
href="#">特价抢购</a> | <a href="#">人气单品</a>  </span><img src="images/
con4_title.jpg"/></div>
    <div class="line3"></div>
    <div class="con2_content"><a href="#"><img src="images/con4_content.jpg"
width="980" height="207" border="0" /></a></div>
    <div class="gray_line"></div>
</div>
```

在上述代码中，content2 层用于定义"福利轰炸省钱大招"类别，content4 用于定义"多吃鲜果鼠你好看"类别区域。

在 CSS 样式文件中，对应上述代码的 CSS 代码如下所示。

```
#content2{ width:980px; height:680px; margin:22px auto; overflow:hidden;}
  .con2_title{ width:973px; height:22px; padding-left:7px; line-height:22px;}
  .con2_title span{ float:right; font-size:10px;}
  .con2_title a{ color:#444; font-size:12px;}
  .con2_title b img{ margin-top:3px; float:right;}
  .con2_content{ margin-top:10px;}
  .scroll_brand{ margin-top:7px;}
#content4{ width:980px; height:250px; margin:22px auto; overflow:hidden;}
#bottom{ margin:auto; margin-top:15px; background:#F0F0F0; height:236px;}
.bottom_pic{ margin:auto; width:980px;}
```

上述 CSS 代码定义了产品类别的背景图片，以及图片的高度、宽度、对齐方式等。

## 20.2.4 页脚区域

本例页脚使用一个 div 标记放置一个信息图片，比较简洁，如图 20-7 所示。

图 20-7　页脚区域

用于定义页脚部分的代码如下：

```
<div id="copyright"><img src="images/copyright.jpg" /></div>
```

在 CSS 样式文件中，对应上述代码的 CSS 代码如下：

```
#copyright{  width:980px; height:150px; margin:auto; margin-top:16px;}
```

# 第21章 项目实训2——开发企业门户网站

## 本章导读

一般小型企业门户网站的规模不是太大，通常包含3~5个栏目，例如产品、客户和联系我们等栏目，并且有的栏目仅仅包含一个页面。此类网站通常都是为展示公司形象，说明公司的业务范围和产品特色等。

## 知识导图

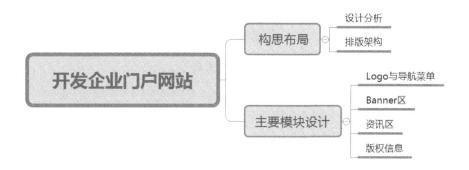

## 21.1 构思布局

本实例模拟一个小型计算机公司的网站。网站上包括首页、产品信息、客户信息和联系我们等栏目。采用灰色和白色配合，灰色部分显示导航菜单，白色显示文本信息。网站首页效果如图 21-1 所示。

图 21-1　网站首页

### 21.1.1　设计分析

作为电子科技公司网站首页，其页面应简单明了，给人以清晰的感觉。页头部分主要放置导航菜单和公司 Logo 等信息，其 Logo 可以是一张图片或者文本信息。页面主体左侧是新闻、产品等信息，其中产品的链接信息以列表形式对重要信息进行介绍，也可以通过页面顶部导航菜单进入相应页面。

对于网站的其他子页面，篇幅可以比较短，重点是介绍公司业务、联系方式、产品信息等，页面需要与首页风格相同。总之，科技类型企业网站重点就是突出企业文化、企业服务特点，具有稳重厚实的色彩风格。

### 21.1.2　排版架构

从效果图可以看出，页面结构不是太复杂，采用的是上中下结构。页面主体部分又嵌套了一个上下版式结构，上面是网站 Banner 条，下面是有关公司的相关资讯信息，其结构如图 21-2 所示。

图 21-2　页面总体框架

在 HTML 页面中，通常使用 DIV 层对应不同的区域，可以是一个 DIV 层对应一个区域，也可以是多个 DIV 层对应同一个区域。本实例的 DIV 代码如下：

```
<body>
<div id="top"></div>
<div id="banner"></div>
```

```
<div id="mainbody"></div>
<div id="bottom"></div>
</body>
```

## 21.2　主要模块设计

当页面整体架构完成后，就可以动手制作不同的模块区域。制作流程采用自上而下，从左到右的顺序。完成后，再对页面样式进行整体调整。

### 21.2.1　Logo 与导航菜单

一般情况下，Logo 信息和导航菜单都放在页面顶部，作为页头部分。其中 Logo 信息作为公司标识，通常放在页面的左上角或右上角；导航菜单放在页头部分和页面主体之间，用于链接其他的页面。在 IE 浏览器中浏览的效果如图 21-3 所示。

图 21-3　页面 Logo 和导航菜单

在 HTML 文件中，用于实现页头部分的 HTML 代码如下：

```
<div id="top">
<div id="header">
<div id="logo"><a href="index.html"><img src="images/logo.gif" alt="天意科技官网" border="0" /></a></
div>
<div id="search">
<div class="s1 font10"></div>
<div class="s2"> </div>
<div class="s3"> </div>
</div>
</div>
<div id="menu">
```

295

```
    <a href="index.html" onmouseout="MM_swapImgRestore()" onmouseover="MM_
swapImage('Image30','','images/menu1-0.gif',5)"></a>
    省略…
    </div>
    </div>
```

上面代码中，层 top 用于显示页面 Logo，层 header 用于显示页头的文本信息，例如公司名称。层 menu 用于显示页头导航菜单，层 search 用于显示搜索信息。

在 CSS 样式文件中，对应上面标记的 CSS 代码如下：

```
#top,#banner,#mainbody,#bottom,#sonmainbody{ margin:0 auto;}
#top{ width:960px; height:136px;}
#header{ height:58px; background-image:url(../images/header-bg.jpg)}
#logo{ float:left; padding-top:16px; margin-left:20px; display:inline;}
#search{ float:right; width:444px; height:26px; padding-top:19px; padding-
right:28px;}
    .s1{ float:left; height:26px; line-height:26px; padding-right:10px;}
    .s2{ float:left; width:204px; height:26px; padding-right:10px;}
    .seaarch-text{ width:194px; height:16px; padding-left:10px; line-height:16px;
vertical-
    align:middle; padding-top:5px; padding-bottom:5px; background-image:url(../
images/search-bg.jpg);
    color:#343434;background-repeat: no-repeat;}
    .s3{ float:left; width:20px; height:23px; padding-top:3px;}
    .search-btn{ height:20px;}
    #menu{ width:948px; height:73px; background-image:url(../images/menu-bg.jpg);
background-repeat:no-
    repeat; padding-left:12px; padding-top:5px;}
```

上面代码中，#top 选择器定义背景图片和层高度，#header 选择器定义背景图片和高度，#menu 选择器定义层定位方式和坐标位置。其他选择器分别定义了上面三个层中元素的显示样式，例如段落显示样式、标题显示样式、超级链接样式等。

## 21.2.2 Banner 区

在 Banner 区中显示了一张图片，用于展示公司的相关信息，如公司最新活动、新产品信息等。设计 Banner 区的重点在于调节宽度，使不同浏览器之间效果一致，并且颜色上配合 Logo 和上面的导航菜单，使整个网站和谐、大气。在 IE 浏览器中浏览的效果如图 21-4 所示。

图 21-4　页面 Banner

在 HTML 文件中，创建页面 Banner 区的代码如下：

```
<div id="banner"><img src="images/banner.jpg"/></div>
```

上面代码中，层 id 是页面的 Banner，该区只包含一张图片。

在 CSS 文件中，对应于上面 HTML 标记的 CSS 代码如下：

```
#banner{ width:960px; height:365px; padding-bottom:15px;}
```

上面代码中，#banner 层定义了 Banner 图片的宽度、高度、对齐方式等。

## 21.2.3　资讯区

资讯区内包括三个小部分，该区域的文本信息不是太多，但非常重要，是首页用于链接其他页面的导航链接，例如公司最新的活动消息、新闻信息等。在 IE 浏览器中浏览页面的效果如图 21-5 所示。

图 21-5　页面资讯区

从如图 21-5 所示的效果图可以看到，需要包含几个无序列表和标题，其中列表选项为超级链接。HTML 文档中用于创建页面资讯区版式的代码如下：

```
<div id="mainbody">
<div id="actions">
<div class="actions-title">
<ul class="actions">
<li id="one1" onmouseover="setTab('one',1,3)"class="hover green" >活动</li>
省略…
</ul>
</div>
<div class="action-content">
<div id="con_one_1" >
<dl class="text1">
<dt><img src="images/CUDA.gif" /></dt>
<dd></dd>
</dl>
</div>
<div id="con_one_2" style="display:none">
<div id="index-news">
<ul class="list">
<li></li>
省略…
</ul>
</div>
</div>
<div id="con_one_3" style="display:none">
<dl class="text1">
<dt><img src="images/cool.gif" /></dt>
<dd></dd>
</dl>
</div>
```

```
    </div>
    <div class="mainbottom"> </div>
    </div>
    <div id="idea">
    <div class="idea-title green">创造</div>
    <div class="action-content">
    <dl class="text1">
    <dt><img src="images/chuangzao.gif" /></dt>
    <dd></dd>
    </dl>
    </div>
    <div class="mainbottom"><img src="images/action-bottom.gif" /></div>
    </div>
    <div id="quicklink">
    <div class="btn1"><a href="#">立刻采用三剑平台的PC</a></div>
    <div class="btn1"><a href="#">computex最佳产品奖</a></div>
    </div>
    <div class="clear"></div>
    </div>
```

在 CSS 文件中，用于修饰上面 HTML 标记的 CSS 代码如下：

```
    #mainbody{ width:960px; margin-bottom:25px;}
    #actions,#idea{ height:173px;width:355px; float:left; margin-right:15px;
display:inline;}
    .actions-title{ color:#FFFFFF; height:34px; width:355px; background-
image:url(../images/action-titleBG.gif);}
    .actions li{float:left;display:block;cursor:pointer;text-align:center;font-
weight:bold;width: 66px;height: 34px;
    line-height: 34px; padding-right:1px;}
    .hover{padding:0px; width:66px; color:#76B900; font-weight:bold; height:34px;
line-height:34px;background-image: url(../images/action-titleBGhover.gif);}
    .action-content{ height:135px; width:353px; border-left:1px solid #cecece;
border-right:1px solid #cecece;}
    .text1{height:121px; width:345px; padding-left:8px; padding-top:14px;}
    .text1 dt,.text1 dd{ float:left;}
    .text1 dd{ margin-left:18px; display:inline;}
    .text1 dd p{ line-height:22px; padding-top:5px; padding-bottom:5px;}
    h1{ font-size:12px;}
    .list{ height:121px; padding-left:8px; padding-top:14px; padding-right:8px;
width:337px;}
    .list li{ background: url(../images/line.gif) repeat-x bottom; /*列表底部的虚线*/
width: 100%; }
    .list li a{display: block; padding: 6px 0px 4px 15px; background: url(../
images/oicn-news.gif) no-repeat 0 8px; /*列表左边的箭头图片*/ overflow:hidden; }
    .list li span{ float: right;/*使span元素浮动到右面*/ text-align: right;/*日期右对齐
*/ padding-top:6px;}
    /*注意：span一定要放在前面，否则会产生换行*/
    .idea-title{ font-weight:bold; color:##76B900; height:24px; width:345px;
background-image:url(../images/idea-titleBG.gif); padding-left:10px; padding-
top:10px;}
    #quicklink{ height:173px; width:220px; float:right; background:url(../images/
linkBG.gif);}
    .btn1{ height:24px; line-height:24px; margin-left:10px; margin-top:62px;}
```

上面的代码中，#mainbody 定义了宽度信息，其他选择器定义了其他元素的显示样式，例如无序列表样式、列表选项样式和超级链接样式等。

## 21.2.4　版权信息

版权信息一般放置到页面底部，用于介绍页面的作者、公司地址等信息，是页脚的一部分。页脚部分和其他网页部分一样，需要设计为简单、清晰的风格。在 IE 浏览器中浏览的效果如图 21-6 所示。

图 21-6　页脚部分

从图 21-6 可以看出，此页脚部分分为两行：第一行存放底部次要导航信息，第二行存放版权所有等信息。

```html
<div id="bottom">
  <div id="rss">
   <div id="rss-left"><img src="images/link1.gif" /></div>
   <div class="white" id="rss-center">
<a href="#" class="white">公司信息</a> | <a href="#" class="white"> 投资者关系</
a>  |<a href="#" class="white"> 人才招聘 </a>|  <a href="#" class="white">开发者 </
a>|  <a href="#" class="white">购买渠道 </a>|  <a href="#" class="white">天意科技通讯
</a>
</div>
   <div id="rss-right"><img src="images/link2.gif" /></div>
   </div>
   <div id="contacts">版权&copy; 2021 天意科技公司 | <a href="#">法律事宜</a> | <a
href="#">隐私声明</a> | <a href="#">天意科技Widget</a> | <a href="#">订阅RSS</a> | 京
ICP备<a href="#">01234567</a>号</div>
   </div>
```

在 CSS 文件中，用于修饰上面 HTML 标记的样式代码如下：

```css
#bottom{ width:960px;}
#rss{ height:30px; width:960px; line-height:30px; background-image:url(../
images/link3.gif);}
#rss-left{ float:left; height:30px; width:2px;}
#rss-right{ float:right; height:30px; width:2px;}
#rss-center{ height:30px; line-height:30px; padding-left:18px; width:920px;
float:left;}
#contacts{ height:36px; line-height:36px;}
```

上面代码中，#bottom 选择器定义了页脚部分的宽度。其他选择器定义了页脚部分文本信息的对齐方式、背景图片的样式等。

# 第22章 项目实训3——开发连锁咖啡响应式网站

## 本章导读

本案例介绍一个咖啡销售网站，通过网站呈现咖啡的理念和咖啡的文化。页面布局设计独特，采用两栏布局形式；页面风格设计简洁，为浏览者提供一个简单、时尚的设计风格，浏览时让人心情舒畅。

## 知识导图

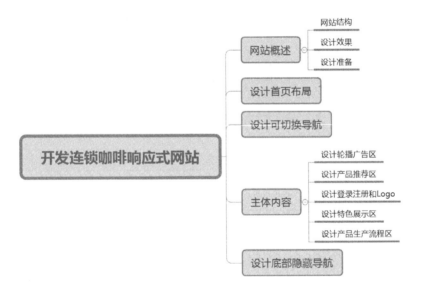

## 22.1 网站概述

网站主要设计首页效果。网站的设计思路和设计风格与 Bootstrap 框架风格完美融合，下面就来具体介绍实现的步骤。

### 22.1.1 网站结构

本案例目录文件说明如表 22-1 所示。

表 22-1 网站文件及目录说明

| 文件及文件夹 | 说　　明 |
| --- | --- |
| 文件夹 bootstrap-4.2.1-dist | Bootstrap 框架文件夹 |
| 文件夹 font-awesome-4.7.0 | 图标字体库文件。下载地址 http://www.fontawesome.com.cn/ |
| 文件夹 css | 样式表文件夹 |
| 文件夹 js | JavaScript 脚本文件夹，包含 index.js 文件和 jQuery 库文件 |
| 文件夹 images | 图片素材 |
| index.html | 网站的首页 |

### 22.1.2 设计效果

本案例是咖啡网站应用，主要设计首页效果，其他页面设计可以套用首页模板。首页在大屏（992px 以上）设备中显示，效果如图 22-1、图 22-2 所示。

图 22-1　大屏设备上的首页上半部分效果

图 22-2　大屏设备上的首页下半部分效果

在小屏设备（768px 以下）上，底边栏导航将显示效果如图 22-3 所示。

图 22-3　小屏设备上的首页效果

## 22.1.3　设计准备

应用 Bootstrap 框架的页面建议为 HTML5 文档类型，同时在页面头部区域导入框架的基本样式文件、脚本文件、jQuery 文件和自定义的 CSS 样式及 JavaScript 文件。本项目的配置文件如下：

```
<!DOCTYPE html>
<html>
<head>
    <meta charset="UTF-8">
    <title>Title</title>
     <meta name="viewport" content="width=device-width,initial-scale=1, shrink-
to-fit=no">
    <link rel="stylesheet" href="bootstrap-4.2.1-dist/css/bootstrap.css">
    <script src="jquery-3.3.1.slim.js"></script>
      <script src="https://cdn.staticfile.org/popper.js/1.14.6/umd/popper.js"></
script>
    <script src="bootstrap-4.2.1-dist/js/bootstrap.min.js"></script>
    <!--css文件-->
    <link rel="stylesheet" href="style.css">
    <!--js文件-->
    <script src="js/index.js"></script>
    <!--字体图标文件-->
    <link rel="stylesheet" href="font-awesome-4.7.0/css/font-awesome.css">
</head>
<body>
</body>
</html>
```

## 22.2　设计首页布局

本案例首页分为三个部分：左侧可切换导航、右侧主体内容和底部隐藏导航栏，如图 22-4 所示。

图 22-4　首页布局效果

左侧可切换导航和右侧主体内容使用 Bootstrap 框架的网格系统进行设计，在大屏设备（992px 以上）上，左侧可切换导航占网格系统的三份，右侧主体内容占 9 份；在中、小屏设备（992px 以下）上，左侧可切换导航和右侧主体内容各占一行。

底部隐藏导航栏使用无序列表进行设计，添加了"d-block d-sm-none"类，只在小屏设备上显示。

```
<div class="row">
    <!--左侧导航-->
    <div class="col-12 col-lg-3 left "></div>
    <!--右侧主体内容-->
    <div class="col-12 col-lg-9 right"></div>
</div>
<!--隐藏导航栏-->
<div >
```

```
    <ul>
        <li><a href="index.html"></a></li>
    </ul>
</div>
```

添加一些自定义样式来调整页面布局，代码如下：

```
@media (max-width: 992px){
    /*在小屏设备上，设置外边距，上下外边距均为1rem，左右均为0*/
    .left{
        margin:1rem 0;
    }
}
@media (min-width: 992px){
    /*在大屏设备上，左侧导航设置固定定位，右侧主体内容设置左边外边距25%*/
    .left {
        position: fixed;
        top: 0;
        left: 0;
    }
    .right{
        margin-left:25%;
    }
}
```

## 22.3 设计可切换导航

本案例左侧导航设计很复杂，在不同宽度的设备上有三种显示效果。

**01** 设计切换导航的布局。可切换导航使用网格系统进行设计，在大屏（992px 以上）设备上占网格系统的三份，如图 22-5 所示；在中、小屏设备（992px 以下）的设备上占满整行，如图 22-6 所示。

图 22-5　大屏设备上的布局效果

图 22-6　中、小屏设备上的布局效果

```
<div class="col -12 col-lg-3"></div>
```

02 设计导航展示内容。导航展示内容包括导航条和登录注册两部分。导航条用网格系统布局，嵌套 Bootstrap 导航组件进行设计，使用 <ul class="nav"> 定义；登录注册使用了 Bootstrap 的按钮组件进行设计，使用 <a href="#" class="btn"> 定义。设计在小屏上隐藏登录注册，如图 22-7 所示，包裹在 <div class="d-none d-sm-block"> 容器中。

图 22-7　小屏设备上隐藏登录注册

```
<div class="col-sm-12 col-lg-3 left ">
<div id="template1">
<div class="row">
    <div class="col-10">
        <!--导航条-->
        <ul class="nav">
            <li class="nav-item">
                <a class="nav-link active" href="index.html">
                            <img width="40" src="images/logo.png" alt=""
class="rounded-circle">
                </a>
            </li>
            <li class="nav-item mt-1">
                <a class="nav-link" href="javascript:void(0);">账户</a>
            </li>
            <li class="nav-item mt-1">
                <a class="nav-link" href="javascript:void(0);">菜单</a>
            </li>
        </ul>
    </div>
    <div class="col-2 mt-2 font-menu text-right">
        <a id="a1" href="javascript:void(0);"><i class="fa fa-bars"></i></a>
    </div>
</div>
<div class="margin1">
    <h5 class="ml-3 my-3 d-none d-sm-block text-lg-center">
        <b>心情惬意，来杯咖啡吧</b>  <i class="fa fa-coffee"></i>
    </h5>
    <div class="ml-3 my-3 d-none d-sm-block text-lg-center">
            <a href="#" class="card-link btn  rounded-pill text-success"><i
class="fa fa-user-circle"></i> 登 录</a>
        <a href="#" class="card-link btn btn-outline-success rounded-pill text-
success">注 册</a>
    </div>
</div>
</div>
</div>
```

03 设计隐藏导航内容。隐藏导航内容包含在 id 为 #template2 的容器中，默认情况下是隐藏的，使用 Bootstrap 隐藏样式 d-none 来设置。内容包括导航条、菜单栏和登录注册。

　　导航条用网格系统布局，嵌套 Bootstrap 导航组件进行设计，使用 <ul class="nav"> 定义。菜单栏使用 h6 标签和超链接进行设计，使用 <h6><a href="a.html"> 定义。登录注册使用按钮组件进行设计，即用 &lt;a href="#" class="btn"&gt; 定义。

```html
<div class="col-sm-12 col-lg-3 left ">
<div id="template2" class="d-none">
    <div class="row">
    <div class="col-10">
        <ul class="nav">
                    <li class="nav-item">
                        <a class="nav-link active" href="index.html">
                            <img width="40" src="images/logo.png" alt=""
class="rounded-circle">
                        </a>
                    </li>
                    <li class="nav-item">
                        <a class="nav-link mt-2" href="index.html">
                            咖啡俱乐部
                        </a>
                    </li>
                </ul>
            </div>
            <div class="col-2 mt-2 font-menu text-right">
                    <a id="a2" href="javascript:void(0);"><i class="fa fa-
times"></i></a>
                </div>
            </div>
            <div class="margin2">
                <div class="ml-5 mt-5">
                    <h6><a href="a.html">门店</a></h6>
                    <h6><a href="b.html">俱乐部</a></h6>
                    <h6><a href="c.html">菜单</a></h6>
                    <hr/>
                    <h6><a href="d.html">移动应用</a></h6>
                    <h6><a href="e.html">臻选精品</a></h6>
                    <h6><a href="f.html">专星送</a></h6>
                    <h6><a href="g.html">咖啡讲堂</a></h6>
                    <h6><a href="h.html">烘焙工厂</a></h6>
                    <h6><a href="i.html">帮助中心</a></h6>
                    <hr/>
                     <a href="#" class="card-link btn rounded-pill text-success
pl-0"><i class="fa fa-user-circle"></i> 登 录</a>
                         <a href="#" class="card-link btn btn-outline-success
rounded-pill text-success">注 册</a>
            </div>
        </div>
    </div>
    </div>
```

**04** 设计自定义样式，使页面更加美观。

```css
.left{
    border-right: 2px solid #eeeeee;
}
.left a{
    font-weight: bold;
    color: #000;
}
@media (min-width: 992px){
    /*使用媒体查询定义导航的高度，当屏幕宽度大于992px时，导航高度为100vh*/
```

```
            .left{
                height:100vh;
            }
        }
        @media (max-width: 992px){
            /*使用媒体查询定义字体大小*/
            /*当屏幕尺寸小于768px时，页面的根字体大小为14px*/
            .left{
                margin:1rem 0;
            }
        }
        @media (min-width: 992px){
            /*当屏幕尺寸大于768px时，页面的根字体大小为15px*/
            .left {
                position: fixed;
                top: 0;
                left: 0;
            }
             .margin1{
                margin-top:40vh;
            }
        }
        .margin2 h6{
            margin: 20px 0;
            font-weight:bold;
        }
```

05 添加交互行为。在可切换导航中，为 <i class="fa fa-bars"> 图标和 <i class="fa fa-times"> 图标添加单击事件。在大屏设备上，为了页面更友好，设计在大屏设备上切换导航时，显示右侧主体内容，当单击 <i class="fa fa-bars"> 图标时，如图 22-8 所示，切换隐藏的导航内容。在隐藏的导航内容中，单击 <i class="fa fa-times"> 图标时，如图 22-9 所示，可切换回导航展示内容。在中、小屏设备（992px 以下）上，隐藏右侧主体内容，单击 <i class="fa fa-bars"> 图标时，如图 22-10、图 22-12 所示，切换隐藏的导航内容。在隐藏的导航内容中，单击 <i class="fa fa-times"> 图标时，如图 22-11、图 22-13 所示，可切换回导航展示内容。

实现导航展示内容和隐藏内容交互行为的脚本代码如下：

```
$(function(){
    $("#a1").click(function () {
        $("#template1").addClass("d-none");
        $(".right").addClass("d-none d-lg-block");
        $("#template2").removeClass("d-none");
    })
    $("#a2").click(function () {
        $("#template2").addClass("d-none");
        $(".right").removeClass("d-none");
        $("#template1").removeClass("d-none");
    })
})
```

> **提示**：其中 d-none 和 d-lg-block 类是 Bootstrap 框架中的样式。Bootstrap 框架中的样式在 JavaScript 脚本中可以直接调用。

图 22-8　大屏设备上切换隐藏的导航内容

图 22-9　大屏设备上切换回导航展示的内容

图 22-10　中屏设备上切换隐藏的导航内容　　图 22-11　中屏设备上切换回导航展示的内容

图 22-12　小屏设备上切换隐藏的导航内容　图 22-13　小屏设备上切换回导航展示的内容

## 22.4　主体内容

使页面排版具有可读性、可理解性，清晰明了至关重要。好的排版可以让您的网站感觉清爽而令人眼前一亮，糟糕的排版令人分心。排版是为了更好地呈现内容，应以不会增加用户认知负荷的方式来尊重内容。

本案例主体内容包括轮播广告、产品推荐区、Logo 展示、特色展示区和产品生产流程 5 个部分，页面排版如图 22-14 所示。

图 22-14　主体内容排版设计

### 22.4.1　设计轮播广告区

Bootstrap 轮播插件结构比较固定，轮播包含框需要指明 ID 值和 carousel、slide 类。框内包含三部分组件：标签框（carousel-indicators）、图文内容框（carousel-inner）和左右导航按钮（carousel-control-prev、carousel-control-next）。通过 data-target="#carousel" 属性启动轮播，使用 data-slide-to="0"、data-slide ="pre"、data-slide ="next" 定义交互按钮的行为。完整的代码如下：

```
<div id="carousel" class="carousel slide">
    <!--标签框-->
    <ol class="carousel-indicators">
        <li data-target="#carousel" data-slide-to="0" class="active"></li>
    </ol>
    <!--图文内容框-->
    <div class="carousel-inner">
        <div class="carousel-item active">
            <img src="images " class="d-block w-100" alt="...">
            <!--文本说明框-->
            <div class="carousel-caption d-none d-sm-block">
                <h5> </h5>
                <p> </p>
            </div>
        </div>
    </div>
    <!--左右导航按钮-->
    <a class="carousel-control-prev" href="#carousel" data-slide="prev">
        <span class="carousel-control-prev-icon"></span>
    </a>
    <a class="carousel-control-next" href="#carousel" data-slide="next">
        <span class="carousel-control-next-icon"></span>
    </a>
</div>
```

设计本案例轮播广告位结构。本案例没有添加标签框和文本说明框（<div class="carousel-caption">）。代码如下：

```
<div class="col-sm-12 col-lg-9 right p-0 clearfix">
        <div id="carouselExampleControls" class="carousel slide" data-ride="carousel">
        <div class="carousel-inner max-h">
            <div class="carousel-item active">
             <img src="images/001.jpg" class="d-block w-100" alt="...">
            </div>
            <div class="carousel-item">
             <img src="images/002.jpg" class="d-block w-100" alt="...">
            </div>
            <div class="carousel-item">
             <img src="images/003.jpg" class="d-block w-100" alt="...">
            </div>
        </div>
            <a class="carousel-control-prev" href="#carouselExampleControls" data-slide="prev">
                <span class="carousel-control-prev-icon"></span>
            </a>
            <a class="carousel-control-next" href="#carouselExampleControls" data-slide="next">
                <span class="carousel-control-next-icon" ></span>
            </a>
        </div>
    </div>
```

为了避免轮播中的图片过大而影响整体页面效果，这里为轮播区设置一个最大高度 max-h 类。

```
.max-h{
    max-height:300px;                          /*居中对齐*/
}
```

在 IE 浏览器中运行，轮播效果如图 22-15 所示。

图 22-15　本小节案例的轮播效果

## 22.4.2　设计产品推荐区

产品推荐区使用 Bootstrap 的卡片组件进行设计。卡片组件中有三种排版方式，分别为卡片组、卡片阵列和多列卡片浮动排版。本案例使用多列卡片浮动排版，多列卡片浮动排版使用 <div class="card-columns"> 进行定义。代码如下：

```
<div class="p-4 list">
<h5 class="text-center my-3">咖啡推荐</h5>
<h5 class="text-center mb-4 text-secondary">
<small>在购物旗舰店可以发现更多咖啡心意</small>
</h5>
<!--多列卡片浮动排版-->
<div class="card-columns">
<div class="my-4 my-sm-0">
<img class="card-img-top" src="images/006.jpg" alt="">
</div>
<div class="my-4 my-sm-0">
<img class="card-img-top" src="images/004.jpg" alt="">
</div>
<div class="my-4 my-sm-0">
<img class="card-img-top" src="images/005.jpg" alt="">
</div>
</div>
</div>
```

为推荐区添加自定义 CSS 样式，包括颜色和圆角效果。代码如下：

```
.list{
    background: #eeeeee;                        /*定义背景颜色*/
```

```
}
.list-border{
    border: 2px solid #DBDBDB;          /*定义边框*/
    border-top:1px solid #DBDBDB;       /*定义顶部边框*/
}
```

在 IE 浏览器中运行，产品推荐区效果如图 22-16 所示。

图 22-16　产品推荐区效果

### 22.4.3　设计登录注册和 Logo

登录注册和 Logo 使用网格系统布局，并添加响应式设计。在中、大屏设备（768px 以上）上，左侧是登录注册区，右侧是公司 Logo，如图 22-17 所示。在小屏设备（768px 以下）上，登录注册区和 Logo 各占一行显示，如图 22-18 所示。

图 22-17　中、大屏设备上的显示效果

图 22-18　小屏设备上的显示效果

对于左侧的登录注册区，使用卡片组件进行设计，并且添加了响应式的对齐方式 .text-center 和 text-sm-left。在小屏设备（768px 以下）上，内容居中对齐；在中、大屏设备（768px 以上）上，内容居左对齐。代码如下：

```
<div class="row py-5">
    <div class="col-12 col-sm-6 pt-2">
    <div class="card border-0 text-center text-sm-left">
    <div class="card-body ml-5">
    <h4 class="card-title">咖啡俱乐部</h4>
    <p class="card-text">开启您的星享之旅，星星越多、会员等级越高、好礼越丰富。</p>
    <a href="#" class="card-link btn btn-outline-success">注册</a>
    <a href="#" class="card-link btn btn-outline-success">登录</a>
    </div>
    </div>
    </div>
    <div class="col-12 col-sm-6 text-center mt-5">
    <a href=""><img src="images/007.png" alt="" class="img-fluid"></a>
    </div>
</div>
```

## 22.4.4　设计特色展示区

特色展示内容使用网格系统进行设计，并添加响应类。在中、大屏（768px 以上）设备
上显示为一行四列，如图 22-19 所示；在小屏幕（768px 以下）设备上显示为一行两列，如
图 22-20 所示；在超小屏幕（576px 以下）设备上显示为一行一列，如图 22-21 所示。

图 22-19　中、大屏设备上的显示效果

图 22-20　小屏设备上的显示效果

图 22-21　超小屏设备上的显示效果

特色展示区实现代码如下：

```
<div class="p-4 list">
<h5 class="text-center my-3">咖啡精选</h5>
<h5 class="text-center mb-4 text-secondary">
<small>在购物旗舰店可以发现更多咖啡心意</small>
</h5>
<div class="row">
    <div class="col-12 col-sm-6 col-md-3 mb-3 mb-md-0">
    <div class="bg-light p-4 list-border rounded">
       <img class="img-fluid" src="images/008.jpg" alt="">
       <h6 class="text-secondary text-center mt-3">套餐一</h6>
    </div>
    </div>
    <div class="col-12 col-sm-6 col-md-3 mb-3 mb-md-0">
       <div class="bg-white p-4 list-border rounded">
       <img class="img-fluid" src="images/009.jpg" alt="">
       <h6 class="text-secondary text-center mt-3">套餐二</h6>
       </div>
    </div>
    <div class="col-12 col-sm-6 col-md-3 mb-3 mb-md-0">
    <div class="bg-light p-4 list-border rounded">
    <img class="img-fluid" src="images/010.jpg" alt="">
    <h6 class="text-secondary text-center mt-3">套餐三</h6>
    </div>
    </div>
    <div class="col-12 col-sm-6 col-md-3 mb-3 mb-md-0">
       <div class="bg-light p-4 list-border rounded">
          <img class="img-fluid" src="images/011.jpg" alt="">
          <h6 class="text-secondary text-center mt-3">套餐四</h6>
       </div>
    </div>
    </div>
</div>
```

## 22.4.5  设计产品生产流程区

**01** 设计结构。产品制作区主要由标题和图片组成。标题使用 h 标签设计，图片使用 ul 标记设计。在图片展示部分还添加了左右两个箭头，使用 font-awesome 字体进行设计。代码如下：

```html
<div class="p-4">
            <h5 class="text-center my-3">咖啡讲堂</h5>
             <h5 class="text-center mb-4 text-secondary"><small>了解更多咖啡文化</small></h5>
            <div class="box">
                <ul id="ulList" class="clearfix">
                    <li class="list-border rounded">
                        <img src="images/015.jpg" alt="" width="300">
                        <h6 class="text-center mt-3">咖啡种植</h6>
                    </li>
                    <li class="list-border rounded">
                        <img src="images/014.jpg" alt="" width="300">
                        <h6 class="text-center mt-3">咖啡调制</h6>
                    </li>
                    <li class="list-border rounded">
                        <img src="images/014.jpg" alt="" width="300">
                        <h6 class="text-center mt-3">咖啡烘焙</h6>
                    </li>
                    <li class="list-border rounded">
                        <img src="images/012.jpg" alt="" width="300">
                        <h6 class="text-center mt-3">手冲咖啡</h6>
                    </li>
                </ul>
                <div id="left">
                 <i class="fa fa-chevron-circle-left fa-2x text-success"></i>
                </div>
                <div id="right">
                    <i class="fa fa-chevron-circle-right fa-2x text-success"></i>
                </div>
            </div>
        </div>
```

**02** 设计自定义样式。代码如下：

```css
.box{
    width:100%;              /*定义宽度*/
    height: 300px;          /*定义高度*/
    overflow: hidden;       /*超出隐藏*/
    position: relative;     /*相对定位*/
}
#ulList{
    list-style: none;       /*去掉无序列表的项目符号*/
    width:1400px;           /*定义宽度*/
    position: absolute;     /*定义绝对定位*/
}
#ulList li{
    float: left;            /*定义左浮动*/
    margin-left: 15px;      /*定义左边外边距*/
    z-index: 1;             /*定义堆叠顺序*/
}
#left{
    position:absolute;      /*定义绝对定位*/
```

```
    left:20px;top: 30%;          /*距离左侧和顶部的距离*/
    z-index: 10;                 /*定义堆叠顺序*/
    cursor:pointer;              /*定义鼠标指针显示形状*/
}
#right{
    position:absolute;           /*定义绝对定位*/
    right:20px; top: 30%;        /*距离右侧和顶部的距离*/
    z-index: 10;                 /*定义堆叠顺序*/
    cursor:pointer;              /*定义鼠标指针显示形状*/
}
.font-menu{
    font-size: 1.3rem;           /*定义字体大小*/
}
```

03 添加用户行为。代码如下：

```
<script src="jquery-1.8.3.min.js"></script>
<script>
    $(function(){
        var nowIndex=0;                              //定义变量nowIndex
        var liNumber=$("#ulList li").length;         //计算li的个数
        function change(index){
            var ulMove=index*300;                    //定义移动距离
             $("#ulList").animate({left:"-"+ulMove+"px"},500);   //定义动画,动画时
间为0.5秒
        }
        $("#left").click(function(){
            nowIndex = (nowIndex > 0) ? (--nowIndex) :0;        //使用三元运算符判断
nowIndex
            change(nowIndex);                                   //调用change（）方法
        })
        $("#right").click(function(){
        nowIndex=(nowIndex<liNumber-1) ? (++nowIndex) :(liNumber-1); //使用三元运算
符判断nowIndex
            change(nowIndex);                                   //调用change（）方法
        });
    })
</script>
```

在 IE 浏览器中运行，效果如图 22-22 所示。单击右侧箭头，#ulList 向左移动，效果如图 22-23 所示。

图 22-22　生产流程页面效果

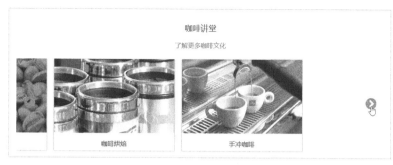

图 22-23　滚动后的效果

# 22.5　设计底部隐藏导航

**01** 设计底部隐藏导航布局。首先定义一个容器 <div id="footer">，用来包裹导航。在该容器中添加一些 Bootstrap 通用样式，使用 fixed-bottom 固定在页面底部，使用 bg-light 设置高亮背景，使用 border-top 设置上边框，使用 d-block 和 d-sm-none 设置导航只在小屏幕上显示。代码如下：

```
<!--footer——在sm型设备上显示-->
<div class="row fixed-bottom d-block d-sm-none bg-light border-top py-1"
id="footer" >
    <ul class="text-center p-0" id="myTab">
        <li><a class="ab" href="index.html"><i class="fa fa-home fa-2x p-1"></i><br/>主页</a></li>
        <li><a href="javascript:void(0);"><i class="fa fa-calendar-minus-o fa-2x p-1"></i><br/>门店</a></li>
        <li><a href="javascript:void(0);"><i class="fa fa-user-circle-o fa-2x p-1"></i><br/>我的账户</a></li>
        <li><a href="javascript:void(0);"><i class="fa fa-bitbucket-square fa-2x p-1"></i><br/>菜单</a></li>
        <li><a href="javascript:void(0);"><i class="fa fa-table fa-2x p-1"></i><br/>更多</a></li>
    </ul>
</div>
```

**02** 设计字体颜色以及每个导航元素的宽度。代码如下：

```
.ab{
    color:#00A862!important;    /*定义字体颜色*/
}
#myTab li{
    width: 20vw;               /*定义宽度*/
    min-width: 30px;           /*定义最小宽度*/
    font-size: 0.8rem;         /*定义字体大小*/
    color: #919191;            /*定义字体颜色*/
}
```

**03** 为导航元素添加单击事件，为被单击元素添加 .ab 类，其他元素则删除 .ab 类。代码如下：

```
$(function(){
    $("#footer ul li").click(function(){
        $(this).find("a").addClass("ab");
        $(this).siblings().find("a").removeClass("ab");
```

317

```
    })
  })
```

在 IE 浏览器中运行，底部隐藏导航的效果如图 22-24 所示。单击"门店"图标，将切换到门店页面。

图 22-24　底部隐藏导航的效果

# 第23章　项目实训4——开发游戏中心响应式网站

## 本章导读

本案例介绍一个游戏中心网站，通过页面效果呈现游戏类网站的绚丽多彩。页面布局设计独特，采用上下栏的布局形式；页面风格设计简洁，为浏览者提供一个绚丽的设计风格，浏览时让人眼前一亮。

## 知识导图

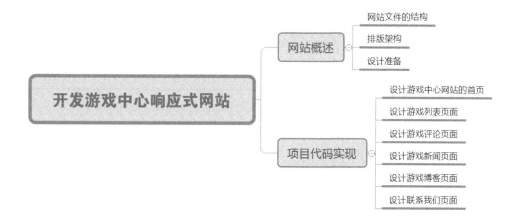

## 23.1　网站概述

　　网站主要设计首页效果。网站的设计思路和设计风格与 Bootstrap 框架风格完美融合，下面就来具体介绍实现的步骤。

### 23.1.1　网站文件的结构

　　本案例目录文件说明如表 23-1 所示。

表 23-1　网站文件结构说明

| 文件及文件夹 | 说明 |
| --- | --- |
| index.html | 游戏中心网站的首页 |
| games.html | 游戏列表页面 |
| reviews.html | 游戏评论页面 |
| news.html | 游戏新闻页面 |
| blog.html | 游戏博客页面 |
| contact.html | 联系我们页面 |
| 文件夹 css | 网站的样式表文件夹 |
| 文件夹 js | JavaScript 脚本文件夹，包含 grid.js 文件、jquery.min.js 文件、jquery.wmuSlider.js 文件和 modernizr.custom.js 文件 |
| 文件夹 images | 网站的图片素材 |

### 23.1.2　排版架构

　　本实例网站整体上是上中下架构。上部为网页头部信息、导航栏、轮播广告区 Banner，中间为网页主要内容，下部为页脚信息。网页整体架构如图 23-1 所示。

| |
| --- |
| 网页头部信息、导航 |
| 轮播广告区 Banner |
| 游戏产品展示区 |
| 页脚 |

图 23-1　网页架构

### 23.1.3　设计准备

　　应用 Bootstrap 框架的页面建议为 HTML5 文档类型，同时在页面头部区域导入框架的基本样式文件、脚本文件、jQuery 文件和自定义的 CSS 样式及 JavaScript 文件。本项目的配置文件如下：

```
<!DOCTYPE html>
<html>
```

```
<head>
<title>Home</title>
<link href="css/bootstrap.css" rel="stylesheet" type="text/css" media="all" />
<!-- jQuery (necessary for Bootstrap's JavaScript plugins) -->
<script src="js/jquery.min.js"></script>
<!-- Custom Theme files -->
<!--theme-style-->
<link href="css/style.css" rel="stylesheet" type="text/css" media="all" />
<!--//theme-style-->
<meta name="viewport" content="width=device-width, initial-scale=1">
<meta http-equiv="Content-Type" content="text/html; charset=utf-8" />
<meta name="keywords" content="Games Center Responsive web template, Bootstrap
Web Templates, Flat Web Templates, Andriod Compatible web template,
Smartphone Compatible web template, free webdesigns for Nokia, Samsung, LG,
SonyErricsson, Motorola web design" />
<script type="application/x-javascript"> addEventListener("load", function() {
setTimeout(hideURLbar, 0); }, false); function hideURLbar(){ window.scrollTo(0,1);
} </script>
<!--fonts-->
<link href='http://fonts.useso.com/css?family=Montserrat+Alternates:400,700'
rel='stylesheet' type='text/css'>
<link href='http://fonts.useso.com/css?family=PT+Sans:400,700' rel='stylesheet'
type='text/css'>
<!--//fonts-->
<script src="js/modernizr.custom.js"></script>
  <link rel="stylesheet" type="text/css" href="css/component.css" />
</head>
```

## 23.2　项目代码实现

下面来分析游戏中心网站各个页面的代码是如何实现的。

### 23.2.1　设计游戏中心网站的首页

index.html 文件为游戏中心网站的首页，该页面可以分成 4 部分设计，包括网页头部信息和导航栏，轮播广告区 Banner，中间为网页主要内容，以及下部的页脚信息。下面分别介绍这 4 部分的具体如何实现。

#### 1. 网页头部信息和导航栏

网页头部信息和导航栏的设计效果如图 23-2 所示。

图 23-2　网页头部信息和导航栏

网页头部导航栏的核心代码如下：

```
<div class="header" >
  <div class="top-header" >
  <div class="container">
  <div class="top-head" >
  <ul class="header-in">
    <li ><a href="#" > 注册</a></li>
```

```
        <li><a href="contact.html">   联系我们</a></li>
        <li ><a href="#" >   获取资料</a></li>
      </ul>
        <div class="search">
          <form>
      <input type="text"  value="搜索喜欢的游戏?"  onFocus="this.value = '';"
 onBlur="if (this.value == '') {this.value = 'search about something ?';}" >
          <input type="submit" value="" >
          </form>
        </div>

        <div class="clearfix"> </div>
      </div>
      </div>
      </div>
      <!---->

      <div class="header-top">
      <div class="container">
      <div class="head-top">
      <div class="logo">

     <h1><a href="index.html"><span> 老码</span>识途 <span>游戏</span>中心</a></h1>

      </div>
      <div class="top-nav">
        <span class="menu"><img src="images/menu.png" alt=""> </span>

        <ul>
      <li class="active"><a class="color1" href="index.html"  >主页</a></li>
        <li><a class="color2" href="games.html"  >游戏</a></li>
        <li><a class="color3" href="reviews.html"  >评论</a></li>
        <li><a class="color4" href="news.html" >新闻</a></li>
        <li><a class="color5" href="blog.html"  >博客</a></li>
       <li><a class="color6" href="contact.html" >联系我们</a></li>
        <div class="clearfix"> </div>
        </ul>

        <!--script-->
        <script>
        $("span.menu").click(function(){
        $(".top-nav ul").slideToggle(500, function(){
        });
        });
      </script>

        </div>

      <div class="clearfix"> </div>
      </div>
      </div>
      </div>
    </div>
```

### 2. 轮播广告区 Banner

轮播广告区 Banner 由三个图片组成，定时切换图片。也可以单击右侧的绿色圆形按钮手动切换图片，设计效果如图 23-3 所示。

图 23-3　轮播广告区 Banner

轮播广告区 Banner 的核心代码如下：

```html
<div class="banner">
<div class="container">
   <div class="wmuSlider example1">
     <div class="wmuSliderWrapper">
   <article style="position: absolute; width: 100%; opacity: 0;">
         <div class="banner-wrap">
     <div class="banner-top">
     <img src="images/12.jpg" class="img-responsive" alt="">
     </div>
       <div class="banner-top banner-bottom">
     <img src="images/11.jpg" class="img-responsive" alt="">
     </div>
         <div class="clearfix"> </div>
           </div>

   </article>
    <article style="position: absolute; width: 100%; opacity: 0;">
        <div class="banner-wrap">

     <div class="banner-top">
     <img src="images/14.jpg" class="img-responsive" alt="">
     </div>
       <div class="banner-top banner-bottom">
     <img src="images/13.jpg" class="img-responsive" alt="">
     </div>
         <div class="clearfix"> </div>

           </div>
   </article>
    <article style="position: absolute; width: 100%; opacity: 0;">
        <div class="banner-wrap">
         <div class="banner-top">
     <img src="images/16.jpg" class="img-responsive" alt="">
     </div>
       <div class="banner-top banner-bottom">
     <img src="images/15.jpg" class="img-responsive" alt="">
     </div>
         <div class="clearfix"> </div>
           </div>
   </article>
   </div>
    <ul class="wmuSliderPagination">
             <li><a href="#" class="">0</a></li>
```

```
            <li><a href="#" class="">1</a></li>
            <li><a href="#" class="wmuActive">2</a></li>
          </ul>
    </div>
    <!---->
      <script src="js/jquery.wmuSlider.js"></script>
      <script>
            $('.example1').wmuSlider({
        pagination : true,
        nav : false,
      });
          </script>

    </div>
     </div>
  <!--conten
```

### 3. 网页主要内容

网页主要内容为分为三部分内容，包括新游戏展示区域、重点游戏推荐区域和游戏分类展示区域。

新游戏展示区域设计效果如图 23-4 所示。

图 23-4  新游戏展示区域

新游戏展示区域的核心代码如下：

```
<div class="container">
  <div class="content-top">
    <h2 class="new">新游戏</h2>

  <div class="wrap">
  <div class="main">
    <ul id="og-grid" class="og-grid">
     <li>
        <a href="#" data-largesrc="images/1.jpg" data-title="Subway Surfers"
data-description="Lorem ipsum dolor sit amet, consectetur adipiscing elit. Quisque
```

```
malesuada purus a convallis dictum. Phasellus sodales varius diam, non sagittis
lectus. Morbi id magna ultricies ipsum condimentum scelerisque vel quis felis..
Donec et purus nec leo interdum sodales nec sit amet magna. Ut nec suscipit purus,
quis viverra urna.">
                <img class="img-responsive" src="images/thumbs/1.jpg" alt="img01"/>
        </a>
        </li>
        <li>
            <a href="#" data-largesrc="images/2.jpg" data-title="Angry Birds" data-
description="Lorem ipsum dolor sit amet, consectetur adipiscing elit. Quisque
malesuada purus a convallis dictum. Phasellus sodales varius diam, non sagittis
lectus. Morbi id magna ultricies ipsum condimentum scelerisque vel quis felis..
Donec et purus nec leo interdum sodales nec sit amet magna. Ut nec suscipit purus,
quis viverra urna.">
                <img class="img-responsive" src="images/thumbs/2.jpg" alt="img02"/>
        </a>
        </li>
        <li>
            <a href="#" data-largesrc="images/3.jpg" data-title="Bike Games" data-
description="Lorem ipsum dolor sit amet, consectetur adipiscing elit. Quisque
malesuada purus a convallis dictum. Phasellus sodales varius diam, non sagittis
lectus. Morbi id magna ultricies ipsum condimentum scelerisque vel quis felis..
Donec et purus nec leo interdum sodales nec sit amet magna. Ut nec suscipit purus,
quis viverra urna.">
                <img class="img-responsive" src="images/thumbs/3.jpg" alt="img03"/>
        </a>
        </li>
        <li>
            <a href="#" data-largesrc="images/4.jpg" data-title="Temple Run" data-
description="Lorem ipsum dolor sit amet, consectetur adipiscing elit. Quisque
malesuada purus a convallis dictum. Phasellus sodales varius diam, non sagittis
lectus. Morbi id magna ultricies ipsum condimentum scelerisque vel quis felis..
Donec et purus nec leo interdum sodales nec sit amet magna. Ut nec suscipit purus,
quis viverra urna.">
                <img class="img-responsive" src="images/thumbs/4.jpg" alt="img01"/>
        </a>
        </li>
        <li>
            <a href="#" data-largesrc="images/5.jpg" data-title="Car Games" data-
description="Lorem ipsum dolor sit amet, consectetur adipiscing elit. Quisque
malesuada purus a convallis dictum. Phasellus sodales varius diam, non sagittis
lectus. Morbi id magna ultricies ipsum condimentum scelerisque vel quis felis..
Donec et purus nec leo interdum sodales nec sit amet magna. Ut nec suscipit purus,
quis viverra urna.">
                <img class="img-responsive" src="images/thumbs/5.jpg" alt="img01"/>
        </a>
        </li>
        <li>
            <a href="#" data-largesrc="images/6.jpg" data-title="Fite Games" data-
description="Lorem ipsum dolor sit amet, consectetur adipiscing elit. Quisque
malesuada purus a convallis dictum. Phasellus sodales varius diam, non sagittis
lectus. Morbi id magna ultricies ipsum condimentum scelerisque vel quis felis..
Donec et purus nec leo interdum sodales nec sit amet magna. Ut nec suscipit purus,
quis viverra urna.">
                <img class="img-responsive" src="images/thumbs/6.jpg" alt="img02"/>
        </a>
        </li>
        <li>
            <a href="#" data-largesrc="images/7.jpg" data-title="Fite Games" data-
```

```
description="Lorem ipsum dolor sit amet, consectetur adipiscing elit. Quisque
malesuada purus a convallis dictum. Phasellus sodales varius diam, non sagittis
lectus. Morbi id magna ultricies ipsum condimentum scelerisque vel quis felis..
Donec et purus nec leo interdum sodales nec sit amet magna. Ut nec suscipit purus,
quis viverra urna.">
                <img class="img-responsive" src="images/thumbs/7.jpg" alt="img03"/>
        </a>
        </li>
        <li>
            <a href="#" data-largesrc="images/8.jpg" data-title="Panda Game" data-
description="Lorem ipsum dolor sit amet, consectetur adipiscing elit. Quisque
malesuada purus a convallis dictum. Phasellus sodales varius diam, non sagittis
lectus. Morbi id magna ultricies ipsum condimentum scelerisque vel quis felis..
Donec et purus nec leo interdum sodales nec sit amet magna. Ut nec suscipit purus,
quis viverra urna.">
                <img class="img-responsive" src="images/thumbs/8.jpg" alt="img01"/>
        </a>
        </li>
         <div class="clearfix"> </div>
        </ul>
    </div>
  </div>
 </div>
<script src="js/grid.js"></script>
  <script>
  $(function() {
   Grid.init();
  });
  </script>
</div>
```

重点游戏推荐区域的设计效果如图 23-5 所示。

图 23-5　重点游戏推荐区域的设计效果

重点游戏推荐区域的核心代码如下：

```
<div class="col-mn">
   <div class="container">
     <div class="col-mn2">
      <h3>最好玩的游戏</h3>
       <p>此游戏画面和大片一样的绚丽，剧情非常曲折好玩.......</p>
       <a class=" more-in" href="news.html">更多游戏介绍</a>
     </div>
   </div>
</div>
```

游戏分类展示区域设计效果如图 23-6 所示。

图 23-6　游戏分类展示区域的设计效果

游戏分类展示区域的核心代码如下：

```
<div class="featured">
  <div class="container">
    <div class="col-md-4 latest">
      <h4>最新游戏</h4>
      <div class="late">
        <a href="news.html" class="fashion"><img class="img-responsive "
src="images/la.jpg" alt=""></a>
        <div class="grid-product">
            <span>2020年6月</span>
            <p><a href="news.html">游戏简单介绍......</a></p>
        <a class="comment" href="news.html"><i> </i> 0条留言</a>
        </div>
        <div class="clearfix"> </div>
      </div>
      <div class="late">
        <a href="news.html" class="fashion"><img class="img-responsive "
src="images/la1.jpg" alt=""></a>
        <div class="grid-product">
            <span>2020年7月</span>
            <p><a href="news.html"> 游戏简单介绍...... </a></p>
        <a class="comment" href="news.html"><i> </i>  1条留言</a>
        </div>
        <div class="clearfix"> </div>
      </div>
      <div class="late">
        <a href="news.html" class="fashion"><img class="img-responsive "
src="images/la2.jpg" alt=""></a>
        <div class="grid-product">
            <span>2020年8月</span>
            <p><a href="news.html"> 游戏简单介绍...... </a></p>
        <a class="comment" href="news.html"><i> </i>  0条留言</a>
        </div>
        <div class="clearfix"> </div>
      </div>
    </div>
    <div class="col-md-4 latest">
      <h4>精选游戏</h4>
      <div class="late">
        <a href="news.html" class="fashion"><img class="img-responsive "
```

```
src="images/la3.jpg" alt=""></a>
              <div class="grid-product">
                   <span>2020年1月</span>
                   <p><a href="news.html">游戏简单介绍...... </a></p>
               <a class="comment" href="news.html"><i> </i>  0条留言</a>
               </div>
              <div class="clearfix"> </div>
              </div>
              <div class="late">
                   <a href="news.html" class="fashion"><img class="img-responsive "
src="images/la2.jpg" alt=""></a>
              <div class="grid-product">
                   <span>2019年8月</span>
                   <p><a href="news.html"> 游戏简单介绍...... </a></p>
               <a class="comment" href="news.html"><i> </i>  0条留言</a>
               </div>
              <div class="clearfix"> </div>
              </div>
              <div class="late">
                   <a href="news.html" class="fashion"><img class="img-responsive "
src="images/la1.jpg" alt=""></a>
              <div class="grid-product">
                   <span>2019年8月</span>
                   <p><a href="news.html"> 游戏简单介绍......</a></p>
               <a class="comment" href="news.html"><i> </i>  0条留言</a>
               </div>
              <div class="clearfix"> </div>
              </div>
          </div>
          <div class="col-md-4 latest">
          <h4>流行游戏</h4>
          <div class="late">
               <a href="news.html" class="fashion"><img class="img-responsive "
src="images/la1.jpg" alt=""></a>
              <div class="grid-product">
                   <span>2020年2月</span>
                   <p><a href="news.html">游戏简单介绍......</a></p>
               <a class="comment" href="news.html"><i> </i>  0条留言</a>
               </div>
              <div class="clearfix"> </div>
              </div>
              <div class="late">
                   <a href="news.html" class="fashion"><img class="img-responsive "
src="images/la.jpg" alt=""></a>
              <div class="grid-product">
                   <span>2020年3月</span>
                   <p><a href="news.html"> 游戏简单介绍...... </a></p>
               <a class="comment" href="news.html"><i> </i>  0条留言</a>
               </div>
              <div class="clearfix"> </div>
              </div>
              <div class="late">
                   <a href="news.html" class="fashion"><img class="img-responsive "
src="images/la3.jpg" alt=""></a>
              <div class="grid-product">
                   <span>2020年4月</span>
                   <p><a href="news.html"> 游戏简单介绍...... </a></p>
               <a class="comment" href="news.html"><i> </i>  0条留言</a>
               </div>
```

```
    <div class="clearfix"> </div>
      </div>
    </div>
    <div class="clearfix"> </div>
   </div>
  </div>
</div>
```

### 4. 页脚信息

页脚信息主要包括联系我们、最新信息、客户服务、我的账户和会员服务，设计效果如图 23-7 所示。

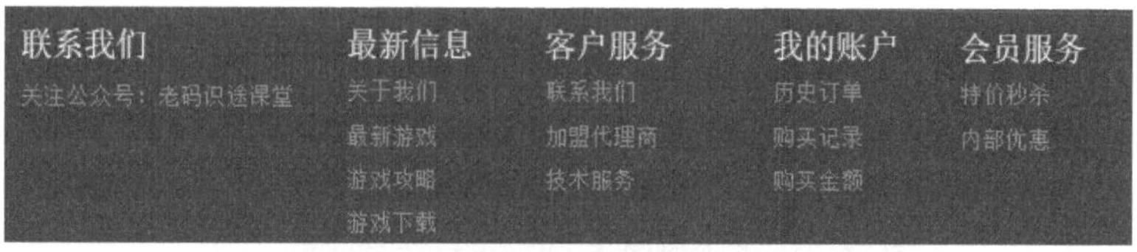

图 23-7　页脚信息的设计效果

页脚信息的核心代码如下：

```html
<div class="footer">
  <div class="footer-middle">
  <div class="container">
   <div class="footer-middle-in">
     <h6>联系我们</h6>
     <p>关注公众号：老码识途课堂</p>
   </div>
   <div class="footer-middle-in">
     <h6>最新信息</h6>
     <ul>
     <li><a href="#">关于我们</a></li>
     <li><a href="#">最新游戏</a></li>
     <li><a href="#">游戏攻略</a></li>
     <li><a href="#">游戏下载</a></li>
     </ul>
   </div>
   <div class="footer-middle-in">
     <h6>客户服务</h6>
     <ul>
     <li><a href="contact.html">联系我们</a></li>
     <li><a href="#">加盟代理商</a></li>
     <li><a href="contact.html">技术服务</a></li>
     </ul>
   </div>
   <div class="footer-middle-in">
     <h6>我的账户</h6>
     <ul>
     <li><a href="#">历史订单</a></li>
     <li><a href="#">购买记录</a></li>
     <li><a href="#">购买金额</a></li>
     </ul>
   </div>
   <div class="footer-middle-in">
     <h6>会员服务</h6>
     <ul>
     <li><a href="#">特价秒杀</a></li>
```

```
      <li><a href="#">内部优惠</a></li>
    </ul>
  </div>
  <div class="clearfix"> </div>
  </div>
  </div>
</div>
```

由于本网站是响应式网站，下面从整体上对比一下电脑端和移动端的预览效果。电脑端运行效果如图 23-8 所示。

图 23-8　电脑端预览效果

使用 Opera Mobile Emulator 模拟手机端的运行效果如图 23-9 所示。单击导航按钮⊙，即可展开下拉导航菜单，如图 23-10 所示。

图 23-9　模拟手机端预览效果

图 23-10　展开下拉导航菜单

## 23.2.2　设计游戏列表页面

games.html 为游戏列表展示页面，设计效果如图 23-11 所示。使用 Opera Mobile Emulator 模拟手机端的运行效果如图 23-12 所示。

图 23-11　电脑端预览效果

图 23-12　模拟手机端预览效果

由于该页面的头部信息、导航菜单和页脚信息与主页的头部信息、导航菜单和页脚信息完全一致，这里不再重复讲述。中间部分的核心代码如下：

```
<!--content-->
  <div class="container">
  <div class="games">
```

331

```
        <h2> 新游戏</h2>

    <div class="wrap">
    <div class="main">
      <ul id="og-grid" class="og-grid">
        <li>
            <a href="#" data-largesrc="images/1.jpg" data-title="游戏1" data-
description=" 游戏1详细介绍......">
                <img class="img-responsive" src="images/thumbs/1.jpg" alt="img01"/>
        </a>
        </li>
        <li>
            <a href="#" data-largesrc="images/2.jpg" data-title="游戏2" data-
description="游戏2详细介绍......">
                <img class="img-responsive" src="images/thumbs/2.jpg" alt="img02"/>
        </a>
        </li>
        <li>
            <a href="#" data-largesrc="images/2.jpg" data-title="游戏3" data-
description="游戏3详细介绍......">
                <img class="img-responsive" src="images/thumbs/3.jpg" alt="img03"/>
        </a>
        </li>
        <li>
            <a href="#" data-largesrc="images/4.jpg" data-title="游戏4"  data-
description=" 游戏4详细介绍......">
                <img class="img-responsive" src="images/thumbs/4.jpg" alt="img01"/>
        </a>
        </li>
        <li>
            <a href="#" data-largesrc="images/5.jpg" data-title="游戏5"  data-
description="游戏5详细介绍......">
                <img class="img-responsive" src="images/thumbs/5.jpg" alt="img01"/>
        </a>
        </li>
        <li>
            <a href="#" data-largesrc="images/6.jpg" data-title="游戏6"  data-
description=" 游戏6详细介绍......">
                <img class="img-responsive" src="images/thumbs/6.jpg" alt="img02"/>
        </a>
        </li>
        <li>
            <a href="#" data-largesrc="images/7.jpg" data-title="游戏7"  data-
description="  游戏7详细介绍......">
                <img class="img-responsive" src="images/thumbs/7.jpg" alt="img03"/>
        </a>
        </li>
        <li>
            <a href="#" data-largesrc="images/8.jpg" data-title="游戏8" data-
description=" 游戏8详细介绍......">
                <img class="img-responsive" src="images/thumbs/8.jpg" alt="img01"/>
        </a>
        </li>
        <li>
            <a href="#" data-largesrc="images/4.jpg" data-title="游戏9"  data-
description="游戏9详细介绍......">
                <img class="img-responsive" src="images/thumbs/4.jpg" alt="img01"/>
        </a>
        </li>
```

```
      <div class="clearfix"> </div>
        </ul>
      </div>
    </div>
  </div>
<script src="js/grid.js"></script>
  <script>
   $(function() {
    Grid.init();
   });
  </script>
    </div>
<!---->
```

## 23.2.3 设计游戏评论页面

reviews.html 为游戏游戏评论展示页面，设计效果如图 23-13 所示。使用 Opera Mobile Emulator 模拟手机端的运行效果如图 23-14 所示。

图 23-13　游戏评论页面的电脑端预览效果　　图 23-14　游戏评论页面的模拟手机端预览效果

由于该页面的头部信息、导航菜单和页脚信息与主页的头部信息、导航菜单和页脚信息完全一致，这里不再重复讲述。中间部分的核心代码如下：

```
<!--content-->
  <div class="review">
  <div class="container">
  <h2>最新评论</h2>
    <div class="review-md1">
     <div class="col-md-4 sed-md">
      <div class=" col-1">
          <a href="news.html"><img class="img-responsive" src="images/re.jpg" alt=""></a>
          <h4><a href="news.html">该游戏最新的测评</a></h4>
       <p>该游戏起源于一部古典拉丁文学作品......</p>
       </div>
```

```
        </div>
         <div class="col-md-4 sed-md">
          <div class=" col-1">
             <a href="news.html"><img class="img-responsive" src="images/re1.jpg"
alt=""></a>
               <h4><a href="news.html">该游戏最新的测评</a></h4>
            <p>该游戏起源于一部古典拉丁文学作品......</p>
           </div>
         </div>
          <div class="col-md-4 sed-md">
           <div class=" col-1">
              <a href="news.html"><img class="img-responsive" src="images/re2.jpg"
alt=""></a>
               <h4><a href="news.html">该游戏最新的测评</a></h4>
            <p>该游戏起源于一部古典拉丁文学作品......</p>
            </div>
          </div>
          <div class="clearfix"> </div>
         </div>
         <div class="review-md1">
          <div class="col-md-4 sed-md">
           <div class=" col-1">
              <a href="news.html"><img class="img-responsive" src="images/re3.jpg"
alt=""></a>
               <h4><a href="news.html">该游戏最新的测评</a></h4>
            <p>该游戏起源于一部古典拉丁文学作品......</p>
            </div>
          </div>
          <div class="col-md-4 sed-md">
           <div class=" col-1">
              <a href="news.html"><img class="img-responsive" src="images/re4.jpg"
alt=""></a>
               <h4><a href="news.html">该游戏最新的测评</a></h4>
            <p>该游戏起源于一部古典拉丁文学作品......</p>
            </div>
          </div>
          <div class="col-md-4 sed-md">
           <div class=" col-1">
              <a href="news.html"><img class="img-responsive" src="images/re5.jpg"
alt=""></a>
               <h4><a href="news.html">该游戏最新的测评</a></h4>
            <p>该游戏起源于一部古典拉丁文学作品......</p>
            </div>
          </div>
          <div class="clearfix"> </div>
         </div>
       </div>
        </div>
     <!---->
```

## 23.2.4  设计游戏新闻页面

　　news.html 为游戏新闻展示页面，设计效果如图 23-15 所示。使用 Opera Mobile Emulator 模拟手机端的运行效果如图 23-16 所示。

图 23-15　游戏新闻页面的电脑端预览效果　　图 23-16　游戏新闻页面的模拟手机端预览效果

由于该页面的头部信息和导航菜单与主页的头部信息和导航菜单完全一致，这里不再重复讲述。中间部分的核心代码如下：

```
<!--content-->
    <div class="four">
    <div class="container">
    <h2>游戏挑战赛</h2>
        <p>            DOTA2国际邀请赛是一个全球性的电子竞技赛事，每年一届，由ValveCorporation（V
社）主办，奖杯为V社特制冠军盾牌，每一届冠军队伍及人员将记录在游戏泉水的冠军盾中。TI8决赛现场，
Valve公布——2019年Valve将在中国上海举办第九届DOTA2国际邀请赛。《绝地求生》全球邀请赛PUBG
Global Invitational 2018，简称PGI2018，是《绝地求生》官方举办的第一届全球范围内的邀请赛，也
是《绝地求生》最大规模、最高荣誉的一项赛事。
    本次比赛于2018年7月25日至29日在德国柏林举行，采用四人组队的形式，分为TPP和FPP两种视角分别
展开角逐。</p>
        <a href="index.html" class="more">返回主页 </a>
        </div>
    </div>
```

## 23.2.5　设计游戏博客页面

blog.html 为游戏博客展示页面，设计效果如图 23-17 所示。使用 Opera Mobile Emulator
模拟手机端的运行效果如图 23-18 所示。

由于该页面的头部信息、导航菜单和页脚信息与主页的头部信息、导航菜单和页脚信息完全一致，这里不再重复讲述。中间部分的核心代码如下：

```
<!--content-->
<div class="blog">
    <div class="container">
    <h2>博客文章</h2>
    <div class="single-inline">
      <div class="blog-to">

        <a href="news.html"><img class="img-responsive sin-on" src="images/sin1.
jpg" alt="" /></a>
            <div class="blog-top">
            <div class="blog-left">
          <b>23</b>
          <span>July</span>
            </div>
```

```
                <div class="top-blog">
                <a class="fast" href="news.html">最新游戏测试</a>
                 <p>作者：  <a href="news.html">管理员</a>   <a href="#">博客</a> | <a
href="news.html">10 条留言信息</a></p>
                  <p class="sed">   经过公司人事部的策划组织，我们一大早就开赴xx拓展基地，进行为期
2天的拓展训练，此次活动得到了公司领导的重视和支持。这不是一次普通的郊游或娱乐活动，而是活泼生动而
又非常具有教育和纪念意义的体验式培训。2天的训练，使平常耳熟能详的"团队精神"变得内容丰富、寓意深
刻，训练带来了心灵的冲击，引发内心的思考。以下我把自己的心得体会与所有的同仁进行分享。</p>
                <a  href=news.html" class="more">阅读更多信息<span> </span></a>

                </div>
                <div class="clearfix"> </div>
         </div>
         </div>
                <div class="blog-to">

              <a href="news.html"><img class="img-responsive sin-on" src="images/sin.
jpg" alt="" /></a>
                <div class="blog-top">
                <div class="blog-left">
             <b>23</b>
             <span>July</span>
                </div>
                <div class="top-blog">
                <a class="fast" href="news.html">最新游戏测试</a>
                 <p>作者：  <a href="news.html">管理员</a>   <a href="#">博客</a> | <a
href="news.html">10 条留言信息</a></p>
                  <p class="sed">   经过公司人事部的策划组织，我们一大早就开赴xx拓展基地，进行为期
2天的拓展训练，此次活动得到了公司领导的重视和支持。这不是一次普通的郊游或娱乐活动，而是活泼生动而
又非常具有教育和纪念意义的体验式培训。2天的训练，使平常耳熟能详的"团队精神"变得内容丰富、寓意深
刻，训练带来了心灵的冲击，引发内心的思考。以下我把自己的心得体会与所有的同仁进行分享。</p>
                <a  href=news.html" class="more">阅读更多信息<span> </span></a>

                </div>
                <div class="clearfix"> </div>
         </div>
         </div>
          <div class="blog-to">

              <a href="news.html"><img class="img-responsive sin-on" src="images/sin2.
jpg" alt="" /></a>
                <div class="blog-top">
                <div class="blog-left">
             <b>23</b>
             <span>July</span>
                </div>
                <div class="top-blog">
                <a class="fast" href="news.html">最新游戏测试</a>
                 <p>作者：  <a href="news.html">管理员</a>   <a href="#">博客</a> | <a
href="news.html">10 条留言信息</a></p>
                  <p class="sed">   经过公司人事部的策划组织，我们一大早就开赴xx拓展基地，进行为期
2天的拓展训练，此次活动得到了公司领导的重视和支持。这不是一次普通的郊游或娱乐活动，而是活泼生动而
又非常具有教育和纪念意义的体验式培训。2天的训练，使平常耳熟能详的"团队精神"变得内容丰富、寓意深
刻，训练带来了心灵的冲击，引发内心的思考。以下我把自己的心得体会与所有的同仁进行分享。</p>
                <a  href=news.html" class="more">阅读更多信息<span> </span></a>

                </div>
                <div class="clearfix"> </div>
         </div>
         </div>
```

```
        </div>
        <nav>
          <ul class="pagination">
            <li class="disabled"><a href="#" aria-label="Previous"><span aria-
hidden="true">«</span></a></li>
     <li class="active"><a href="#">1 <span class="sr-only">(current)</span></a></
li>
            <li><a href="#">2 <span class="sr-only"></span></a></li>
            <li><a href="#">3 <span class="sr-only"></span></a></li>
            <li><a href="#">4 <span class="sr-only"></span></a></li>
            <li><a href="#">5 <span class="sr-only"></span></a></li>
             <li> <a href="#" aria-label="Next"><span aria-hidden="true">»</span> </
a> </li>
          </ul>
        </nav>
        </div>
        </div>
     <!---->
```

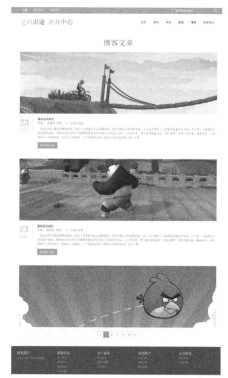

图 23-17　游戏博客页面的电脑端预览效果

图 23-18　游戏博客页面的模拟手机端预览效果

## 23.2.6　设计联系我们页面

contact.html 为联系我们页面，设计效果如图 23-19 所示。使用 Opera Mobile Emulator 模拟手机端的运行效果如图 23-20 所示。

图 23-19　联系我们页面的电脑端预览效果　　图 23-20　联系我们页面的模拟手机端预览效果

　　由于该页面的头部信息、导航菜单和页脚信息与主页的头部信息、导航菜单和页脚信息完全一致，这里不再重复讲述。中间部分的核心代码如下：

```html
<!--content-->
  <div class="contact">

  <div class="container">
   <h2>联系我们</h2>
   <div class="contact-form">

    <div class="col-md-8 contact-grid">
     <form>
      <input type="text" value="姓名" onfocus="this.value='';" onblur="if (this.value == '') {this.value ='Name';}">

         <input type="text" value="邮箱地址" onfocus="this.value='';" onblur="if (this.value == '') {this.value ='Email';}">
         <input type="text" value="游戏" onfocus="this.value='';" onblur="if (this.value == '') {this.value ='Subject';}">

         <textarea cols="77" rows="6" value=" " onfocus="this.value='';" onblur="if (this.value == '') {this.value = 'Message';}">请输入您的建议和想法！</textarea>
      <div class="send">
          <input type="submit" value="提交信息" >
      </div>
     </form>
    </div>
    <div class="clearfix"> </div>
   </div>
  </div>
  </div>
 <!---->
```